U0365005

北方民居营造做法

Residential Construction Practices in Northern China

胡银玉　著

山西出版传媒集团　山西人民出版社

图书在版编目（CIP）数据

北方民居营造做法 / 胡银玉著. — 太原 : 山西人民出版社，2018
ISBN 978-7-203-10657-9

Ⅰ. ①北… Ⅱ. ①胡… Ⅲ. ①民居 - 建筑艺术 - 研究 - 中国 Ⅳ. ① TU241.5

中国版本图书馆 CIP 数据核字 (2018) 第 274346 号

北方民居营造做法

著　　者：胡银玉
责任编辑：周小龙
复　　审：吕绘元
终　　审：孔庆萍
装帧设计：谢　成

出 版 者：山西出版传媒集团・山西人民出版社
地　　址：太原市建设南路 21 号
邮　　编：030012
发行营销：0351—4922220　4955996　4956039　4922127（传真）
天猫官网：https://sxrmcbs.tmall.com　电话：0351—4922159
E-mail　：sxskcb@163.com　发行部
　　　　　sxskcb@126.com　总编室
网　　址：www.sxskcb.com

经 销 者：山西出版传媒集团・山西人民出版社
承 印 厂：山西力新印刷科技开发有限公司

开　　本：787mm × 1092mm　1/16
印　　张：18.75
字　　数：251 千字
印　　数：2000 册
版　　次：2019 年 2 月　第 1 版
印　　次：2019 年 2 月　第 1 次印刷
书　　号：ISBN 978-7-203-10657-9
定　　价：68 元

《北方民居营造做法》

编纂委员会

编委会成员：（以姓氏拼音字母为序）

陈　萍　崔元和　崔正森　胡碧霞　胡晨霞
胡黛燕　胡晓霞　胡彦威　李　寰　李永明
刘国华　刘晓芬　杨伯珠　于世玮　张国瑞
张宏芳

策　　　划：胡彦威　李永明

撰　　　稿：胡银玉

文 字 修 订：赵林恩

摄　　　影：李　峰

勘测、设计、制图：张国瑞　胡晨霞　胡晓霞

作者简介

胡银玉，别名胡颖玉，男，汉族，1946 年 10 月生，山西省定襄县宏道镇贾庄村人，出身名匠世家，退休前在山西省文物交流中心（原山西省文物商店）工作。高级工艺美术师，中国传统工艺美术大师，首届山西省工艺美术大师。从艺 50 多年，修盖民居民宅无数。在参加工作的 30 多年中，实地勘测著名古建筑多处，绘制古建筑图纸多幅，雕刻古建筑木雕烫样（模型）多幢。国内展览多次获奖，其中万荣县的飞云楼、介休市的袄神楼模型，于 1990 年、1992 年分别代表中国参加在德国、意大利举办的万国博览会受到好评。复原完成太原市崛围山多福寺（傅山先生读书处）市级文物保护的四个大殿泥彩塑像多尊；重修世界文化遗产五台山殊像寺的“文殊一会五百罗汉悬塑”明代泥彩悬塑像工程一处；设计重建北魏孝文帝时期创建，“文化大革命”时期毁为废墟的清凉寺古刹一处；复制北京故宫受国家一级重点文物保护的大型青铜铸香炉铸模一件，铸成三件复制品，分别陈列在五台山显通寺、塔院寺和香港寺院。设计创建的汉白玉石雕纪念碑遍及晋冀两地。退休以后带领徒弟们雕制木雕彩塑像多尊，其中仿犍陀罗技艺雕刻而成的三尊大型木雕彩塑菩萨像获国家金奖。设计创建传统民居四合院一处。编著有《古建筑营造做法》一书；本书《北方民居营造做法》由山西省文物局立项，报山西省委宣传部批准为 2017 年度图书重点扶持项目。这两本古建筑匠人做法的书，填补了中国民间技艺传承的空白。

清华大学

银玉同志：寄来的信和照片均已收悉，谢谢。

这次山西之行，与你相识，十分高兴。你对古建筑的理解，对模型制作技术之精巧，令人叫绝。我已向有关人士推荐，等你有空时写一篇创作经验和体会的稿子，发表在建筑画杂志上。过些日子，我可能去该杂志编辑部，看看他们先发表照片行

第1页

清华大学

不行，如可以，就先行发照片也可以，我可代你写几句简单介绍的文字。这件事能否成功还要看谈了以后才知道。

以后有什么事，多联系。

祝

好

徐伯安 1989.11.20

第2页

徐伯安（1931—2002），我国著名的建筑历史学家和建筑教育家，师从建筑学界一代宗师梁思成先生，20世纪60年代初成为梁思成先生的得力助手，在中国古代建筑的研究上做出了卓越的贡献。

来信简介：1989年，北京清华大学著名建筑历史学家徐伯安先生到山西考察，在山西省文物局副局长张一的带领下，参观了胡银玉设计雕刻的古建筑烫样（模型）。他看了飞云楼模型以后，大加赞赏，嘱咐胡银玉拍照片给他寄去。本信是他收到照片的回信。后因胡银玉工作繁忙未能按照先生嘱咐办理，很遗憾。

序一

曲润海

继《寺庙古建筑石雕木雕塑像营造做法则例》后，胡银玉又要出版《北方民居营造做法》了。能在几年内连续出版两本专业性很强的著作，胡银玉定然是一位造诣高深的专家了。

专家是专家，却不是什么博士硕士学士，他是一位手艺高超的工匠，集古建筑复建设计、古建筑维修、木雕、石雕、砖雕、泥塑、彩绘技艺于一身。他是高级工艺美术师、首届山西省工艺美术大师、中国传统工艺美术大师。

他出身名匠世家。他的石雕、泥塑、彩绘技艺，源于本家爷爷胡明珠。胡明珠是五台山龙泉寺汉白玉石雕牌楼的建造者，又参加过阎锡山旧居东花园石雕、砖雕的建造。他的木雕、古建筑复建设计、维修、庭院四合院、平房四合院建造技艺，则前后拜了一位师傅、一位师爷胡连喜和郝官福，两次学徒共九年。追根溯源，他的祖师是五台县东冶镇人称“活鲁班”的徐秋洋。徐秋洋年轻时参加过北京故宫的维修，返乡后奔走于五台山寺庙群和周边各县之间，专营寺庙殿宇和民宅的庭院式四合院修建。祖师的高足之一就是郝官福。“名师出高徒”用在胡银玉身上再恰当不过了。胡银玉没有上过几年学，然而凭着他虔诚的拜师学艺，心灵手巧，不断实践，且刻苦读书，勤于积累总结，终成大器。

胡银玉在乡间修建民居出了名，被调入省级文物部门做古建筑模型，行内叫“烫样”，由勘测而仿制，由做模型而修实体，由维修而完整复建，由参与而主持、设计、组织、指挥。

他先后勘测了万荣县的飞云楼、秋风楼，解州关帝庙的春秋楼，介休市的祆神楼、三星殿、献亭等著名古建筑多处，绘制古建筑图纸多幅，并完成了飞云楼、祆神楼等多幢古建筑木雕模型的制作。设计营造了兴县蔡家崖晋绥边区革命纪念馆的贺龙元帅骑马像汉白玉石雕纪念碑、河北省正定县临济院旧址纪念馆及汉白玉石雕纪念碑等多幢。复制了北京故宫清乾隆十一年铸造的国家一级文物大型“御制青铜铸香炉”铸模，铸成三幢复制品，分别陈列在五台山显通寺、塔院寺以及香港寺院。复原了太原市崛围山景区傅山读书处多福寺四个大殿的泥彩塑像；设计重修了国家重点文物保护单位五台山殊像寺“文殊一会五百罗汉”明代泥彩悬塑像；设计重建了“文革”时期毁为废墟的著名古刹五台山清凉寺，包括大雄宝殿、三大士殿、东西配殿、天王殿、钟楼、鼓楼、东西傍山门楼，各大殿的泥彩塑像及多处石雕、木雕，雕琢庙门部位汉白玉石幡杆一对，设计营造了寺院入口处的三门四柱汉白玉石雕牌楼。工程历时 8 年，于 2006 年告竣，成为胡银玉的代表作。使之一步步迈向大匠、大师的地位。

这本《北方民居营造做法》，是胡银玉从事木石泥匠作业，修建民居宅院实践经验的总结。

一座仿古四合院，看来好像一座小型庙宇，其实大不相同。单就一座门楼，就有很多的讲究。寺庙的正门，都开在正面的中轴线上，而宅院的街门，四面四角都可开门，但讲究门宫位置要合于八卦吉凶。街门、主房、厕所的位置，也是有规定的。我忽然发现，我的出生地定襄河边三村窑沟里，正对着文山山尖，十分雄伟。窑沟里凡是路北的有钱人家，都是两进院。外院的大门都在东南角，厕所都在西南角，里院的二门设在南面。东房最高，不住人，供放祖先牌位。就是我们普通人家的街门也都在东南角，主房是北房，厕所也在西南角。胡银玉告诉我，这叫坎宅巽门，是北方民宅建筑的首选。原来我们的祖先，是讲究风水的。

建筑一座民居四合院虽然没有建筑一座寺庙那样宏大复杂，却也有一套完整的规矩和工序。从选址、布局、放线、操平、筑基、安础石，做梁、柱、檩、替、椽，做榫卯，立架、上梁、封山墙，号檩、套檩、挂椽、宨房，一环扣一环，不能有丝毫走样。盖一座土筑墙平房四合院，除了筑土墙、盖房顶等外，其他大致相同，同样的一环扣一环，不能有丝毫走样。可见过去土木石匠技艺的高超，也可见胡银玉作为“传统工艺美术大师”名不虚传。

胡银玉出版这么一本起房盖屋的书，不是为了宣扬自己的发明创造，而是为了记载前辈匠人传给自己的知识技艺，使前辈匠人的知识技艺不至于在自己手里失传。也为了总结自己的经验体会，使之用语言文字规范化条理化，让后来人便于学用。前辈匠人有许多做活儿的口诀、行话，但大多没有规范为现代汉语，只可在实践中领会。而要成为书面语言，让人能看懂，必须从音、义、型仔细琢磨，才能比较准确地表达出来，为此胡银玉下了不小的功夫，问师傅，查字典，请教同行。先辈匠人有一些专用符号需要翻译解释，才能使后学者一目了然。例如划在木料上的从一到十的字符，就既不是"一、二、三、四"，也不是"1、2、3、4"，而是"0、丨、刂、川、乂"，好像音乐上的工尺谱。还有些行话，不做注释，我们是很难读懂得。胡银玉像学问家的学术专著一样在书末附了很大篇幅的注释，和正文一样的重要。

旧社会有"教会徒弟，饿死师傅"的老话，和"传子不传女"的习俗，但到了胡银玉的师爷郝官福，就把全部技艺传给了徒弟，成就了胡银玉。胡银玉把这种无私的精神也继承了下来。他不仅收了男徒弟，也收了女徒弟。他更把一身技艺总结成了书，让更多的人知道。这是很受人称道的品格。当然技艺不是读了书就能把握的，要经过千辛万苦的实践磨炼才能学到手，拿到手，才能成为一名有技艺、有创造、有知识、有文化的工匠、大匠。鄙视技艺、鄙视实践、鄙视文化，成不了匠师，成不了学问家！

胡银玉已经七十岁了。按时下的惯势，早可"退休"了。然而他清瘦的身体、敏捷的思维、娴熟的技艺，仍然使他奔走在设计指挥的民间工地上。再过两三年，也许又能积累总结出一本书稿来。

一点闲情，几句感慨，聊可称序。

曲润海　原山西省文化厅厅长

原文化部艺术局局长

2017 年 12 月 3 日于太原窝窟

序二

王杰瑜

民居就是以传统方式修建的普通老百姓居住的房屋。较之官式建筑，算不上规整，可它更尊重自然环境和文化风俗，强调土地集约，注重邻里关系，是人与自然、人与人、人和社区间关系的最为朴素的体现，是区域文化重要的承载物。在全球化、城市化以及工业化飞速发展的今天，越来越多的人认识到传统建筑在传承文化中的重要性。追寻、研究和保护传统民居建筑成为当下人们传承和发展文化的新风尚，《北方民居营造做法》的问世，顺应了这种潮流，对引领这种新风尚有着非常重要的意义。

胡先生出生在一个木匠世家，修房子盖房子原本就是他生活的一部分，耳濡目染，加之本人天资聪慧，二十多岁时就已经是当地家喻户晓的木匠师傅了，足迹也遍及周边几县。20 世纪 70 年代中期，胡先生进入山西省文博系统，得以长期从事古代建筑的设计维修工作。他主持和参与了多次古建筑的设计修复项目，有的还受到省政府领导的重视，为山西的古建筑保护事业做出了突出的贡献。

胡先生不仅勤于实干，更喜欢巧干，善于将匠人木工技法与建筑营造则例有机地结合起来，在复杂的民居建筑现象中寻找规律，总结营造做法，寻找文化基因，经过长时间的思考和创作终于铸成如此宏著。建筑学的书随处可见，民居营造技法的书则难觅其踪。从这部书的字里行间，能够深切感受到实干和技术，感受到他对中国北方传统文化的深刻理解和造诣，实为后世留下了一份珍贵而翔实的非物质文化遗产。

全书分为三部，通篇没有华丽的辞藻，精美的修饰，有的全部是对于北方民居建造的详细过程。第一部介绍了宅院地理的风水，讲解了传统民居的营造规矩，即“八门七星”的门宫制度。这种制度将八卦与吉凶相结合，用来确定院落的走向、正房和大门的位置、正厢房的高度等。尤其值得注意的是，这种规制看似是风水，实则体现了朴素的环境选择的观念。比如“坎宅巽门”，是北方分布最多的宅院，建筑比例达到了百分之九十以上。这种宅院坐北朝南，一般是在平川地区或者北高南低的阳坡修建，可以充分利用向阳的位置作为主房。这就是建筑与自然、文化融合的最好例证。第二部以北方四合院为例，介绍了瓦房四合院的工作做法。从建筑形式的规划，院落的选址布局，等高定位，地基的做法，大木构架的制作，山墙的砌筑，屋顶的覆瓦，到窗户、门扇的装修工艺和保护，纸匠的装修等，全部的过程都给出了详细的叙述。第三部描述了土筑墙平房的建设工程，同样也是从宅院的设计、定向开始，将土筑墙所需设备、工艺做法、材料应用、泥匠工程和装修等都做了非常翔实的介绍。

胡先生在著作的最后还以宏道四合院古建筑的修复为案例，给出了具体的修复方案和做法，在业界备受赞誉。这是胡先生的代表作品，也是他建筑技术得到认可的作品。此外，对于传统古建筑行业中的特殊标识、风箱的制作原理和工艺、工具的修整、木夯制作、土坯模具等，也做了详细的叙述。

近些年来，学术界、地方政府及多个行业都加大了对古建筑的保护和研究，对民居的研究主要集中于村落布局、民居建筑类型风格、文化等方面，对于古建筑的营造做法研究较少，而这部著作能够为我们提供宝贵的建筑做法材料。了解传统民居的做法，才能从根源上理解传统民居的构造布局，进而理解建筑与地理环境的关系，理解并传承地方传统文化。

这部《北方民居营造做法》是我们深入探讨民居特色和文化内涵的基础，也为传统民居在新时代新环境下的更新改造提供了借鉴。胡先生谦虚地说这是对他从业五十多年来的一些经验总结，然而在我看来，却是对传统文化的保护和传承，对地方政府和学术界都是不小的贡献。胡先生一直在这条路上不断地实践和探索，为我们留下了极其宝贵的财富，也使得古建筑修建的技艺和文化得以传承，既是一个总结，也是新的开始。相信这部书的出版，一定会让社会各界认识到它的价值，也相信能够为古建筑文化的保护和传承做出更大的贡献。在此，我对胡先生表示衷心祝贺。是为序。

王杰瑜　太原师范学院历史系主任、教授

2018 年 5 月 2 日

前言

这本《北方民居营造做法》，是我从事木匠作业实践经验的总结。

我出生在北方农村，幼年丧父，家境贫寒，16 岁拜本村木匠胡连喜为师，步入了木匠行业，学习箱柜棺木制作、割杂和起房盖屋。学徒三年、谢师三年后带上徒弟，正式开始了“走东家”的木匠生涯。

追根溯源，我的祖师是五台县东冶镇人称“活鲁班”的徐秋洋（1853—1935）。他年轻时参加过北京故宫的皇宫建设，返乡后奔走在五台山寺庙和五台县、定襄县、崞县（今原平市）之间，专营寺庙殿宇和民宅的庭院式四合院建设。他精通八门七星“门宫”的规则，广收弟子，桃李满天下。祖师的高足之一、我的师爷郝官福（1900—1988），定襄县宏道镇东街村人，精通大小木作构架与木雕刻技艺，是大名鼎鼎的木行大匠，1926—1937 年参加阎锡山府邸（今河边民俗馆）的工程建设，曾受到阎的嘉奖；解放后在宏道木业社工作，1951 年调入山西省文联，从事古建筑修复，1962 年返回原厂。人常说“名师手下出高徒”，我的师傅胡连喜，自然也是一名远近闻名的造屋高手。

20 世纪六十年代，百废待兴，也是大量民宅修整和建设的时期，所以我“走东家”一干就是 15 年。1966 年“文革”开始，高门楼、大瓦房建筑的石、木、砖雕等艺术品，成为“破四旧”的对象。不但毁了诸多古建筑，截断了木作匠艺的传承，也让搞艺术最佳年华的我手艺无处施展。不过这种特殊情况，也警醒了一些老艺人，他们觉得，祖先留下的技艺，现在若不传承下去，将来就有断脉的危险，于是开始放松了千百年来对技术的保守封锁。师爷郝官福身怀绝技，认为儿子是当然的继承人。他把院中的百年柏树刨倒，解成板材，准备用烫样（模型）做教具，传给儿子技艺。然儿子不理解老人的良苦用心，不愿学，老人百感交集，只好等待。后来宏道东街一次批了百余户宅基地，第一批动工的有 20 余家，匠人从四面八方进入工地，开始了大会战。七八个月后，20余家平房先后完工。动工的村民自动组成评判组，挨门逐户参观评判，从投工用料到构架装修分别记分。最后出现了意外结果，即我和我带的两个徒弟，三个毛头小伙，岁数加起来才60多点，排在了第一位。这个意外情况，一下子轰动了宏道镇，同时也惊动了我的师爷郝官福。他马上到现场察看，见到我就问："你是胡连喜的徒弟？"我忙点头让座。老人又说："营生做得规矩，理该受到好评。"又看我盖的房，自言自语地说："这是块料。"临走时对我说："我是你师爷，已是60多岁的人，世道又是这样，你若真想学艺，我还有好多你师傅没有学到的东西，就全教给你。"我高兴万分，连连点头答应，老人高兴地说："从此你就是我的过门徒弟，徒孙的称呼就取消了吧。"从此，我开始了二次学艺，白天正常干活，把业余时间全用在了学习上，大年初一也不休息。经过三年苦学苦练，终于圆满了师爷的传承心愿，也为我打牢了古建筑和雕刻技艺的基础，使我在当地有了点小名气。

此后逐渐迈向外县，寻找新的发展。宏道镇与原平县同川山区毗邻，同川梨果远销京津，其南白乡十几个村庄因此相对富裕，家家建新房，修宅院。当地地形复杂，"门宫"各异，有四合院、三合院、二进院和各个门宫的民居宅院，大多是青砖青瓦的筒瓪瓦采飞房。我从1968到1976的八年中，大部分时间在这个地区，完成了多个宅院。此后，还参与和主持过多次古建筑工程。1976年，太原市迎泽公园深入农村选拔古建筑艺人，在当地政府的推荐下，我参与了迎泽公园藏经楼的建设。自此我从农村走到省城，师傅传授的技艺得到了发挥和印证，受到省政府领导的重视。经省政府特批，我被山西省文物总店录用为正式职工。全家五口人迁入太原市成了城市户口。这时省文物局计划建立古建筑烫样（模型）资料库，山西范围的十大名楼列在其中，我被派到各个地区完成名楼的实地测绘。我先后勘测了万荣县的飞云楼、秋风楼，解州关帝庙的春秋楼，介休市的祆神楼、三星殿、献亭等著名古建筑多处，绘制古建筑图纸多幅，并完成了多幢古建筑木雕烫样（模型）的制作任务。其中飞云楼、祆神楼模型，国内展览多次获奖，1990、1992年代表中国分别参加在德国、意大利举办的万国博览会，并受到好评，飞云楼模型被德国收藏。1994年，评审通过高级工艺美术师任职资格；2006年获得了首届"山西省工艺美术大师"称号；2016年获第四届"中国传统工艺美术大师"的殊荣。

我的石雕工程和塑像技艺，源于本家爷爷胡明珠（1895—1968）。他是一个全能匠人，他设计营造的大型石雕工程，遍及三晋大地。其中的五台山龙泉寺汉白玉石雕牌楼，驰名中外，被收入了世界景观文化遗产名录。

1992—2006 年，在担任山西省文物总店三晋艺术开发部经理期间，我完成了国家、省、市级重点文物保护单位的修复工程多处。

第一批塑像复原是太原市级重点文物保护单位的崛围山景区多福寺（傅山先生读书处）四个大殿的泥彩塑像重塑工程（1992 年至 1994 年完成）。

1995 年，通过竞标，获准承担国家重点文物保护单位五台山殊像寺“文殊一会五百罗汉”明代泥彩悬塑像重修工程。维修前的悬塑像一半坍塌为废墟，还有多处用铁丝和麻绳拉拽。三年竣工，山西省文物局专家组验收合格，于 1998 年重新向游人开放，现被列入世界景观文化遗产名录。期间还完成了兴县蔡家崖晋绥边区革命纪念馆的贺龙元帅骑马像汉白玉石雕纪念碑。

1998—1999 年，设计营造了河北省正定县临济院旧址纪念馆及汉白玉石雕纪念碑等古建筑多幢。在此期间，还复制了北京故宫清乾隆十一年铸造的国家一级文物大型“御制青铜铸香炉”模型（铸模），铸成三幢复制品，分别陈列在五台山显通寺、塔院寺和香港寺院三处。

完成五台山殊像寺工程后，受到香港、台湾和厦门地区捐资者的好评，特聘出任重建五台山清凉寺工程总代理，开始了清凉寺的复原工程。清凉寺创建于北魏，是五台山最早的寺庙之一，1966 年毁为废墟。1998 年开始实地测量，制图动工，复原重建大雄宝殿、三大士殿、东西配殿、天王殿、钟楼、鼓楼、东西傍山门楼，完成了大殿的泥彩塑像及多处石雕、木雕，雕琢庙门部位汉白玉石幡杆一对，设计营造了寺院入口处的三门四柱汉白玉石雕牌楼。工程于 2006 年告竣，历时 8 年，使四十年无人问津的千年古刹重放异彩，对外开放。

我从营造民宅的实践中，逐步摸索出了民居营造的一般规律，总结出了一套民居营造做法，并结合参与和主持寺庙建筑、塑像、木雕、石雕、彩绘等多项工程的实践，极大地丰富了其中的内容。这套做法，从古到今，虽然做过的人很多，却从未见过相关的系统介绍。正如梁思成先生《清式营造则例》初版序言所说：“做法需要说明如何动手，如何锯，如何刨，如何安装……至于做法一层，大概都在木匠师傅教徒弟的时候互相传授，用不着笔墨，所以关于做法的书，我们还没有发现。"此书也可说是该领域之首创。今天是搞现代建筑，高楼林立的时代，遍地都是钢筋水泥结构，传统的民居宅院和古建筑，自然地退居到了二线的旅游区。没有了工程，身怀绝技的匠人师傅，也就失去了发挥技艺和传授技艺的平台。本书的撰写，就是为了不让老祖宗的做法技艺失传于我辈，造成断脉的千古遗恨，使这项技艺得以永久传承。也希望能对当今的旅游区和新农村建设有一些指导作用。

本书主要有三项内容：一是村庄选址，宅院门宫的地理风水。二是石、木、砖结构四合院的选料用材和匠人施工做法。三是农舍小院土筑墙平房做法的古老工艺。

最近民间出现了一种室外古建筑、室内新装修的建筑新潮流，经过实践和评估，大家认为是一种古为今用的好做法。为了充实四合院做法的内容，我设计营造了一处古建筑四合院别墅的样板工程。实物与书稿同时呈现，或许可以让读者通过直观，进一步加深印象。

《北方民居营造做法》一书，虽然叫"做法"，但实际上是一篇工程施工笔录。书中的内容，虽说是自己的经验总结，但它却源于先辈们的精湛技艺，以及工人师傅的现场实践，可以说是大家共同的心血合成。如若此书能给同行以指导与启迪，则是本人最大的心愿。然因才疏学浅，书中的疏漏错误在所难免，欢迎同行和专家提出宝贵意见。并衷心希望此书能起到抛砖引玉的作用，同行们通过实践，总结经验，超出此书和实样的水平，进一步丰富我中华文化艺术的宝库。

本书在撰写和出版过程中，得到了山西省文物局王建武局长、宁立新副局长、赵曙光总工程师、李康（帮助申请项目的人）、李永明（指导策划）、崔正森、崔元和、朱尚伟、杨伯珠等多位先生的支持和帮助，赵林恩先生为本书稿做了修改订正，谨在此一并表示衷心的感谢！

胡银玉

2017 年 9 月 9 日

目　录

第一部　宅院地理布局——八门七星门宫法

第二部　瓦房四合院工程——北方四合院

第三部 土筑墙平房工程

附 录

第一部

宅院地理布局——八门七星门宫法

一、民居民宅

（一）八门七星门宫制度

中国的民宅建筑，均以“门宫”为设计标准。“门宫”是宅院的门与院中的主房，二者相配合而成。“门”是院子的进出口，“宫”是院中主房。古建筑的四合院，是根据太极八卦的规则，演变形成“八门七星”规则的。四面建房，以“门”和“宫”为标准布局，从古至今，一脉相承，代代相传。

阳宅的古建筑规划设计，分三个档次：①皇城、皇宫、皇家建筑，是用“太极八卦”南北的子午线定位，正北方向“紫微星”为定向标准。②官署衙门和寺庙规划，用“九宫八卦”确定主次高低。③民居民宅与上两种不同，是根据“八门七星”合成的“门宫”法则规划设计，山区以山为正，平川以北为正，定门宫，分主次。这三种建设规划的规矩，从古至今，一直是古建筑设计的依据。

民居四合院规划设计，历来以“八门套七星”为设计标准。这一规则，早在魏晋时的《玉匣记》书中已经出现。相传此书为东晋道士许真人所著，亦称《玉匣记通书》。古建筑匠师把这个标准叫作“八门七星门宫法”，又名“七星八卦图”。这种以“门宫”为标准的做法，经过历朝历代匠师们的实践，不断完善，逐渐形成了民宅古建筑唯一的做法规矩，明清两代广为盛行。北京大院和山西的乔家大院、王家大院等众多著名的四合院，无不体现古人对“门宫”制度的尊崇和重视。

宅院在“七星”与“八卦”的配合下，产生出众多门宫。这些门宫各不相同，但是又各有所用，可以破解宅院因地理环境所产生的负面影响。通过门宫定位，可以把恶劣环境转换成风水宝地。

民居四合院的特点是八个方向都可以开门，但是在宅院的纵向中轴线上忌讳搞大建筑。八个方向的“门宫”，高低错落，无一雷同。它是根据八卦命名后才形成的。每一个院中找出“生”字，是主房高点，高点就是吉星，也是集风水的聚点，凶星是低点。这八个方向的院门不同，因而主房“宫”的位置也各不相同。门宫布局，讲论善恶吉凶，从八卦中产生。古人用八卦命名的有“阴八卦”和“阳八卦”两种，阴八卦是用在坟茔墓地的测风水中，“阳八卦”则用在安宅定居上。这两种八卦，都有着各自的用法和特点。虽然两者一脉相承，但既然分阴阳，就不可错用。古人对“阴地”和“阳地”都有定论，谓“阴地”的坟茔生人，“阳地”的宅院养人，“心地”道德育人。阴地生人，且不去讨论，阳地养人和心地育人，这两种说法却很有道理。一个村庄，一个宅院的地理位置、周围环境、院中空间、宅中的建制布局采光、营造工程的结构、用材配料工艺，方方面面，无不影响着居住者的心理和身体健康，从中自然会产生出各种烦恼或愉悦。这两种说法，都是先人留给后辈的宝贵财富。

(二)民宅四合院方位排列

民宅四合院的布局从“八门七星”中产生，八门七星是从“九宫八卦”中支生。

八卦，代表着宅院的八个方位，即东、南、西、北、东南、西南、东北、西北八个方位。八个方向都可以开门，八种门的布局各不相同，又有各自的规则和特点。八卦是由乾、坎、艮、震、巽、离、坤、兑八个方位组成。每一个八卦字样，代表一个方向。①西北，乾。②正北，坎。③东北，艮。④正东，震。⑤东南，巽。⑥正南，离。⑦西南，坤。⑧正西，兑。每一个八卦字，不但代表一个方向，更代表着一个宅院的建设制度，合起来称为“八卦门宫”。

民宅四合院的规划，又叫“八门套七星”。寺庙、衙署用的是“九宫八卦”，因为比“八门七星”多出中轴线上的“左辅”和“右弼”二星，合成九星，即成“九宫八卦”法。九宫是中国古建筑营造布局的制度，由九种星位组成，即天、五、六、祸、绝、延、生、左辅、右弼。前七位是八方的星位，后两位“左辅”“右弼”是居中的中轴线星位。南北的中轴线星位，唯有皇家可设，民居民宅只限于七星，因此民宅布局由八门七星布局形成。即八卦的乾、坎、艮、震、巽、离、坤、兑，与天、五、六、祸、绝、延、生七星共同合成。七星分吉凶高低，通过七星转动，形成了八方的门宫。建筑的布局，强调吉星起高，凶星落低。中国古建筑营造，由三个等级划成。第一等级，皇宫及皇家建筑，是“太极八卦”布局，北玄武，南朱雀，左青龙，右白虎，正南正北向，中轴线为主形成。第二等级，官署、衙门、寺庙是“九宫八卦”布局，七星中多了“中宫”的左辅、右弼星座，在中轴线上可设建筑，门位在八卦位中任选一方。第三等级，民居民宅，根据“八门七星”的门宫规定设置，中轴线不设建筑，只允许院内周边八个方向设建筑。这就是民宅建筑与其他建筑的不同之处。四合院民宅建筑的规划，依据匠艺人的“八门七星门宫法”完成。民宅中的七星由三个吉星生、延、天与四个凶星五、绝、祸、六组成。这样八门中还差一个字，就用八卦的门位字来补全，转到哪个门位，就用哪个门上的字样，凡门均是吉星。八种院门的八卦字样不变，形成了八方“门宫”。民居民宅建筑规划设计，共由 15 个字循环组合配成。

（三）八门七星门宫组合

七星分吉凶 宫位字（星座）	八卦分方向 门位字（八卦）
生，生气——贪狼木星，福神，上吉，宫位。	乾——西北
天，天乙——巨门土星，属阳，次吉。	坎——正北
延，延年——武曲金星，属阳，次吉。	艮——东北
绝，绝命——破军金星，属阴，大凶。	震——正东
五，五鬼——廉贞火星，属阴，大凶。	巽——东南
六，六煞——文曲水星，属阴，次凶。	离——正南
祸，祸害——禄存土星，属阴，次凶。	坤——西南
（“吉”是院中的高点，“凶”是院中的低点位）	兑——正西

（“乾”为西北，是头，任何时候都不会改变）

八卦由八个方向组成，从西北的乾字开始顺着数，乾、坎、艮、震、巽、离、坤、兑，八个方向八个字样，在任何情况下都不变。以下是吉凶高低门宫的定位口诀。

（四）八门七星口诀（又称大游年歌）

门宫吉凶布局速记口诀（始于东晋）
乾六天五祸绝延生，坎五天生延绝祸六。
艮六绝祸生延天五，震延生祸绝五天六。
巽天五六祸生绝延，离六五绝延祸生天。
坤天延绝生祸五六，兑生祸延绝六五天。

二、门宫（匠艺人的顺口溜）

（一）民宅第一门·乾门兑宅（例图1）

四六句子

兑宅乾门，角门西宫。

街在北，院在南。

院西聚齐三吉星，正南正北凶煞占。

"乾门兑宅"是八门七星中排位第一的门宫。乾为西北，从西北乾门开始，顺着往下数，把乾门中的七星，分配在各个位置。排列如下：乾·西北，是"门"，吉星；坎·正北，六煞，次凶；艮·东北，天乙巨门星，吉星；震·正东，五鬼位（厕所），大凶，最低点；巽·东南，祸害，次凶；离·正南，绝命，大凶；坤·西南，延年，次吉；兑·正西，生气，大吉，"宫"，主房位，院中最高点。

七星中的"生"字是指有生气，"宫"即主房的位置，是一个宅院中的聚风水高点。所以乾门兑宅中的"兑"字位上的生字，七星中称"宫"，是主房，乾门与兑位二者共同组合成门宫，命名为"乾门兑宅"。

乾门兑宅，院中的"生"字排在七星末位的正西方，宫和门相并而立，这种情况在门宫中独一无二。西北的门，正西"宫"即主房，门与宫紧相连，给规划院子的走向提供了定位的方便。主房坐西朝东，院子走向就依托主房，随主房方向，即成坐西面东方向，俗称以西为正。院的布局就成东西长，南北窄，长方形的大写一字宅院。第二步要找的是"五鬼"位置，即厕所的位置。从七星八卦排列的"五"鬼位，在震位上的正东方，厕所便设在东房内。它就是本宅中的第一凶星，所以东房是本宅中的最低点。掌握一个最高点，一个最低点，对宅院建筑主次高低的规划就有了规矩，也就便于

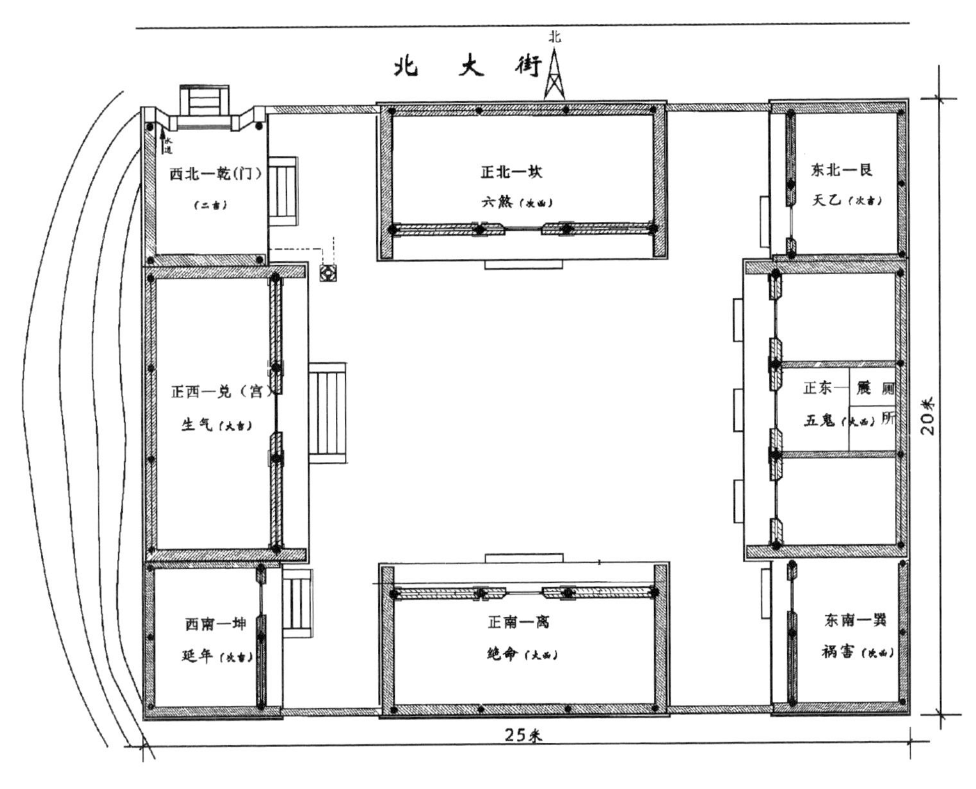

(例图 1)乾门兑宅

对吉星凶星位上的建筑作合适的安排。

院中正西方一面就有三个吉星位:一是西北“乾”门吉星,二是正西的生字“宫”的吉星,三是西南坤位上“延”字的吉星。三个吉星齐聚于院的西面,本院的走向取坐西朝东方向,便自然形成。院中的西主房共七间,正中设三间为主室,两边各设两间耳房,这样院西就形成了一高二低的格局。东房与西房相对是对厅,二者的建筑结构基本相同,但是高度有较大差别。厕所设在东房中,是个低位。北房和南房是配房,各设三间。“乾门兑宅”门宫,主要是用来破解宅院的正西方有大山、高崖和庙宇等不可移动的高物,只有用“乾门兑宅”门宫,才是破解这些不利环境的唯一办法。只有把“宫”(主房)设在正西方,才能依山就势,借山做靠,把风水聚于院中,让西高的靠山得到充分利用。

(二)民宅第二门·坎门巽宅(例图 2)

四六句子

坎门巽宅,门开正北。

对厅南,拐角楼。

只许东南高千尺,不容东北鬼抬头。

院门开在正北,主房“宫”设在东南的宅院叫“坎门巽宅”门宫,属正门偏宫做法。这种门宫的院形,只能院随门设。院的整体平面布局是坐南朝北方向,宅院成南北长,东西窄的长方院形。院内的八门七星排列如下:坎·正北,院门,吉星;艮·东北,五鬼,大凶;震·正东,天乙,次吉;巽·东南,生气,上吉,“宫”的位置,是主房;离·正南,延年,次吉;坤·西南,绝命,大凶;兑·正西,祸害,次凶;乾·西北,六煞,次凶。根据以上排列,院正北是本宅的院门吉星位;东南拐角是“宫”的位置,主房;正南的“延年”也是吉星。这样可以借助正南方向的三间南房做(代)主房,两边各设耳房。

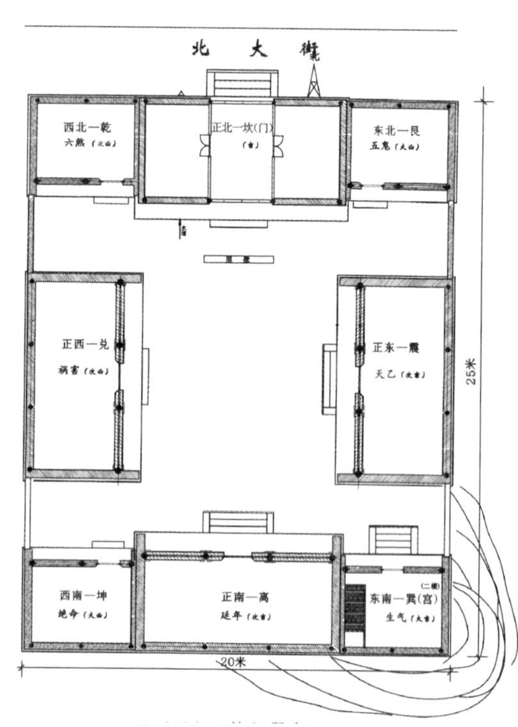

(例图 2)坎门巽宅

东耳房不落低,而是起高,因为它在东南拐角吉星“生气”上,是“宫”的位置,即主房。凡是主房设在拐角的宅院,为了弥补拐角做宫平面不足,采用起高建楼的办法,把平面上失去的面积,从楼的高度上补起来,这是拐角处建楼的寓意。东南的宫位上建小二楼起高,西南的耳房是“绝命”大凶,要降低。正北的中间开院门是吉星,与南房相对,成为南房的对厅。北房正中是吉星,又是院门,要起高,两旁的耳房是凶星,需要落低,正北面的院门就形成了一高二低的格式。其东北耳房是厕所五鬼位大凶，是本宅中最低位置。主房“宫”位在东南拐角设成小二楼来增其体量，楼下供祖宗神主牌位等，二楼可用作绣楼或者读书的书楼。这种形式的院落，虽然主房“宫”设在拐角上，但也不失以二楼为主房，成就四合院的独特秀丽景象。“坎门巽宅”四合院门宫，是专门用来解决东南西三面没有通街的出路，及东南方向有不可移动的高物障碍的问题。“坎门巽宅”门宫规划，是专门破解以上难题的办法。但是“坎门巽宅”四合院走向的平面布局，设计时有着一定的难度。首先是拐角设“宫”是一难题，难在拐角的宫坐向不明显，它介于朝正西和正北之间。所以在设计前，首先分析坎字院门在正北方，坐北面南，依院门设方向，这是拐角做“宫”需要借助的要点。因此把“坎门巽宅”的平面规划成正南正北走向，也就顺理成章。紧挨主房的南房吉星，与正北的院门相对，自然形成吉星与吉星对称格局，西厢房与东厢房相对也成对称。设计这种格局，既要掌握主房“宫”的特殊性，还要考虑到宅院四面升高降低的整体性。

民宅四合院规划设计，首先要把握好总体的大格局。准确把握“八门七星”中的吉星与凶星位置，将起高降低的部位作合理的安排。东南方向的“巽”字位，是“宫”的位置，宅院的拐角做“宫”，平面布局的面积有限，远没有正方向上做宫的宽广条件，但是可以利用高度来突出主房的地位。用建楼的办法加高加大主房“宫”的体积，来凸显“宫”的宏大，这是弥补拐角处面积不足的唯一办法。这种做法最终起到了独特效果，也更好地丰富了四合院的整体形象。凡是在正方向开门的宅院，均设照壁遮挡。

（三）民宅第三门·艮门坤宅（例图 3）

四六句子

坤宅艮门，盖楼宁人。

西南楼，东北门。

正西聚齐三吉星，五鬼端坐北房中。

宅院东北角的“艮”字上开院门，主房设在西南拐角的坤字上，“门”与“宫”都在拐角上，成东北、西南的斜对格局，这种布局，在众多门宫中，只有“艮门坤宅”一例。

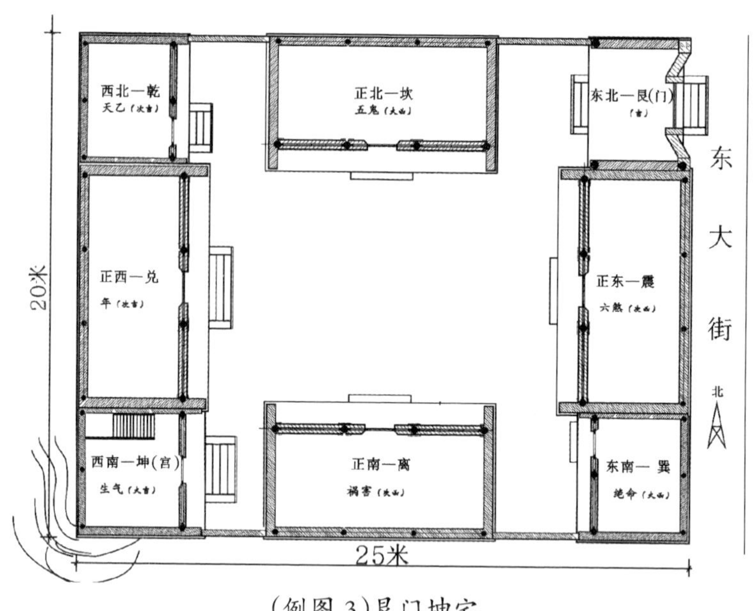

(例图 3)艮门坤宅

宅院在两种情况下适宜用“艮门坤宅”:①宅院在村镇中心地带,周围南邻、西邻、北邻三面相连而无通街出路,只有东面的街巷可以出路通街;②在西南方向有不可移动的高物,如果不采用“艮门坤宅”,会影响宅院的风水。只有设计成“艮门坤宅”的“门宫”,才是唯一针对以上环境的规划办法

“艮门坤宅” 的八门七星, 从东北艮字街门位上数起, 即艮·东北,院门,吉星;震·正东,六煞,次凶;巽·东南,绝命,大凶;离·正南,祸害,次凶;坤·西南,生气,大吉,“宫”位,主房;兑·正西,延年,次吉;乾·西北,天乙,次吉;坎,正北,五鬼,厕所,大凶。根据以上“八门七星”的排列,东北拐角设院门,西南拐角是“宫”,主房位置,二者组成“艮门坤宅”。门与宫斜对,是拐角上设“宫”的又一特殊格局。

这种门宫,在四合院规划中是一个特殊门宫。在院的走向上规划时需要认真考虑。

拐角设“宫”的宅院,在确定院的走向之前,首先要考虑院的总体布局。“宫”在西南拐角,面朝哪个方向合适?正西“延年”是吉星,西北角“天乙”吉星,西南的主房“宫”又是吉星,这样三位吉星在院西连成一线,具备了坐西朝东的条件。确定了主房的坐向以后,院门又在东北拐角,从东大街入院,是东西走向,宅院的走向自然随西房吉星与街门的方向,宅院坐西朝东的定位自然形成。南房和北房是厢房,两厢房对称,是西主房的配房。再根据吉星和凶星的位置,规划八个方向上建筑的起高落低。保证吉星凶星的准确性，可以完美地完成这个宅院的规划设计。

（四）民宅第四门·震门离宅（例图4）

四六句子

震门离宅，院南正宫。

东临街，南靠山。

五鬼端坐西北角，坐在北房望主厅。

“震门离宅”是排行第四位的门宫。院的东方开院门，南方设“宫”。门与宫成正东、正南方向。这在八门七星门宫中是特例，是“宫”和“门”全设在正方向上的门宫。凡是正方向设门的门宫宅院，院内门前多设照壁遮拦，来迎风水。七星从正东的院门开始往下数：正东震门，吉星；巽·东南，延年，次吉；离·正南，生气，“宫”，主房，上吉；坤·西南，祸害，次凶；兑·正西，绝命，大凶；乾·西北，五鬼，大凶；坎·正北，天乙，次吉；艮·东北，六煞，次凶。“震门离宅”宅院，东方设院门，南方设“宫”，宅院的走向自然地坐南朝北，随主房方向而成。这样宅院的平面布局就形成南北长，东西窄的长方形走向，俗话所说的竖写一字院形。

“震门离宅”宅院，南房是本宅的主房“宫”，也是本院的最高点，北房是南房的对厅。东房在震位，是宅中院门，西房与东房相对是配房。规划要掌握南房、北房，分出主次高低。西北方向是“五鬼”厕所凶星位，是院中的最低点。“震门离宅”宅院，多用在南山坡下，主房依南山做靠，宅院东邻街巷，有出路通街条件的情况下开设的院门。

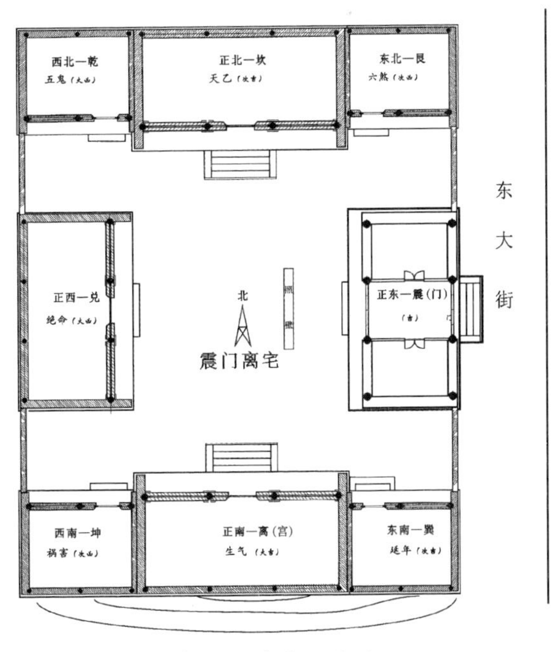

（例图4）震门离宅

(五)民宅第五门·巽门坎宅(例图 5)

四六句子

坎宅巽门,不用问人。

左青龙,右白虎。

不怕青龙高万丈,只怕白虎一抬头。

“巽门坎宅”是北方民居宅院中最实用、最普及的宅院。在众多门宫中,“巽门坎宅”门宫的建筑比例,占到百分之九十以上。很多宅院,常因为各不相同的情况,需要设计套院(进院)时,选用巽字门作为外套院,套其他门形成。北方农村的简易宅院,同样喜欢用巽门坎宅格式建院,采光好,且经济实惠。从四合院到三合院和两合院,即使是几间不上档次的白灰顶房的院子,或只有一排北房的农舍宅院,也要用“巽门坎宅”门宫。所以“巽门坎宅”门宫,可谓家喻户晓,人人皆知。特别是平川地带和城市,几乎全是这种门宫。相反其他门宫,在近 60 年的变迁中,几乎被人们所遗忘。

“巽门坎宅”的七星排法:巽字在东南拐角,设院门,吉星;离·正南,天乙,吉星;坤·西南,五鬼,大凶;兑·正西,六煞,次凶;乾·西北,祸害,次凶;坎·正北,生气,“宫位”,主房,大吉;艮·东北,绝命,大凶;震·正东,延年,次吉。凡是七星中“生”的位置,就是院中“宫”的主房位置。“巽门坎宅”在东南方设院门,西南角厕所是凶星,正南方和正东方均为吉星,东北、西北、西南、正西等位置均为凶星。根据以上吉星、凶星的位置分出高低以后,自然就形成了院中高低错落的格局。

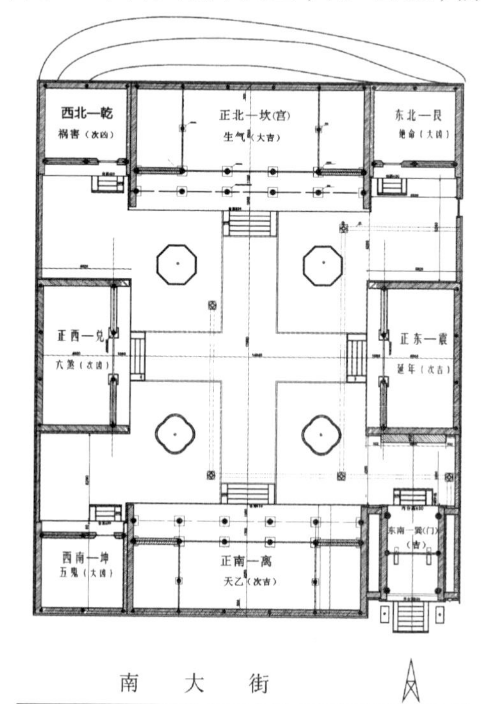

(例图 5)巽门坎宅

"巽门坎宅"宅院,正北房坐北朝南是主房,南房坐南面北,与北房相对,是北房的对厅。东房吉星是厢房,它与西厢房相对,虽然高低不同,但是两房的结构类似。西南五鬼厕所大凶,是院中的最低点。宅院的取向根据北房定位,以南北中轴线为标准,形成南北长、东西窄的南北走向。院中建筑根据吉星和凶星准确划分出高低后,形成正房一高二低和东西厢房相对的对称格局。在北高南低,院东或院南有出路通街的条件下,都可以规划成"巽门坎宅"。"巽门坎宅"最大的优点是可以充分利用院北方的向阳位置做主房。这种宅院是华北地带最受欢迎的宅院。

(六)民宅第六门·离门震宅(例图6)

四六句子

震宅离门,最有盛名。

东靠山,南临街。

神主牌位东厅供,住在北房暖又明。

第六院"离门震宅",院的正南开门,正东方是主房"宫"的位置,正西是五鬼厕所,凶星。

八门七星排列:离·正南,院门,吉星;坤·西南,六煞,次凶;兑·正西,五鬼,大凶;乾·西北,绝命,大凶;坎·正北,延年,次吉;艮·东北,祸害,次凶;震·正东,生气,"宫"位,主房,大吉;巽·东南,天乙,次吉。

"离门震宅"也是门和宫全设在正南和正东正方向上的布局。在正方向上设"宫"的这种门宫,确定宅院走向是明确的。离门震宅门宫,宅院的走向,根据宫的坐向而定,所以主房以东为正的方向就是宅院的走向,院的平面成东西长,南北窄,平面布局成长条形,就是俗话说的大写一字形院。离门震宅实用于两种情况:①院的正东方有不可移动的高山或巨崖;②东、西、北三个方向,没有出路通街的条件,只有院南方有大街或小巷可以出路通街。在这样的情况下,用"离门震宅"的门宫布局,顺应风水走向。这种宅院,院正东是"宫",吉星,设主厅,以主厅为中心,南北两端各配耳房,这样顺其自然,就以东为主房居高,耳房落低,形成一高二低样式。西房与东房相对是对厅,南房街门与北房相对成厢房,是配房形式。这是离

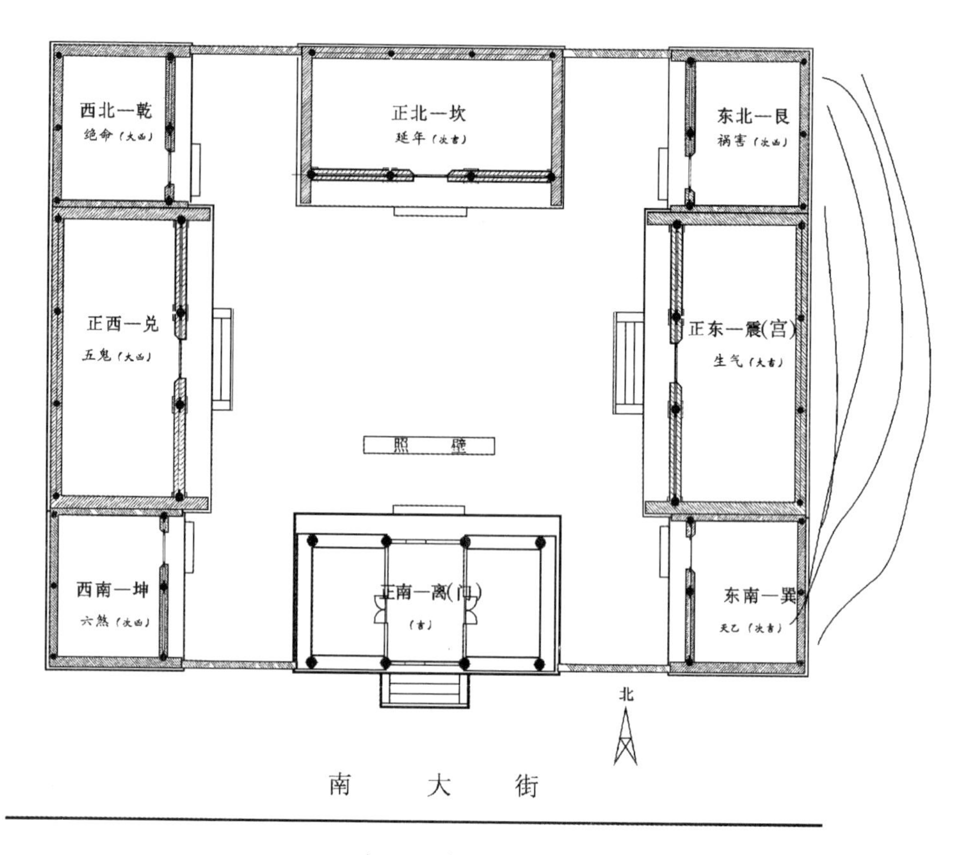

(例图6)离门震宅

门震宅的一般做法。

“离门震宅”的另类做法,是官署衙门设计法:在坐北朝南的中轴线上加几幢大堂、二堂建筑。二堂的背后再规划出长廊、水榭、假山等花园类型,东厅的吉星位上做主室、书房和客房等,形成正宗的州府衙门和政府机构布局。

“离门震宅”的第三种情况,是套院式做法。套院式不直接设离字街门,而是把原街门改作“移门”,设在内院的中南端,在外院东南方设街门。虽然同样在离字位上,但它的外院门是“巽”字,原来的离门改成院中的二门,作为二院移门出现在院中。这样宅院的总体做法就与前大不相同。既不愿丢掉离门“宫”位,又想充分地利用北房的向阳面,就构成了不成规则的改变。中国北方的冬季气候寒冷,在特殊情况下,为了多利用北房的向阳,在院南加一层外院围墙或者南房,把离字院门改在东南方的巽字位上,院中的离字位改为移门。从街中看,是一幢巽字门宫,进院以后经过改装移门过渡后,内离外巽的形式产生,把离门宅院变成了巽字门宫,多了一层门，变了一种形。这种变法既不失以东为正的震宅，又可以充分利用巽字门宫的北房。大院经过移门的过度和变化，东大厅原形不动，院的走向从大写一字形，也可以变成南北长、东西窄的宅院，把耳房设在东北和西北拐角，这样北房从配房经过套院后演变成主房。北房也可以从东到西一线建成，经过改装以后的北房，既不是主房，又不是配房的中间形式，只把东房的一高二低式，转化成了北房的一线房，或者以北为首的一高二低式。这种做法虽然不太规范，但是很受欢迎，只要掌握好五鬼厕所位，不要起高超越吉星，住户就会平安健康。正北房居中，两旁耳房作配，院子的走向格局变成南北长、东西窄的形制，北房成院中第二高点，与延年位上的吉星相吻合。

（七）民宅第七门·坤门艮宅（例图7）

四六句子

艮宅坤门，斜对门宫。

西南门，东北宫。

只许东北千尺高，不容东南鬼（五鬼）抬头。

“坤门艮宅”是西南方向做院门，东北方向设主房（宫）。院门和主房（宫）成东北、西南斜对角。这种布局，在八门七星法则中，是第二例的主房和院门斜对角的例子。“坤门艮宅”八门七星排列为：院门在西南，门位是吉星；兑·正西，天乙，次吉；乾·西北，延年，次吉；坎·正北，绝命，大凶；艮·东北，生气，“宫”，主房，大吉；震·正东，祸害，次凶；巽·东南，五鬼厕所，大凶；离·正南，六煞，次凶。从平面布局的分配上，这种方位的门宫是要根据实际情况来规划。这种宅院布局的走向，没有一个明显的方向。民宅“宫”是主房，在院中的地位是首位。主房朝什么方向，宅院随之就成什么方向。但是“坤门艮宅”的门和宫都在拐角上，没有自己应有的方向，所以要设计者根据实际情况来分析确定。设计下笔前，要从“宫”的左邻右舍分析。首先从北邻和东邻中选择一方来做依靠。先从东邻考虑，正东是“祸害”凶星位，不可起高，东南是“五鬼”厕所，更是第一大凶，是院中的最低点，借东方的方向没有希望。再考虑北方，正北是“绝”位凶星，但是西北是

"延"字吉星,在这两方面的相互比较之下,西方较北方的条件好,院落的走向就可以随东西方的走向而确定。把东北拐角的主房坐东面西,自然西房顺着主房坐西面东,院子的走向随西房,可以设成坐西朝东方向。院子成东西长、南北窄的平面布局,构成横写一字形院形。东北拐角上的主房"宫"坐东面西方向,可建小楼,门前留出小院空地。"坤门艮宅"门宫,主要是解决北、东两面没有出路通街的条件,及院的东北角方向有不可移动高物,严重影响宅院的问题。

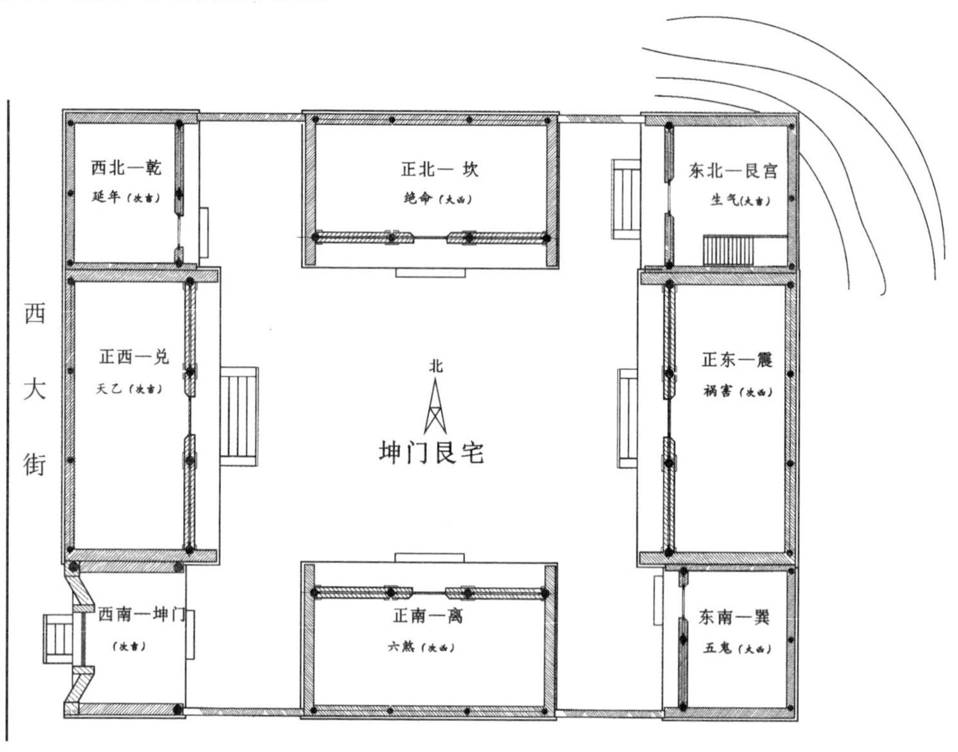

(例图7)坤门艮宅

(八)民宅第八门·兑门乾宅(例图8)

四六句子

乾宅兑门,脉道西临。

正西门,西北宫。

吉星齐聚坤兑乾,西北主楼高入云。

八门七星中排位第八,是八门中的最后一个门宫。正西开门,西北拐角

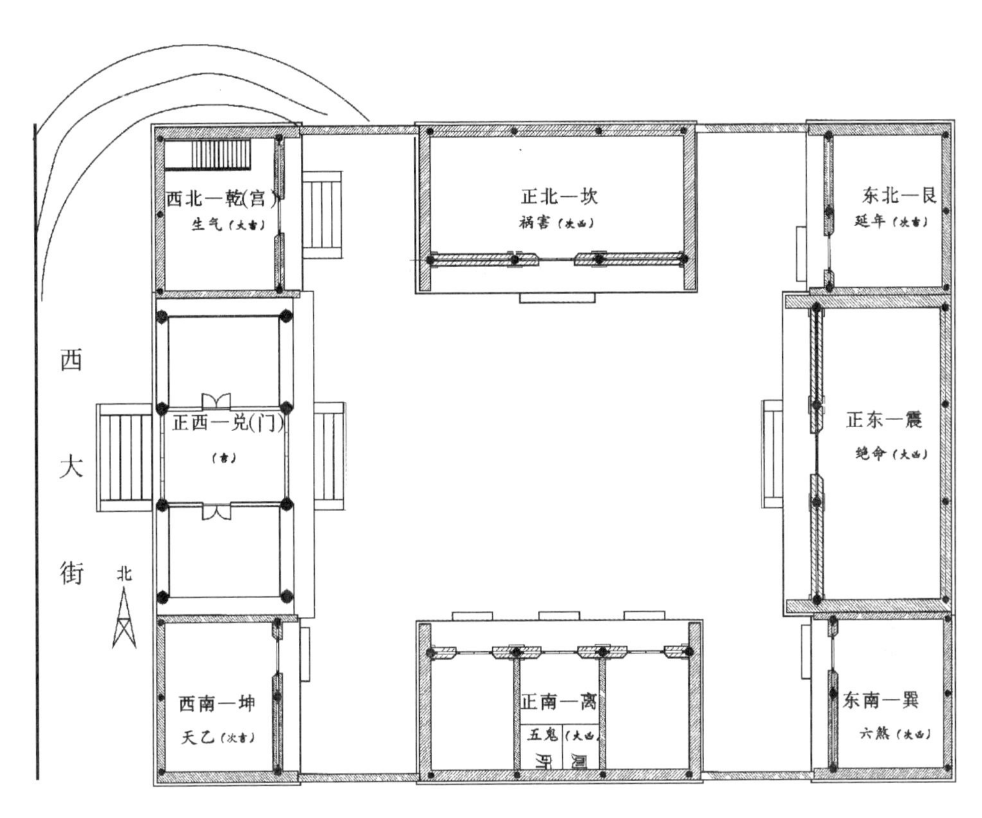

(例图8)兑门乾宅

设主房为“宫”。从表面看,这种门宫“兑门乾宅”,是与“乾门兑宅”做了一个门与宫的位置调换。两者虽然有相似之处,但是本质不同,二者有着根本性的差别。“乾门兑宅”门宫是西北拐角开设院门,正西是“宫”,俗称以西为正,主要是解决正西方向上出现高障碍物的问题。而“兑门乾宅”是西北拐角做“宫”,建小二楼,正西方向开院门,是寻求破解西北拐角有不可移动高物的办法。“兑门乾宅”充分地利用地理环境优势,借西北有不可移动高物来建宅。

“兑门乾宅”的七星排列为:兑·正西,院门,吉;乾·西北,“生气”,“宫”,主房,大吉;坎·正北,祸害,次凶;艮·东北,延年,次吉;震·正东,绝命,大凶;巽·东南,六煞,次凶;离·正南,五鬼,大凶;坤·西南,天乙,次吉。根据以上八卦门的排列顺序,“兑门乾宅”门宫在两种情况下适用:①本宅院中的东、南、北三邻,均没有通街的出路,只有在院西可以出路通街。②西北方向有大山或高崖等不可移动物,对宅院造成影响。“兑门乾宅”,就是在这种特殊环境下产生的特殊门宫。“兑门乾宅”西北方向的宫和正西方向的门紧相连,两个吉星并列,给院的走向创造了先决的条件。

"兑门乾宅"院门成坐西朝东，院的走向随院门而定，平面布局成东西长南北窄，大写一字长方形宅院。是以西北为"宫"的主房，南、北是厢房的布局，这是八卦门中又一个特殊门宫。这种门宫以院门为中心，设三间西房，西房是过厅式院门，中间一间成过厅，是街门，两旁南北左右各设一间住房。东南是耳房，西北是"宫"，主房。主房面阔两间，平面成正方形的小二楼格式，与街门平行，坐西朝东向。院的东房与西房相对，院内的高低布局，根据"八门七星"的吉星和凶星决定高低，形成高低错落有序的格局。

民宅四合院规划设计，首先要认识"吉星"与"凶星"的重要性。要放到重要的规矩中考虑，该高的不降低，该低的不起高，这是"八门七星"门宫的精粹所在。古人开创"八门七星"门宫法则，通过建筑匠师的实施应用后，形成完整的民宅古建筑营造规则。八门七星变化无穷，无论如何变化，只限在"八门七星"门宫的范畴之内。进院、连院和套院，都要体现"门宫"的规矩，超越了规矩就不成传统体系。

民居民宅规划设计，是一项专业且精细的工程。每一处院落的地理位置、占地面积、通街出路、八方环境等情况各不相同，"八门七星"门宫规则，就是破解在不同情况下产生的负面影响，通过"门宫"来调整，把不利变为有利。现存的明清大院，无不体现着"八门七星"门宫的技艺和深奥的布局学问。

第二部

瓦房四合院工程——北方四合院

四面八方都有建筑的宅院，称为四合院。其一般规格是石头根基，青砖墙体，青瓦房面，方砖铺地。有的设里外院，称套院，还有三进院、五进院，均俗称为老财院。民居四合院建设，门宫定位以后，选原生态材料，全榫卯构架，由石匠、木匠、泥匠、纸匠等艺人共同完成。建筑的首要任务是宅院的设计。设计四合院分两步进行，第一步是门宫定位规划设计，第二步是单体的建筑设计。

规划设计是根据宅院的地理环境，确定门宫定位。建筑设计是在门宫定位后的框架内，进行单体的建筑设计。这两种设计分工不同，但是结合紧密，相辅相成，是民宅四合院建筑设计的重要步骤。

一、建筑形式

民宅四合院,因投资、材料、工艺的不同,有多个档次,分多种结构形式。概括起来,有如下十种:①石根基,细磨砖,针次缝,筒瓪瓦房。②露半柱,带前廊,斗栱式。③硬山式,实垫踩飞。④硬山博缝,戗檐式。⑤五脊六兽,排山瓦。⑥硬山,一面坡,梢子瓦房。⑦筒瓪瓦,镰钯式瓦房。⑧筒瓪瓦,天沟风裹檐。⑨单撒瓪瓦房,小悬山。⑩土筑墙,平房构架,白灰顶。这十项,是民宅建筑中的主要样式。无论用哪一个档次,总的规矩还在“八门七星”的门宫范畴中。门宫是一千多年来形成的规矩,是民居民宅建设工程规划设计的准则。

二、古建筑设计

（一）规划设计

规划设计是四合院平面布局的“门宫”定位设计。

民宅四合院规划设计，不同于宫式和寺庙等建筑的规划设计，它会碰到各种不同情况，阻挠和改变着规划设计，其中包括村落的位置、四邻、街道、环境、出路、通街门位等诸多的限制。假如是创建村落选址，院落的规划设计同样有着非常严格的要求。因此，凡是参加传统民居民宅四合院的设计人员，首先要懂得四合院的“门宫”规划法则，这套法则就是“八门七星”门宫法。再观察周边的大环境，结合院邻和街道走向规划门宫。

首先勘察周围四邻环境，把一个宅院划分成八个方向，确定最高点的主位和宅院的出路通街院门的方位。用门宫的“八门七星”法则，对照决定主房的位置和院门的位置。二者要统一起来再决定。宅院“门宫”定位以后，把八个方位的建筑档次和型制统一起来。宅院中八个方位的建筑，重点把握好三个位置，即“主房”（宫）、“院门”和“厕所”三个方位高低点的分配。主房（宫）是院中的最高点；院门是第二高点；厕所是“五鬼”位，是宅院中的最低点。这是民宅四合院的三个关键部位。把握准确，需要起高的位置不可落低，需要降低的部位绝不能升高，通街院门的水路一定要顺畅无阻。把选定的“门宫”套入八门七星法式中，再来决定建筑的主次高低。在确定主次高低的同时，各个方向的排列就已经一目了然。只要把门宫位置对号入座，方向划分便自然地分出了主房和配房。随着起高降低的方向排列，便显示出了吉星和凶星的位置。

在四合院的式样中，包含着一种特别的院落，那就是套院，又称进院。

这种宅院，是经过多种形式的演变后才形成的格式。套院和进院同样有主房配房和门宫的划分。北方地区，多以“巽门坎宅”来设计划分套院。有两种原因：①为了利用北方的向阳面，借助“巽门坎宅”的北房为冬季向阳采光。②正北是紫微星座的主位，又有北玄武之称，为了讲究吉祥，不愿意脱离“巽门坎宅”北方的大方向。因此，在套院中常出现两种形式：①外套巽字门宫，内设二门即离字门。②外套院设坤字门，内套院是巽字门。套院的布局样式很多，把关要点是确认吉星要高，凶星要低的规矩，这是古代宅院设计的准则。

（二）建筑设计

建筑设计是古建筑营造的具体设计。根据规划设计中形成的布局，先把宅院的总平面图搞出来，再进行建筑的单体设计。这是针对单幢建筑构架进行的施工设计。建设民居民宅，虽然由不同的众多门宫构成，但是大的区域划分，只有两种情况：第一，宅院的正方向设主房（宫）的设计。第二，宅院偏方向设主房（宫）的设计。无论是哪一种设计，都不会偏离以中轴线为依据的对称格局。无论是主房还是配房，每面的间数均以单数为标准，甚至配件中的椽子、飞子，均以单数为规矩。四合院分北、南、东、西四个正方向，设主房“宫”分一高二低，中间的布局以十字中线对称安排，北房对南房，东房对西房。四方的配房虽有高低之分，但是对称的间数相同，配房也同样以三间、五间、七间配成。四合院相传忌有孤单檩架孤单房的讲究。瓦房建筑的花架檩，不允许无替的单檩做法，原因是：①替与梁相交，由榫卯拉拽结成牢不可破的构架，无替就失去了梁、替交织的拉拽力。②替是檩的扶助木，没有替的加固，就减少了檩的耐力。另一讲究，是院中不允许盖一间的孤单房子，必须要形成多间的一个面。

正方向设主房（宫）的四合院，无论是哪类门宫，正方向的面积宽绰，主房的设计可以随意发展。“宫”又是本宅中最为高大的主要建筑，可以设成宅院中最高最深、用料最大的厅式建筑，不超出民宅建筑的范畴均可。另一种是拐角上设“主房”的宅院，主房虽然也是本宅中的最高点，但是因为拐角部位的面积窄小，占地不足，只能借助高度来弥补，这样的门宫多数设成了小二楼。小二楼虽然别具一格，但在设计中难免会有缩手缩脚的感觉。从设计师角度来讲，只要应用得当，笔下便能设计出好的建筑风格来。

下面以“巽门坎宅”的建筑设计格式为例，来作建筑构架分析。“巽门坎宅”宅子的平面布局，是正北方设主房，东南方向巽字位设院门，西南拐角的坤字位设厕所。先从院的三个正方向定布局，北是主体，再从院南北中轴线，分出东、西两面的厢房，北正厅对面即南对厅。宅院四面建筑定局后，每面的间数，根据总面积比较排列后再决定。房屋构架设计，先从北正厅“宫”着手，一幢一幢往后排。

北房是主房，设计主房根据院的东西总宽计算。在面积不同的情况下，可以安排 3 间、5 间、7 间不等。假如宅院占地面积在 1000 平方米左右，可安排北房面阔五间，耳房四间。可以把主房设计为厅式，然后再进行分项的单体设计。

下面以主房北房面阔五间，进深设五步梁，外带前廊为例分析。北房以厅式结构营造，其面阔五间，进深设五步梁，带前廊，即安排为六檩五椽的形式。在设计之前，首先进行“三定位”，即面阔、进深和高度的初估定位。最先确定是面阔，第二是檐柱的高度，第三位是总进深的尺寸。传统古建筑的面阔，先从木材的承受能力考虑分析。其一般以 8 尺（木金尺）为开间的标准。如果用松木材，面宽 8 尺，檩粗即以 8 寸计算。木材的长和粗的比例，按 10:1 为标准。柱高是建筑的第二定位。柱高与面阔是建筑的门面部位，柱高与间宽，比例以 10:9 为标准。间宽 8 尺，柱高加高 8 寸，柱头高即为 8.8 尺。主房的排间面阔定形以后，再考虑建筑的进深。主房进深是本宅档次的象征，要根据宅院的资金投入和规模综合权衡来决定。营造高档次四合院，从北正厅（宫）的建筑开始，如果“宫”位和“门”位的档次起步高，宅院资金投入和建筑的规格，相对就要统一提高。民宅建筑档次的分档有：①五檩四椽加前廊。②露半柱实垫踩飞。③硬山博缝排山瓦。④五脊六兽筒瓯瓦。⑤两出水踩飞实垫。⑥硬山博缝明装修。⑦硬三道股踩飞两出水。⑧硬山式沿子砖卷边正脊双兽头。⑨明装修青砖装芯窗台墙。以上的 9 个样式，是四合院中可以配制的建筑形式，根据不同情况取样配制。

三、四合院基础

民居四合院古建筑，由基础部分、屋顶部分、山墙部分共同构成。这三个部分，分别由石、木、砖三种工艺配合完成。石匠主要做基础根基，木匠做房屋构架，泥瓦匠完成山墙和屋顶。虽然三位集成一体，但是他们既有分工，又要配合紧密。石匠基础和木匠的大木构架完成以后，泥瓦匠工程才正式铺开。泥瓦匠工程是主体工程中的第三个阶段，纸匠是最后的收尾。

四合院的基础分两个部分，平面部分和立体部分，放线时合二为一。

四合院建设工程首先是基础工程，放线是基础工程中的首要步骤。基础工程与木匠的大木构架工程，同时施工，分别完成。这两项工程的施工进度，要齐头并进。在没有专业施工人员的情况下，基础的操平放线程序可以由木匠兼职。

四合院基础放线，是宅院建筑工程中最大规模的操作程序，要分成两个步骤完成，即平面布局和等高定位。

（一）平面布局

宅院的平面布局放线，根据四合院建筑平面布局图划分的建筑位置进行。四合院建筑施工，“中轴线”是布局的标准线。宅院平面布局放线，首先找出纵向和横向的十字中轴线，定点打橛固定。“巽门坎宅”宅院中的主房（宫），在正北方向的坎字位上，因此宅院的主要方向是以北为主。放线首先确定南北纵向的主轴线，根据主轴线，设置正北方向的主厅和东西耳房。南端是街门和对厅的位置，排在第二位，用与北房相同的测量做法，测出南面的对厅与院门、厕所的位置。东房和西房在院的横向中线上，同样要根据横中线，分别划分出东、西厢房的位置。放线测划的建筑平面布局，就是四合院建设的准确定位。每幢建筑基础的拐角，都用打橛栽桩的定点法做成标准记号，只要从点上拉线，就自然形成了建筑的基础坐标。平面布局测量定位，有两种测量方正的办法：①木匠用方尺测量法。②用三角形的勾股定律测量法。无论用哪一种测方正的办法，都要精确达到90度方正规矩的目的。

（二）等高定位

宅院建筑的层次划分，即等高线的定位与放线，主要任务是宅院的建筑基础和院基的地形操平和高低定位。

四合院基础，分宅院整体基础和房屋的基座基础。传统四合院从院基础到房基础都是八方定位，没有任何一个高度设在相同的等高线上。其原因有二：①宅院中八个方向建筑的高度，是根据"门宫"的吉星和凶星划分时决定，其中的主次吉凶各不相同，因而八方建筑的高低就形成了各不相同的情况。②宅院中的出水是关键问题，院基从南到北要加入1%的泛水坡度，才会确保宅院的排水顺畅。因此四合院看似一个平面，其实不然，有很多不为人知的暗藏技巧。因此要求四合院的施工放线人员，必须熟练地掌握好宅院的内在构成，首先要从宅院的操平做起。

（三）操平放线

四合院操平放线分两个部分，第一部分是院基的整体操平，第二部分是四合院八个方向建筑基座的等高操平。这两种操平的做法很相似，但又各有特点，只能相互借鉴，因此两种操平就形成了不尽相同的做法和特点。

古建筑历来以横平、竖直、中线、对称为施工的规矩，民居四合院同样如此。四合院在"八门七星"的门宫法则内，由平面布局和立体造型共同组成。"操平"是宅院施工的第一件事，要放在首位。宅院操平应首先准确掌握四面八方的环境以后，再做"门宫定位"。操平时，仔细观察四邻八方各部位的等高位置和出路通街的条件。院门门前街心是宅院定高的标准，路中心和院内的四角是打橛定点的位置。宅院操平有多种方法，最古式的有大平盘操平、水鸭子操平，现在有仪器操平和红外线操平等多种。无论是用哪一种操平法，必须先决定“门宫”部位的高点，根据门宫的高度，再决定院子的基本高度及院内建筑的高度。操平先从院门基本点开始，院门前的街心定位以后，再计算宅院的高低。院门前街心是宅院的最低点。院门既是进出通道，又是院中的出水口，占据保平安顺财运的重要位置。一幢民宅，无论规模多大和什么门宫，自古就有“水绕门前过”的讲究。街门地基高低，由门外的通街大道来决定。无水患的村镇，院的地平较街心高出40—50厘米属正常高度。

院内按大院落设1%的泛水为出水标准，房基础根据院中的水平面计算。院内设泛水坡度，注意房基座与院子的相交处，会出现斜坡情况，要用折中办法解决，以东、西厢房檐台基础的中线高度定位。院子的横向十字中线，为高度定位的标准。拉出十字线后，再定台基基础，否则很难解决衔接的问题。

院基操平，首先要在院的中心位置设操平总台，操平的分点可设在院的门前和院内的四个拐角，在各点栽橛，院外街心同样设点栽橛。操平总台设在院的中央，从总台用操平仪分别实测六个点的分位。每测量一处，就认真地画出测准的水平线。无论是哪种测法，都要精心把握操平点的刻度，把测平的点位保持在绝对的平行线上，在橛位测点上，精确地标画出水平线的高度。最后通过借线工艺，分别计算出四合院中，每一栋建筑基座与大院地基的落差，准确标画出各个部位的台基坐标高度线，同时划分出各个房屋基座的四边。四合院的院基，是多栋建筑的大平台，这个大平台承载着八方的建筑。难度较大的是东厢房和西厢房建筑的台基定位。因为东、西厢房坐立位置与主房相反，分别是坐东朝西和坐西朝东方向，两栋建筑的面宽是院长的方向，房基坐在院基的泛水坡度上，在泛水坡度的影响下，会出现两哨端的台基有一端嵌入院内，另一端裸露到地面外的现象，因此产生了难度。这种情况，东、西厢房的地基高度，先从南北两端的高度着手。院南端是院的基础高度，北端在南端基础上加高1%的泛水。两端各拉出东至西的水平线，再分别画准各自的中线后，拴线拉通南北中轴线。这根中线就是标准的纵中线。把纵中线再分均中线，在中线的点上打木橛定位，同时把线的高度复制到木橛上，木橛位就是院的中心点，橛上平线的高度，就是东、西厢房地基的标准高度。根据这个高度再一栋一栋地仔细完成。院的基础是指全院范围的整体基础。创建四合院，首先要对宅基地范围内的地下进行探测审核。宅院中无建筑的区域统属宅院部分。创建民宅的院落，掌握宅院地上和地下的情况很重要。宅院地下基础，是修宅建院的第一要紧大事。要对宅院地下进行一次全面排查，谨防地下的暗穴、墓道等危险存在。核查办法是从院的地平面往下挖1.2米左右，深度超过冰冻线，不留死角地全部排查。挖深后用夯认真排打一次，通过打夯，辨别声音的虚实，就不难发现问题。有问题要及时处理解决，把检验过的不合格的浮土运走，再分层次地运进胶泥土质的“立土”回填垫起。垫土时要分层夯打。最好每垫两层土就用夯打一次，夯打前先用水满面浇灌，水把地基洇好后，再满排夯打到坚实为止。回填院土的同时，根据图纸，把上下水管道梳理通畅埋入地下，深埋到冰冻线以下，防止管道因为冬季寒冷受到影响。院的上面留10厘米高度，作为铺石面的预留尺寸，垫平后夯打完成。

（四）建筑基础放线

建筑基础从放线撒白灰开始。根据平面图确定建筑的位置后，撒白灰线定位是工程的第一步。先确定一个拐角做“点”，设固定木橛，从四个点拉线延升。先从正北的拐点开始拉线，到尽头的界线再定点打橛。正北方的横向定位以后，测出南北纵线的边长。从第一个“点”拉纵线，往南延伸到规定尺寸设点。两个边长线要量准，再准确测出90度直角，用匠人的弯尺测定，也可以用三角形勾股定理测定。证实角度合格以后，在边长的点上打橛定位。这两个橛点，即东南和西北的点位。把北边和东边长度复制到西边和南边，形成一个完整宅院。四个点和四个边形成以后，宅院平面的边界线就自然形成。然后根据图纸，划分建筑的准确位置，继续用打橛找点的划法进行。先测准纵向的中轴线，再找准横向的中线。“横中线”和“纵中线”定位以后，进行宅院平面布局的建筑划定。以上的一系列做法，称“放线”。宅院定位的第一步，先测准纵向的中轴线，再找出横向的中线，四个方向都以中线为标准，测准北、南与东、西房的准确地基位置，并打橛定点。凡是点上的木橛，都是院落的规划标准，作为标杆，既要立正，又要栽深，完工之前保证绝对不变形和挪位。按图纸定位以后，是划分区域，撒白灰线。白灰线是挖墙壕的标记，是壕沟宽度的开口线，所以需要在标准线的范围再扩大，叫里外借线。开口线是墙基线的三倍，即往里借一墙，往外借一墙，借出的宽度就是墙壕基础。建筑基础的根基深度，要在院地平下 180 厘米。其中的 100 厘米至冰冻线，以下 80 厘米是根基的深度。以上的规格不包括露出地面以后的台基高度。院围墙基础的深度至冰冻线即可，不需要另外加深。建筑基础壕沟挖成以后，墙壕四个拐角点的水平线高度要相同。先挖成建筑的墙壕，再拉线做全面清理，直到把根基整平到合格后夯实。无论是建筑基础还是院墙基础，最下层统一由三七灰土夯成，垫 30 厘米厚的灰土夯实到 20 厘米。三七灰土质量要求打夯到有弹性为止。

（五）连堡磉墩

连堡磉墩是柱下的基础，是用石块白灰垒垛的台子。连堡是把多个磉墩连接起来，柱础之间不设间隔，称连堡磉墩。古时的磉墩是把片石立起来，用白灰掺江米糊粘剂垒砌。近代的磉墩，是用形状石水泥材料垒砌完成。

垒砌磉墩要测量准柱础的位置以后开垒。带前廊建筑的厅房，檐柱下的磉墩可以分开单垒。金柱、后檐柱和两个山墙基础，全部垒成连堡式磉墩。大座四周檐台的基础，同样用三七灰土垫底夯实，与地面相交部分做成地梁保护。构筑房基的同时，注意把垂带部位的基础同时完成，不可漏掉。

（六）地梁

地梁是古今结合的现代做法，筑在建筑基础的未出土部位。地梁嵌入地下，从建筑四面墙基到老檐金柱的根基部位通设，起隔潮和加固的作用。筑地梁根据建筑基座，连成一个环形圈，梁宽 60 厘米，梁高 20 厘米，支模后用钢筋水泥筑成。地梁以上就是台基，后檐台的檐台石与柱础石的规格基本相同，从下到上可以合成一体。

垂带基础：上下台阶的踏步和垂带的基础，有时会被遗忘。垂带的基础看似简单却很重要，它既是门面，又是经常出入的通道。四合院建筑的台基高度不尽相同，中间垂带和踏步石，每块高度从 11.5 厘米至 14 厘米不等，要根据建筑的具体情况决定。踏步石的宽度，也不完全相同，从 30 厘米到 40 厘米不等，也是根据建筑的规模和具体情况决定。垂带的基础根基做法和要求，与柱基础相同，不可疏忽大意。垂带根基质量出现了问题很难补救。垂带从外观看不高大，但是它的作用和位置同样重要。它不仅是人们进出踩踏的通道，又是滴水之下的流水位置，一旦院中的出水不畅，第一受影响的就是垂带部分。因此它的基础与建筑同等重要，不可疏忽大意。

四、石 匠

（一）石根基

根基是民宅四合院中用石最多的工程。四合院垒石从院外围开始，凡是院基裸露在地面的部分，均是由垒石完成。

石根基很有讲究，外露部位以凿石的錾道划分等级，从一寸六錾道到一寸三錾道之间划分档次。院外的围墙部分比较粗犷，多以一寸三錾道为标准，院内的檐台石基础以一寸五錾道为标准。

檐台以上是建筑部分，既是石与砖的混合部位，也是石雕装饰部分。条石以平洗的工艺出现，多用雕刻与平石相结合的工艺完成。雕刻图案多用在砖垛子的迎风石、压面石、挑檐石和柱础的鼓石等部位。这些部位与细磨砖针次缝相接后结成一体，由吉祥图案组成雕刻部分，与青砖混合共同垒砌完成，是宅院工程中用石的最精细部位。

北方的民宅四合院用石，多以河北省大青石为主料。大青石的纹理清晰，抗风化性能强，有隔水防潮的功能。四合院垒石根基础，主要解决夏季雨水冲刷，秋冬的地下潮湿问题。青石是一种天然的隔水材料，有不吸水不怕潮的性能，是古代建筑界公认的垒造根基的优质材料，被古建筑界广为应用。

（二）柱础石

柱础石又名柱顶石和柱底石，起稳固防潮找平的作用，是梁柱下的衬柱石。有两种做法：①平行式。无廊的建筑只有前檐柱和后檐柱。这种柱础石与地面平行，是第一种做法。②前廊的鼓石形建筑，是高出地面的覆盆和圆鼓石，圆鼓石有各不相同的装饰雕刻，是第二种做法。以上两种柱础石形状不同，稳石的做法也不尽相同。平地柱础，把柱础石安放到与地面平行即可。先稳两个哨间的把边石，再稳中间的柱础石，高度与建筑的地平高度相等。掌握好把边石的位置和高度，根据平面图上的“露半柱”，再决定础石的中线和上平面。拴线稳好两哨间的础石以后，把线架在两哨的础石中线上，完成中间的础石。稳带柱鼓石的柱础做法，与平面的柱础做法相同，只多了一道上借线的程序，即把柱鼓石两哨间的高低尺寸用借线法加高。先稳好两哨的把边石，再完成平身柱的柱础。

稳柱础石注意事项：大座平台稳柱础石，要拉通十字中线，固定础石。①线和石面不可接触，线要统一离开石面2至3毫米。②础石离线有较高距离时，用斧打木橛的串土办法往石下填浆，直到石的平面绝对平衡。③杀棱是杀掉石上的尖棱，是石匠行内的最后一道工序。现代机械加工的石块尤为明显，石块直线的棱角坚硬锋利，为了安全，把凡外露的尖石棱全部用机器磨圆。④把房腔内的空槽填平叫回填。房屋在立架之前要把地基填平。回填之前，把上下水、电缆等有关的管道线路，预埋到地下与院中的管道接通。回填的土质要求三七灰土夯实，并要低于地面15厘米，留作室内装潢时再完成。室内基础回填，是立架上梁前保护柱础的最好办法。

五、木匠

(一)大木构架配料

1.檩

选檩作檩是民宅古建筑构架设计的首项工作,檩的长度是民宅建筑设计中的依据标准。民宅古建筑的样式多种多样,高与宽的比例从实践中产生和形成。古建筑的结构造型千变万化,总是在四邻环境和各方面的影响下产生,只有建筑用料和配料的规矩永远不会改变。现保存完好的众多大院建筑,都可以证实这一点。民宅古建筑设计,先从构架开始,最先从面阔的檐檩着手。民宅建筑的面阔以八尺(营造尺)为标准单间。建筑的布局和配料均以对称为规矩。若是五间主房,正中便是明间,左右是次间,两端称哨间。正中的明间在中轴线上,是主间,左右次间、哨间各两间对称。明间的纵向中线就是本宅院的中轴线。档次较高的,明间可以破例到 8.6 尺左右。檩的直径与长度的比例,木行中以 1:10 为标准。檩长一尺,径粗 1 寸。8 尺的前檐檩直径为 8 寸,8.6 尺的前檐檩直径为 8.6 寸。

2.柱

柱是古建筑的主要支撑构件。檐檩的规格确定以后,根据檩的长度再决定檐柱的高度。面阔与柱高之间有着固定的比例,一般是柱高比檩长多一份。把檩分成十等分,另加一等分就是柱的高度。面阔的间距 8 尺,柱高就是 8.8 尺, 根据木行的算法, 柱径相对即成 8.8 寸。这样廊檐柱高 8.8 尺,建筑高宽的比例便形成了。金柱的高度是根据斜陡的举架另行计算。厅房的廊檐前柱,一般不设大型装修,只饰券口和雀替等雕刻。廊檐柱下部柱础石多设鼓石形状的石雕。民宅建筑的带廊厅式建筑,多数以实垫、斗栱、露半柱、前后踩飞的形式构成。“实垫”是行话,大额枋和小额枋配套的合称，但是二者的结构不同。大额枋在檐柱的上方，可以帮檐檩直接承重。小额枋在大额枋的下方，承受大额枋从檐部传递到下面的重量，而且两端的榫子插入到檐柱的卯眼中，主要担负勾连拉拽的任务，起着稳固的作用。平常的民宅四合院，只设一斗三升斗栱。有功名的主家可以破格地用五踩斗栱。檐柱和金柱（老檐柱）设在一条纵线上，是前廊部位的结构，它们之间设扒栿拉拽，斗栱上部设挑尖梁连成。挑尖梁和扒栿的尾部制成榫子，插入到金柱之中。扒栿后尾做成勾卯式，挑尖梁的后尾，做成透通榫子把柱贯通。挑尖梁的头部与斗栱交织集成一体，梁头上部承檐檩，檩的替面之下设单材式方替。挑尖梁的梁头长一拽架，宽两斗口，正上方削碗口承檩。在没有斗栱的情况下，挑尖梁就直接放在大额枋相交的中线上，用扁担勾式卯眼与檐柱的榫勾连。挑尖梁之间的横向，用大小枋形替木拉拽构成。挑尖梁的梁头宽 6 寸，长以至中 8 寸为标准。

3.金柱

金柱是进深的第二层柱，俗称老檐柱，是承大梁栿的主柱。金柱横向的间距由小额枋拉拽；柱端用方形大榫子与梁相交，直接承受着大梁和屋顶的重量。金柱的高度是根据老檐部位的陡斜计算。老檐柱在出檐椽的后尾，老檐檩承担着前檐椽尾重量，老檐檩的高度从前檐架道的斜陡中获得。从老檐檩的上替面减去檩径，是梁的上平水线，梁下的下平水高度就是金柱的柱高。金柱与后持梁柱肩平行，梁后柱的通高以金柱为标准。金柱与后檐柱直接支撑着梁栿。金柱的梁头上方承金檩，俗称老檐檩，是檐椽后尾的承重部位，金柱的横向之间设小额枋拉拽。无斗栱的建筑，金柱部位可以不设大额枋，把大梁头直接安装在金柱上，用小额枋与金柱拉拽即可。小额枋下部设门面部位的装修，由上槛、立槛和横皮板等共同组成。大木构架装修和窗框的下槛与窗台墙设在金柱下部共同构成。

4.五步梁

民宅大梁栿又名梁，俗称“柁”，学名五步梁，是大木构架中主要的承重构件，又是全房的结构中枢，屋顶的重量全部由大梁栿担负。大梁栿承担着檩替的全部结构。民宅建筑的大梁不分粗细弯直，只要长度和耐度达标，均可以使用。制作大梁，由横平竖直的线道构成了丁头六道线和平身的六道线。无论是什么形状的大梁，只要掌握好这 12 根不同方向的线道，大梁的做法就一清二楚。梁上的线道实际只有三道线，这三道线，即垂直中线、下平水线和上平水线。只要掌握好这三道线，就等于真正掌控了制作大梁的规则。天然的大梁材，径粗和弯弓形状各不相同，要把形状不同的天然木材配制到一块儿，起到相同的作用，就必须掌握好横平竖直的三根线道。梁上的第一道线是上下的垂直中线，这道线是专管垂直的线，又是分界的中线。第二道线是下平水线，下平水线是前柱、后柱的平盘线，专管水平的线。第三道线是上平水线，既是统一梁体高度的尺寸线，又是梁背平盘的依据线，也是借线的标准底线。无论是什么形状的大梁，只要把握准确上平水线，就能把各种形状的大梁栿统一到计划中的高度上来。制作大梁栿分两类做法，即设置斗栱的大梁和无斗栱的大梁。设置斗栱的大梁，平水高度是根据足材和单材的尺寸高度来定位。无斗栱的大梁平水的大小，是根据金檩的径决定。它的梁头宽度与金柱相同，平水高度与金檩直径相等。大梁的平水高度就是夹替、下替相加的和。夹替的上替面与剜口平行，下替的下替面与柱的肩子持平。夹替和下替与金檩配成一套，金檩直接承载着花架椽。夹替和下替起两种作用：①附在金檩的下部，帮助金檩承载屋顶的重量；②两端制成银锭式榫卯，插入大梁栿的卯眼内形成拉拽力量。每间夹替和下替与檩三件组成一套，叠摞在一起，称为“一楼檩替”。檩替之间，从檩到下替的接缝，全部用“梯子”相连。把梁、檩、替摞在一起，就集成了有力的支撑。梁和下替、夹替通过榫卯衔接产生的拉力，形成坚不可摧的构架。传统古建筑的原材料，来源于大自然的天然材料，自身的抗风化和抗震的能力极强。

5.双步梁结构

双步梁又名二旦梁，俗称小梁，有多种名称。双步梁的两端放在大梁栿的前架檩下，承担着三道架檩，主要承受脊檩部位的重量。屋顶的重量通过小梁，直接传递到大梁的两端，这样错过大梁中腰部位，增加了大梁的耐力和寿命。小梁与其他构件相同，总长度和梁径按常规的配料法决定。在配制双步梁时，它的直径要把下平水部分和梁背上的平盘估计到计划之中，不够标准的材料不可随意乱用。小梁上墨线和做法与大梁栿相同，同样由上下中线、上下平水线共同组成。小梁的平水高度定位与后架的檩径相同，小梁的两端梁头宽度与儒柱（儒柱是当地匠人行话，学名，侏儒柱）径相等。支撑小梁梁头的驼礅长度为两檩径，宽度与儒柱相等。驼礅与双步梁头和大梁平盘之间，由双梯子相连。梁两端梁头上方削砍成放架檩的剜口，梁头的左、右做银锭式榫子与替卯眼结构。双步梁的正中是脊檩的位置，梁背上做平盘安装脊儒柱。脊儒柱是两出水房脊正中的分水部位，脊儒柱和脊檩是构架的主要构件，由儒柱、夹马、抱檩头和斜杈等共同组成。儒柱下设夹马（脊背），做羊蹄式双榫卯与梁相交。儒柱的上端直接承檩，削成剜口形，剜口的前后纵向设抱檩头。抱檩头规格：长 50 厘米 × 宽（高）20 厘米 × 厚 14 厘米。儒柱是主件，其余的构件都依附在儒柱上。每种构件都各有所用，夹马设在儒柱的下部，起稳固作用。夹马的长度是儒柱径的 4 倍，高度按儒柱径的两倍计算。儒柱和夹马是榫卯结构，由羊蹄式双榫子合成。夹马与梁平盘由栫子的榫卯固定。儒柱的上部直接承托着脊檩，抱檩头就安装在儒柱上端的纵向，做成榫卯平装在儒柱的瓣子线上，中间削成剜口形状放入脊檩，起着稳固的作用。抱檩头的规格长两檩径，高一檩径，两端成马蹄斜形，纵向做榫卯安装在儒柱上方，与脊檩形成十字交叉式。叉手又称斜叉，安装在儒柱上方，通过抱檩头叉在脊檩上，下部斜叉在梁背的正中。双步梁完成以后，是大梁栿的后尾部位。大梁的后尾由后檐柱支撑，后柱高与金柱相等，后柱径以 20 厘米的方形木为合格。做成方木，是为垒砌后山墙提供方便。

6.露半柱

露半柱是大木构架中的一种建制，这种构架是砖、木、石结构相辅相成，既有相互的配合性，又有着自成一体的独立性。

露半柱是民宅建筑中著名的五大做法之一。厅房的两端各设哨间，哨间两端的檐柱和老檐柱，一半露在墙外，另一半嵌入墙内，称“露半柱”。是墙倒屋不塌的关键做法。厅式的露半柱结构，是一项有讲究的做法。为什么要露半柱？有一个最主要的原因是，重点体现梁柱结构的独立性。一般情况下墙和屋是整体，相辅相成，一旦有特殊情况，这种木构架很坚固，拉拽的韧力很强，有独立自主的功能，可以做到墙倒而房不塌。露半柱是山墙的里墙皮，与哨柱的中线对齐。以纵中线为界，半个柱镶嵌在山墙里面。

（二）制檩

1.檩替编排

民宅古建筑大木构架，由梁、柱、檩、替、椽五大类组成。檩和替在结构中占到多数，在大木构架的数量比例中，檩替名列第一位。屋顶构架，要数檩替的构件复杂。无论宫式的歇山顶、四阿顶，还是楼阁式与塔式等高层建筑，檩替之多，都是构架中的首位。一栋建筑，无论配料大小，构架中只要檩、替不乱，其他任何构件都不会出现乱象。就因为以上的原因，建筑构架的编号历来以檩、替为主。

檩、替分两种配套：①以横着的面阔排列，即东至西一道檩的排列。②以间为单位的排列，即一间管一间的排列。这两种排列是两种概念。多间檩连在一起横着排，称"一道檩"；一间管一间的檩替配套，顺着排，称"一搂檩"。这两种排列，是两种制作程序，互不影响。这两种编排方法，相辅相成，缺一不可，这样编排檩替，就形成了木行制檩配替的程序，统称号檩。号檩是木匠行业对大木构架位置编排的简称，又是撑尺师傅对材料搭配和画线时的主要依据。号檩由①檩架定位、②架道分配、③座次搭配、④檩替配制、⑤榫卯定位五个程序组成。首先是檩架的名称编排，先从起名字开始。举例 1，平房檩的配制：房的进深 1 丈 2 尺，一间房屋前后设三椽四檩构架，从前往后排，每道檩都有固定的名称。第一道檩名"前檐檩"，第二道檩名"前架檩"，第三道檩名"后架檩"，最后的一道檩叫"后檐檩"。后檐檩又因为埋在后山墙内不外露，又名"后土檩"。举例 2，两出水瓦房，又名双面坡，别称马鞍架房和前后坡两出水房，是五檩四椽构架。从前往后排，称前檐、前架、脊檩；从后往前排，称后檐、后架、脊檩。举例 3，双出水的带廊厅房，前坡称前檐、老檐（金檩）、前架、脊檩；后坡称后檐 、后檐老檐（后金檩）、后架、脊檩。是前坡和后坡总进深设七道檩的排列。举例 4，歇山构架的檩架编排，前坡和后坡的字样与前例中相同，只是歇山左、右两山的檩替部分是另一种号（写）法，如"东山前檐檩"和"东山前架檩"（又名踩步金梁）。西山与东山对称，编排时与东山的字样相同。

2.配檩定位

配檩同样是从前檐往后配制。第一道前檐檩，它的位置最重要，往后是前架檩，再往后是脊檩和后架檩。分配檩和替的材质选料，同样是按先前再后的顺序挑选配制。后檐的土檩是檩材质量最差的部位，因为土檩在后山墙内，较次材质的檩也可以使用。檩子和替木配套，优质檩材可以配两根较弱的替木，是搭配材料的增亏相补办法。

3.榫卯选向定位

榫卯是大木构架中的主要结构，建筑构架的榫卯硕大，做法也与众不同。从榫卯的造型画线到制作，都有它自身的独特性。根部设卯眼，梢部设榫子，是常规做法。一栋建筑，由三到七间房组成不等，制檩放线的时候，要统一檩的尺寸规格，即一道檩上的直径相同。檩分前檐、前架和脊檩等诸多架道，凡是在一个架道上的檩，直径要相同和统一。无论是九间房还是三间房，一个架道的檩径必须相同，这是全房一道线的工艺要求。制作时要经过滚圆、砍替面和替面对缝等工序，缝之间用梯子串连构成。最上一层是檩，中间夹替，下替在最下面。檩子和替的结构不同。同一架道的檩，由榫卯相连，夹替和下替两端是榫子，与梁头和梁上的构件勾拽，形成一个整体。

4.号檩

号檩，是木行的术语，是给檩、替起名字，做记号，安排檩架对号入座的工艺程序。号檩注意两点，第一要写在朝天的上替面；第二不但写清楚檩的位置，还要在两端标清东西或南北的方向。

（1）集中配套

选一个较大的场地，把檩、替集中到场地中，根据架道分成垛；在每个垛的檩下两端设方木，把檩、替垫衬到高离地面。檩垛在最下面，檩的上面配夹替，再上面配下替，三件结成“一搂”。成垛时还要分清本垛的架道位置，把同一个架道的檩全部摆在一个衬木上，要分清木料的方向，小头朝东方或南方。全房有几道檩就摆成几个垛，等待下一个程序的再分配。

（2）编号

把檩的替面上部，用毛笔写字编号，叫“号檩”。号檩编排不可乱写，要从前檐开始往后编排。两出水的双面坡檩架，从前檐到中檩的脊檩，为前、后檩的界线；一面坡的檩架，从前檐到最后的后山墙为界线，根据不同的情况进行编排。带廊的檩架，编号时多一道老檐，又称金檩，无论是硬山式、悬山式、歇山式或卷棚式，编号的字样和规矩相同。号檩编排的字样，统一都书写在各自“替面”的上平面，即朝天的替面上平，不可无规矩地乱写。

书写号字从东往西写。东、西厢房是以南为上，从南往北书写，北房南房的编号从东方数起，如：前檐东一，前檐东二……

（3）檩材分向

号字要书写在上替面上，安排时要梢朝东，根朝西，或梢朝南，根朝北。

号檩在木行中有根梢分向的规矩。北房和南房是相同的分向法，东房和西房是另一个方向。北房南房分向是以东为上，东方是树梢的上方，配制材料按规矩配制，不可乱向，更不可乱配。古建筑大木构架，无论结构和用材，都非常重视原生态的自然规律。大构架的木材应用，同样很有讲究，大木的梁、柱、檩、替等材料用材严格按规律使用。柱的用材讲究树梢朝上，树根朝下，因此木行中有用料大忌的顺口溜，即“颠梁倒柱绞梁椽，阴阳倒反配替檩”，既是名言，也是规矩。在它的指导下，一代又一代匠师，忠诚而严格地把守着用料的方法至今。

以上的用木制度在木行中逐渐形成，配料用料的规矩代代相传。配檩画线也有着严格的规定，尤其是檩与檩的榫卯结构。卯眼是树根，榫子是树梢，画檩的榫卯要随树根和树梢的分向确定，凡是树梢统一画做榫子线，树根部为卯眼线。而且在檩和替的上平两端，要标写清晰东和西的字样，为判檩画线时提供着明显的分向记号。

（4）榫卯制作

檩子的榫卯在古建筑构架中是最精湛的技艺，堪称一绝。从榫卯画线到锯解的技艺都很独特。檩的榫卯是由银锭式造型构成，是大头小尾巴形状，这种榫卯的拉拽力极强。檩子的榫卯从画线到制作，要把好三个关口：①画线关。②解锯关。③套檩关。

①画线：画檩的榫卯线，以垂直的中线为标准线画成。榫卯设在檩的两端，榫子长过肩子，向外凸出，肩子线即檩长的中线，因此榫子超出了中线，榫子的长度未计算在排间的面阔尺寸之内。檩子的卯眼与榫子正相反，其肩子线即檩的面阔中线，榫的位置就设在檩肩子的外部，二者都是以肩子线为檩长的中线。檩的上、下替面，是由两个瓣子线合成称替面，瓣子线是用来滚檩找棱角的线道。瓣子线是匠艺人制作檩子时，滚檩砍瓣子线所用。在锛砍滚圆的时候，用八分宽的瓣子棱面转周合拢完成，因此瓣子线是从锛砍檩的棱角中获得。替面是檩替相合两个瓣子线合并成的平面，是上、下衔接的接触面。替面的宽度是由两个瓣子线的宽度合成，是檩替标准尺寸的主体，占檩径的四分之一。榫卯就设在上、下替面线的范围之内。画榫卯线的宽度，不可超越替面线的宽度，先从上替面着手定位。制作檩桁榫卯，以水泼不进去的精密度为要求标准。这种工艺由多道程序形成，主要从榫卯画线到解锯、磨肩、合缝、找平的一系列工艺制作形成。榫

卯结构有三大特点。第一,榫子的造型外大内小,八字形状构成。第二,榫卯的位置设在上、下替面的正中,檩中线就是榫卯的依据标准,从侧面看上替面的榫卯较宽,下替面的榫卯较窄,上、下的差距在1厘米之间,侧面的造型也自然形成了上大、下小的第二个八字形状,这样檩的榫卯正侧两面,都构成了立体形状的八字。

②锯解榫卯:第二关,榫卯制作,是古建筑构架中最精辟的工艺,又是要求最严格的部位。解锯榫卯,主要分清跟线与留线的具体做法,怎么留线,怎么跟线,是制做中的关键。榫与卯是配套构件,凡檩都有上、下替面之分。号字方是上替面,是各个程序制作的根据。二人锯解,一人在上,一人在下,摆放檩替分清上、下替面,上替面号字面朝天在上面,先锯榫子,再锯卯眼。锯卯眼时上面跟线,下面留线,锯榫子时正相反,上面留线,下面跟线。跟线锯法:锯子走墨线中间,锯掉墨线。留线锯法:锯子走要去掉的部位,把墨线明显地留在有用的部位。锯成后要用凿刀凿掉卯眼内多余的木料,叫剔口。剔卯眼的深度与榫子的长度相差3毫米,合1分,即深入墨线内3毫米,是榫卯的伸缩活动范围,预防天潮天干木料收缩,影响构架变形。

(5)套檩

把两根檩的榫卯组合在一起, 再通过拉锯修整的工序, 使之严密结合,木行称“套檩”。套檩是大木构架中檩的修整工艺,主要解决檩子榫卯衔接的问题,是大木构架组合中的重要环节。套檩是古建筑构架中对檩的唯一修整办法,通过套檩,进一步落实二檩对接后圆弧形的统一。套檩,用刨修整上、下替面和檩接口的弧形,从中获取装梁的剜口尺寸。还要用锯锯磨接缝, 是修整接口的主要程序, 可以解决接口对缝与榫卯的合格问题。通过修整,最终达到对接合格,并要达到最高精准水平。套檩的标准由三个程序检验:①核对二檩衔接以后,十字中线和上、下替面的合格律。②检验二檩衔接缝的紧密程度。③验证檩径圆弧的合格程度。在试套时,会遇到榫卯不同程度的紧鞘问题,经过锯的磨合,会逐步解决达到夯打才能合拢,和水泼不进的高标准质量。套檩详细做法,可参看另一拙作《古建筑营造做法》。

六、泥匠工程

泥瓦匠工程，是古建筑的四大工程之一，排在第三位，任务分山墙部分、屋顶部分的宼房和室内装修三个部分。泥匠工程很特别，都是用一砖一瓦垒砌完成。青砖墙分两种，一种是青水墙，另一种是细磨砖针次缝工艺。屋顶宼瓦也是两种，一种是筒瓪瓦盖顶，另一种是单片瓦盖顶。无论是哪一种类型，都是由下搭灰的挂白灰工艺完成，它与现代红砖工程的铺砂灰工艺大不相同。

（一）山墙部分

1.垒石和垛子

檐台上面，堵在两哨间山墙两端的堵头，北方匠人称“垛子”。垛子分三个部分，下部叫“垛靴子”，上部“墀头”，中部是“垛身”。垛靴子设两块石条，立在前面的叫“迎风石”，压在迎风石上面，平放着的石条称“压面石”。上部的“墀头”是砖雕部分，“墀头”下面压着的石条叫“挑檐石”，在墀头的下部承担着“墀头”的重量。这些位置的条石各不相同，都有着特殊的作用，每块石块的外露部分，都有着不同的雕刻图案。四合院古建筑石匠部分，石雕的工艺要求精准，任何成品石块，都没有活动范围和误差。檐台部位的压檐石，全部设有1%的泛水，用泛水的坡度把雨水排出座外。垒基座的工艺要求，达到分毫不差，因此垒石前要先定位，再垒砌。垒砌檐台基座，先排好顺序，再逐步完成。房基大座从四个拐角处确定尺寸，木橛定位以后，最先垒砌拐角的把边石，分别挂通线，再垒中间石。石匠垒石全凭技巧，一块石条重量300余斤，人的力量有限，全凭杠杆巧法挪石安装。运石时铺木板条做垫衬，防止磕碰。安装条石由二人合作，每人拿一小型撬棍，长 50 厘米左右，俗称“手别子”，一头成鸭嘴弯形，插入石下，撬、转、挪、翻，可随意运作。功夫是巧，做多了自然能生出巧劲。房基座的高度，从院的地平算起。设“地梁”的房基从地梁开始往上安石；不设地梁的建筑，从基座的地平土衬开垒。

一块条石六个面，最小面是条石长度的断面，上、下是宽面，前、后是窄面。垒砌檐台基座，除拐角用一个大面、一个小面外，中间的块石只用一个“小面”。这个小面就是“看面”，即露出的面。看面不用机械锯成的平面，而是要求手工再加工凿成的“錾道”面，一般是以一寸五錾道的工艺凿成石面。垒石先稳准拐角两边的“把角石”，中间垒石的灰缝，控制在 8 毫米—10 毫米之间。上下石相交要形成工字形缝。从基座的四周墙面转着垒砌，最上一层压面石要求最严格，不但要垒放平正，还要注意泛水面。前檐部的泛水按 1%坡度凿成。铺泛水要做样板，从压檐石的侧面，画线形成统一角度凿成。垒砌后墙的台座，要注意后檐台石与后柱础石的关系。后檐的柱础石，与磉墩檐台石基础的关系要分析清楚。压檐石也能与柱础石合二为一，柱础石可以归到压檐石中。因为后檐柱的中线，与台基的收边线相距只有 30 厘米，是压檐石的宽度，檐石条的里边，与柱中线在一条中线上，自然地破坏了柱础石的整体；把压檐石加宽到 50 厘米，就可以一石两用，既是压檐石，又是柱础石。

山墙，是古建筑左、右、后的三面围墙，建筑行业统称山墙，分为旁山墙和后山墙。后面的围墙叫后山墙，两旁的叫旁山墙。旁山墙由三个部分组成，两端的前后垛子和中间的主体墙壁。旁山墙上部是屋顶部分的三角墙，俗称“山花”，是旁山墙的关键部位。青砖垒砌山墙，先从两端的垛子开垒，再逐渐深入。垒垛子的第一道程序是拴线。首先用线道寻找出山墙的平衡尺寸，再设置山墙的外墙线。拴线要以前、后檐的连檐为根据，在连檐上部找到檐柱的纵向中线，露出半柱的柱中线，就是山墙的里墙皮边线。从中线往外测量一砖半，约 37 厘米，就是山墙的厚度，即能确定山墙的外边线。先拴连檐的垂直线，吊准以后在地面打橛定位。檐部的连檐与台基座不在一个垂直线上，所以这根垂直线只能作为旁山的里外标准线，和前后借线的根据线。垛子的靴座是根据檐台计算，从前檐台座的边棱，往里画 10 厘米，即垛子的横向标准线。垛座与檐台边留出 10 厘米的沿子线,垛子墀头的纵向与山墙平横,上部的横向以连檐为标准,是墀头的上边线。连檐的边线是垛子上部的墀头尺寸。上部完成,再开始计划垛子的下部。中间的垛身由细磨砖真次缝工艺与山墙相连垒成,垛身与墀头相交处,安装挑檐石。正前方延伸到垛身的外面,支撑着墀头的重量。墀头是垛子上部的收尾,与旁山墙、博缝和沿子砖相交。旁山的顶部是排山瓦卷边,垛子的上、中、下三部,都与旁山和后山相互勾连,它们之间结构紧密,相辅相成,连成整体。硬山博缝式瓦房是一种高档次的建筑,与露半柱形成一体以后,既自成一体,又相辅相成,最大的优点是墙倒房不塌。瓦房是砖、木、石结构的建筑,由台基、大木构架和山墙三位一体共同组成。这三项工程虽然是分组制作,但是结合紧密,由三家共同组装构成。大木构架组合在檐台基座上,砖垒的露半柱山墙,又把木构架柱子镶嵌在砖墙内。在大木构架的榫卯拉拽下,既是单独构成,又相互支撑。砖墙主要起堵风御寒作用,木构架与砖墙形成一个体系。三面的山墙是构架的外衣,遇到特大震动,脱掉外衣就露出木构架的板凳式结构,会完好地原地站立。历来被称为木匠骨头泥匠的肉,这种做法只有在中华古建筑结构中才能见到。

2.封山

古建筑封山,指后山墙,左、右旁山墙的三个部位。旁山墙的结构比较复杂,由垛子、围墙、山花、博缝砖、沿子砖等多项组成。但是只要掌握好工程的构成和衔接的工艺,就会完成好封山的任务。

垒砌旁山墙,是垒砖工艺中的常规做法,用上搭白灰,工字形"真次缝"的工艺垒成。垒砌平身墙,主要注意三七墙的里外勾拽衔接。每隔若干层,就必须出一行纫砖,把里面和外面的砖层交替成榫卯式,起到拉拽作用。主墙与垛子的衔接,要让主墙砖和垛子砖勾拽,紧密连成一体,衔接的砖缝要求统一在一条线上。

行内所称"山花",是指瓦房侧面前、后坡的三角形部位。垒砌山花要根据两坡陡斜形成的陡坡,用退砖又称减砖的收缩工艺垒砌。即每往高垒一层山花,两端根据实际情况往里缩若干寸。究竟往里收缩多少,根据三角形的陡斜计算。

旁山墙和后山墙是一个整体,也是封山垒砌的综合工艺,由多个部位组成,又要分块完成。封山之前,要充分做好各个部位的准备工作。先把山花墙的分件提前做成,尤其是特殊部位的构件。比如垛子的迎风石和压面石雕刻，墀头的滚棱，凹面砖和戗檐砖雕刻，山花的“沿子砖”“博缝砖”的砍磨等工序，凡是有雕刻图案的零散构件，都要提前完成。各个部位的分件制作完成以后，最后进行组合安装。后山墙和旁山墙工程讲究统一垒砌，一次性完成。把三面的山墙拉成通线，同时开垒，可确保衔接成一个整体。垒砌山花前的首要工作是先劈楂，劈楂是放囮凿砍山花的工序，专项完成。

3.山花放囮(náng)

囮是指瓦房屋顶的弧形曲线。屋顶放囮，由木匠和泥匠配合完成，木匠完成室内的主骨构架部分，泥匠完成室外屋顶和山花部分。在旁山墙的两端垒砌到墀头沿子砖的高度时，就进入垒山花阶段。山花的造型是三角形状，垒山花要准确把握檩的下平面为标准，斜着垒到脊檩的下替面。再往上垒，就进入了山花的放囮劈楂。山花放囮，是匠人的行话，实际是奠定旁山造型的工序。放囮分“准绳放线”“放样”和“劈楂”三个工序完成。

（1）准绳放线：劈楂是修整旁山的工序，关系到瓦房屋顶的造型问题。山花高度和囮的弧形曲线，是室内的构架和室外苫背共同形成的弧线。排山瓦收边“劈楂”尤其重要。山花劈楂先从前檐的瓦口算起，瓦口底线的高度，就是旁山博缝方砖的上平线高度（瓦底线）。山花排山瓦的瓦底线，也是硬山博缝的上边线。因此山花的弧线与屋顶苫背的弧形曲线，在一个平行面上，其高度相同。山花劈楂放线，依建筑的构架为标准。劈楂放线，要先寻找脊檩的上替面，首先解决山花劈楂与屋顶弧线的统一问题，先放线连通，再通过借线工艺，获得劈楂尺寸。做法：在房顶的苫背上，前后平均分成四个点，分别是前檐瓦口部位一个点，脊部设一个点，房中的前架檩和后架檩分别各设一个点。这样房顶的进深就分成了二段八点。这八个点分别代表苫背部位的等高尺寸，也就是弧线放囮的标准。完成定点后，再根据苫背的弧形，用借线工艺解决。准备规格相同的四根扁形木条，长度统一为1.5米，顺着苫背安放在两哨的屋顶上。木条横着放在屋顶，超出山花墙外露出50厘米。伸出墙外的木条，就是苫背平面要用来借线的挂线杆。两坡的四个点，既是屋顶放囮的弧形依据，又是旁山博缝砖上棱的弧形线，也是排山瓦的瓦口底线。旁山的山花放囮，弧形曲线要求与屋顶相同。用准绳来确定囮里的沿子砖和博缝方砖的尺寸造型。屋顶放囮准绳是标准，用1.5厘米—2厘米粗的旧麻绳，长度超出屋顶的坡长3米左右。旧麻绳就是测弧形曲线的标准绳，建筑行称“准绳”。把麻绳的两端分别拴到上、下两个点上，一头固定，把另一头拉到檐部，临时架在借线的木条上面，在绳头上拴砖吊下。从侧面观察“准绳”的弧形是否与四个点（借线杆）相合，再通过拉动“准绳”，用拉紧和放松绳索来变动弧形的弧度，核实“氹”的圆弧到合格以后，固定上、下两端的准绳。准绳的弧线就是安装排山瓦滴水的底线，劈楂就从这道线上起计算尺寸。山花由多层组成，从第一层方砖博缝砖算起，与二层沿子砖博缝砖尺寸相加的和，就是劈楂的宽度尺寸。根据这个总尺寸，再画出旁山劈楂的线道。

（2）放样：计算准总尺寸以后，把每层的白灰缝，加到总尺寸中，先从博缝方砖计算，到第二层凹面沿子砖，和第三层的滚棱沿子砖，再加入第四层皮条线沿子砖，以上的总宽就是借线的尺寸。以准绳为标准，把总尺寸反画到山花上，先画檐部两端的线，从两端往里分节画成，用点相连的办法画成弧线。旁山花的每一层砖都要转到垛子和“墀头”的正面，正面就是戗檐砖，吉祥图案雕刻完成。旁山的劈楂借线，与其他项目的借线相同，把借线的总尺寸刻画在木杆上，拉通准绳，顺着准绳弧形线点画连成，分段标画，再连通画成。山花墙劈楂的标准线画成以后，把线的弧形弯度，分别返画到硬板纸上，就是为博缝砖和沿子砖砍磨时，制作的“大样”，提供给砍磨制作使用。

（3）劈楂：根据放氹形成的造型，把山花修整成弧形曲线的凿砍工艺，行内称“劈楂”。

古建筑的旁山墙分三个部分。第一部分是山墙的平身，从檐台上平到墀头挑檐石的上平面。第二部分从挑檐石往上到沿子砖下面，称山花墙部分。第三部分从沿子砖到博缝砖的上平，称博缝部分。“劈楂”收边就在沿子砖和山墙的平身交界处。这三个部分，分别由三种不同的工艺垒砌完成。

“劈楂”是一项精细工艺，要把山花放氹画好的线道修整成弧形曲线，把有线道的砖砍磨，修理整平。瓦房封山有两种做法，一种是方砖博缝法，另一种是沿子砖硬山法。这两种做法在层次上有着很大的区别，但是劈楂的工艺基本相同，只是把握好多少层次的总尺寸，放准线道，修整墙壁的凿砍工艺是基本相同的。凿砍是劈楂的实做工艺，要保质保量地完成。古时劈楂全部由人工凿砍，多用“穿刀”和“瓦刀”等利器工具完成，留下墨线后把多余的部分凿砍去掉取平。在机械化的今天，可以使用切割机等机械切割。

切割完成后，墙上的砖粉等杂物清理干净，砖缝达到线条流畅的标准。

（二）宊房施工

“宊房”是古建筑铺瓦盖顶的行业术语。屋顶铺瓦的工作，由“卷边”“调脊”“瓦口”“铺苫背泥”“灌浆”“嵌瓪瓦”“扣筒瓦” 等诸多工艺共同组成。这些程序环环紧扣，缺一不可，它们之间结构紧密，相辅相成。铺瓦是宊房施工的主体，其他工序是为铺瓦工程所做的铺垫。宊房的准备工作种类繁多，任务复杂，把握好各个项目的程序，按照传统做法和行内规矩安排和运作，可以达到繁而不乱，乱中有序的工程实施效果。

民宅古建筑工程施工，相传有三大喜庆事，第一，石匠奠基；第二，木匠立架上梁；第三，泥瓦匠宊房合拢口。宊房是工程中的三大喜事之一。这个项目用料繁多，程序复杂，且声势浩大。宊房工程要求必须具备的三个条件是：1.良好的施工季节，2.优质的原生态材料，3.娴熟的宊房技术。

1.施工季节

春天是宊房的最佳季节，动工时间要选在清明节的后 10 天至立夏的前 10 天之间。这个时期坚冰融化，冰冻线消通，阳气上升，天干少雨，是泥水快干的最好时期。宊房选在这个时期，天干物燥，屋顶干固快，无潮气。宊房铺瓦要求一次性完成，因为近 30 厘米厚的泥瓦材料，数万斤水淋淋的湿泥，连泥带瓦同时加压在房顶上，是一项不可低估的重量。房屋的构架全是由木材构成，最怕潮湿腐烂的是屋顶望板，被水浸湿以后在短时期内必须干透，争取达到 10 天半干，30 天全干，木质构架就不会受到影响，否则会出现木料霉变腐烂，造成脱栈。因此选节气和天气是古建筑宊房的重要事项。

2.准备工作

宊房是古建泥瓦程序中规模最大的工程，是用料最广，参加人数最多的屋顶工程。古建筑宊房工程的项目繁多复杂，工程的筹划要做到周密稳妥和对口合理。宊房首先讲究的是季节和日期，选黄道吉日以后，再根据实际间数进行备料。宊房前的准备工作分六项进行：（1） 砖瓦类，（2）苒泥，（3）苒灰，（4）素泥，（5）白灰浆，（6）造架。

3.宊房材料

瓦房的材料分两类，主材料和辅材料。

瓦房的主材料是瓦当类，辅材类是白灰、胶泥土、草秸秆、麻刀和黑烟煤等多种。动工之前要进行备料选择，无论是主材还是辅材，都要认真挑选，严格把好质量关。瓦房材料的种类较多，又有性能、用法各不相同的情况，所以备料工作必须认真对待。瓦房的材料类型不同，性质不同，质量要求也各不相同，备料时要掌握好识材辨材、选材用材诸多的技巧和环节。

（1）瓦当：瓦房的主材料是瓦当部分。瓦的种类很多，有勾头、滴水、筒瓦、瓪瓦、兽头、脊筒、条砖、方砖、蘸砖、挡沟、瓦条等十多个类型，全都是瓦房的主要材料。完成一幢全瓦房四合院，用量万余件，只要其中有一件不合格，就会影响到房的质量，会有后患。因此选料是古建筑行业中的头等大事，因此从古至今在建筑界就共同确立了审瓦当的规矩，买卖双方都不会因为审瓦麻烦而发生口角。

瓦当选材从选窑口开始，首选瓦窑厂址设在有立土的地区，且有优良的土质；第二是有高超的烧窑技术。选窑口，首先观察砖瓦垛上的色彩是否呈正色，新出窑的瓦垛颜色达到清一色是合格。确定供货的窑口以后，往下是现场一件一件地检验瓦当。检验瓦当是一件耐心细致的工作，不但要详细，还要有一套识别好坏的技巧。检验瓦当俗称"审瓦"，讲究一看、二敲，一件一件地检验。审瓦先观察瓦的成色，有无疤痕和瑕疵。再用物件敲击瓦当听音，根据音色来判断质量。砖、瓦是纯泥土经过火烧制成的物件，好坏的关键，是土质与制瓦技术和火候。火大叫"过火"，烧制的瓦就不会合格，火小又会有夹生，即半生不熟，也不合格。这两种瓦当的声音与合格瓦的声音就大不相同，用敲击的办法就是审瓦一贯的检验方法。敲击瓦片时发音纯正，有似钟声悦耳声音就是合格。敲击时发出沙哑声音，响声中带有杂音或二音的产品，就是不合格。有些不合格产品，虽然不达正品的标准，但是像围墙顶装饰形的工程用瓦，也还可以使用。审瓦是重要工序，四合院的瓦房用瓦数量数以千计，又有规格和种类繁多的特点，其中的勾头、滴水、脊筒、瓦条、档沟、条砖、蘸砖等类虽属辅助材料，但是在质量问题上也不可小视。审瓦要认真负责，不可粗心大意，要严肃对待。

（2）粘土：民宅四合院，由石、木、砖、瓦主材料，和土、白灰、麻刀、蓑草等辅材共同合成。土是古建筑工程中最关键的辅材，无论是土木建筑，还是石木砖瓦的四合院建筑，土在建设中都是最重要的组成部分。选土和用土同样是古建筑的主要项目。黄土高原的地表广布黄土，但不是说是土都能用。黄土可分为古黄土、老黄土、新黄土和现代黄土等四种类型。这四种类型的土质有着不同的地质特征和力学性能。古黄土在最深层次下面的土层内，质地紧密，细腻坚硬，柱状节理发达，是黄土丘陵中最下层的构成部分。新黄土则广阔而丰厚，组织结构细而均匀，土中含有一定比例的姜石，是塑像的胶泥土层，垂直节理发达，壁立 10 米—15 米而不倒，是开挖窑洞最理想的地层，俗称立土层，又叫胶泥土，是建房工程最理想的材料。以上的古黄土、老黄土、新黄土，这三种土层年代久远，属原始土层，俗称立土层，又名胶泥土。唯现代黄土层，是后来的沉淀土层，分层次形成，俗称卧土层，俗名黄砂土，在地表的最上层。这种土层由细砂和黄土组成，性质疏散，挖不成窑洞，可以铺垫土路使用，有吸水快的特点，是建筑中最忌用的土质。土是古建筑中必用的材料，从宫式建筑到民式建筑，还没有古建筑不用土的先例。关于识别土质和用土的技术，历来被专业队伍所重视。四合院工程是民居民宅的重要工程，工程的选土和用土很重要。立土是古建筑中最实用的材料。立土中的黏土含量较大，这种土质是古建筑最佳选材，但土中含“浆石”，又称“土子”，这种石块有不定时分化开裂的情况，会影响到建筑的质量，用时要挑拣干净。

（3）蓑草：草秸类，是古建筑的主要辅材之一，与土相合称苒泥，与灰相合称苒灰。

蓑草是一种丛生的野生植物，秸杆硬韧性强，拉拽力极强，防潮性好，不怕雨水，有独特的防腐功能，是古建筑苫背泥和窊瓦泥的最优质材料，历来被建筑界重视。

蓑草长条细叶，有实心硬秆的草茎，不开花不结果，靠续根支生繁殖，多生长在高山的山坳和丘陵地带的潮湿地。蓑草春天发芽，夏季生叶，秋天长茎，秋末草叶枯黄以后，其茎秆还直立在草坪上，第二年春天长出新草以后，草茎才匍匐在地面上。蓑草的茎是丛生形，似钢针粗细不等。细的与绣花针相似，粗的酷似大粗针一般，丛生的草茎高 40 厘米—60 厘米之间，是山区人民编织用的材料之一。蓑草织成的草鞋、草帽和蓑衣等，供山里的猎人和放牧人使用。蓑衣雨天防雨，晴天遮日，春秋两季铺在身下防潮御寒。蓑草又是古建筑中不可缺少的原材料，可用于抹墙和筑房顶，更是窊瓦苫背泥中的主材料。

（4）白灰：又名“白石灰”，是历代古建筑中最优秀的粘合材料，至今已经有数千年的历史。白灰是由石灰岩烧制而成，石灰岩经过火烧加工变成熟石灰。熟石灰块加水后发潮就会散发出高热量温度，经过风吹冷却，快速地化成粉末，这种粉末就是“石灰粉”，俗称“滚子灰”，经过再加工才能使用。加工“滚子灰”有两种做法，一种叫“水淋灰”，另一种是干筛灰。两种加工方法大不相同，两种灰的用法也不尽相同。水淋灰，用于垒砖铺瓦的下搭灰工艺中；干筛灰只用于做地基和修水库的坝堰与建筑基础的三七灰土。干筛的白灰粉还有杀菌消毒和澄清洪水的功用。加工干筛灰做法简单，加工水淋灰既费劲又麻烦。泡制水淋灰的做法比较费工，选一块空旷的场地，地面挖一个长方形的深土坑，架一个箩筐在坑的半腰中。土坑旁边支一口大铁锅，把风化成粉的白石灰粉末倒入锅中，同时加入清水，用淋灰的拐子，把灰粉和水搅和均匀。然后通过箩筐，将白灰浆倒入坑中，再把箩筐中未风化的石碴捞出，继续加入白灰粉末添水再行泡制。淋入土坑中的石灰水经过长时间澄清，清水被土吸收，白灰沉淀在土坑底部，水淋白灰就已成功。水淋白灰在坑中分三个等级。将土坑的长度分成三段，离箩筐最远处是一等灰，叫“梢灰”；中间是中灰，是二等灰；箩筐下是根灰，根灰是比较粗糙的三等灰。白灰是原生态粘合材料，粘性很强，粘接砖瓦有独特的功效。灰浆粘到砖、瓦物体上，干涸以后再次见水就不会发软变松，有不怕水浸、少脱落、耐风化的特点。水淋灰最大优点是好保存，把灰坑内剩余的灰浆存在坑内，不要乱动和松动，用湿土埋填垫实，下次再用新鲜如初，三年之内不会失效。

第二种制灰办法是“干筛灰”，又称“滚子灰”。干筛灰加工，是把石灰块加水分化成粉末以后，直接过筛把石碴去掉。筛白灰前，选一个空旷少人的地段，把铁筛架到灰堆旁，铁筛的筛眼控制在 3 毫米—5 毫米之间。过筛以后剩余的石块和石碴，可以再喷水第二次发热分化。干筛粉因不易保管，用量要根据计划进行。其有隔潮、耐水、杀菌和澄浑水的多种功能，多用在古建筑基础和坝堰基础中。把白灰粉与黏土掺合成三七灰土，是最优质的垫底土，可以消除地震对建筑产生的剪力。水淋灰和滚子灰，这两种灰的效果有很大区别，不可乱用，二者不可相互替代错用。

（5）麻刀：麻刀是古建筑工程中制作苒灰的主材料。麻刀是麻皮加工制作而成。“麻”是一种产油料的草本植物，春种秋收。麻杆没有分岔的枝节，直杆向上，结成的颗粒叫麻籽，是榨油的材料。麻的秸秆上长一层厚皮，放入河水中，经过长时间的水浸利皮后，可以顺利地脱落下来，就是麻皮。麻皮可以做成麻绳，麻绳是古代无处不有的实用物品，拉车的套绳，人背物件的背绳，做鞋纳底子的麻绳，深井取水的辘轳绞绳等，多到不可例举。麻皮和麻绳见水发潮以后，成僵硬形状，且坚韧无比。麻制品在日常生活中无处不有。麻刀是把麻皮粉碎以后，制成的工程专用材料，一种多丝纹精结构的古建筑材料。经过加工以后，制成较短的细丝绒，加入泥土和白灰之中，会产生出巨大的拉拽力，有不裂纹不变形的效果。古代著名的夹纻工艺中的麻布，就是其中的主要材料之一。传统古建筑工程，麻刀苒灰材料无处不有，是古建筑中最不可缺少的重要材料之一。

（6）铺瓦苒泥：铺瓪瓦的苫背底泥，用大楂苒泥。粘土和草秸掺水合成的泥，俗称"苒泥"。苒泥要数蓑草和黏土合成的质量最好。窊房的苒泥用量，根据房顶面积和底泥的厚度做为计算依据。泥的厚度根据瓦口底线高度为标准，瓦口底线一般在 4 厘米—5 厘米之间不等。假设按 4 厘米高的瓦口底线计算，铺瓦底泥厚度即 4 厘米，再加 4 厘米的瓪瓦弧形高度，就要按 8 厘米厚度计算。另加的 4 厘米，是用于弥补瓪瓦高起的弧形空当。用以上算法认真计算用料，厚度确定以后，再乘以屋顶的面积，核算成立方米，就是实际用料的总立方米。测算土的体积有两种情况，原始硬土方和泛虚土方。计划苒泥数量根据原始硬土方为计算标准，在没有硬土方的计算条件时，以泛虚土方计算。泛虚土立方与硬土立方的换算，是按二分之一的比例来计算。水分在泥中不加计算，苒泥的原料由粘土和草秸共同合成。有了土源和草秸后筹备集堆。优质草秸要数蓑草，蓑草虽然有耐腐蚀的优点，但是也存在着与水、土不相融合的特点。窊房使用蓑草，要经过长时间水浸才能与泥融合，这种做法俗称"焖泥"。"焖泥"是提前把蓑草埋入土中，加水浸润。蓑草"焖泥"要提前 24 小时行动，要把握好粘土、蓑草和水的比例。选用优质蓑草，每立方米粘土，加入 250 斤蓑草为计算标准。假如窊五间瓦房，共需要 8.6 立方米粘土，约需要加入 2150 斤蓑草，是土和蓑草的正常比例。制作蓑草苒泥，先把院中房前地面清理干净，和泥的场地要离开建筑的台基四米左右。拉土集堆时要分开层次堆土，把土堆集成长方体形状。最下边的第一层土平铺在地上，厚度在 7 厘米—10 厘米之间；土层上面铺一层 2 倍厚的蓑草，蓑草要铡成 8 厘米—10 厘米长的短节。铺蓑草浇水,要保持不让水流失,把跑水口用土堵严。铺第二层土时,可以把蓑草与土搅和在一块后再加层,一边加高一边浇水,一直加高到预计的立方米为止。最后的工序是整理泥垛,把土堆成垛以后,土堆的顶部摊成平顶形状,顶部四边加高成堰畦样式,四周再用黄土加厚一层。土堆上方用水灌满,让清水自然地渗入堆内,一直到饱和为止,表面用土埋严。焖泥期间不可乱翻泥堆,否则会造成僵尸的硬泥,僵尸泥再无法泡软。蓑草泥最少要 20 小时才能焖到位,否则会有泥水不粘连的现象。

宽房正式开始以后,把握准和泥的进度,蓑草苒泥由四个人轮番调换着工作。掌握好制泥的速度,与房上铺瓦匠人配合,既不要出现缺泥,也不可过多地存泥。和泥要求达到软硬适宜的标准。

(7)素泥:素泥是不添加任何材料,用纯粘土加清水和成的泥,也要提前半天洇水焖泥。

素泥用在筒瓦槽内,是填槽的纯土泥,与瓪瓦的底泥相粘连。素泥备料根据用量焖泥。宽房之前把粘土集成堆,土堆整合成方形平顶式,顶部四周成堰式的小畦。畦中灌水,让水渗入土堆中,经过多次灌水才能洇到,水洇到饱和状态为止。最后在畦内和土堆的四周, 表面用过筛绵土掩埋,防止水分蒸发。焖好的土堆不可随意乱动,用泥时从一个方面开口取泥。制作素泥稠稀, 酷似蒸馍的生面团。和泥制作的时间要与工程同时进行,不需要过早地提前加工。

(8)蘸瓦:加固瓪瓦的工序,是宽房之前的准备工作。其做法与瓷器上釉相似,把瓦的一头泡到石灰浆内,让石灰浆自动沾到瓦上,俗称蘸瓦。石灰浆干固以后,酷似贴了一层薄膜,既是瓦的保护层,又可以把瓦的微小气孔灌满填实。蘸瓦的材料由白灰浆、黑烟煤调成浆,稀稠与乳汁相似即可。把土坑内的水淋梢灰放入灰斗内,搅和调成稀糊浆以后,加入适量清水搅匀,再把黑烟煤加入,搅和成计划中的色彩,色彩有天蓝色或墨蓝色两种。最后把搅和成功的灰浆集中在一个大缸内。瓪瓦结构是由重叠式瓦片组成,相互叠压三分之一,外露三分之二,这三分之二就是蘸瓦部位,被压在瓦下部分无需上色。蘸瓦分两次完成,先从滴水开始,第一次浸入,十秒钟左右拉起,停顿数秒再第二次浸入。把完成的瓪瓦件,先摆摞在空闲地上,一摞一摞地按顺序完成,完全干透,再整理成圆形瓦垛,供宽房使用。蘸瓦工序在动工前提前完成,蘸瓦的灰浆与刷青的色彩相同,配制时一并计划在内，配好后储存到大缸内，屋顶上彩时再用。

（9）麻刀苒灰：麻刀灰，是勾抿瓦缝的主要材料，由白灰和麻刀掺黑烟煤合成，行内称“苒灰”。麻刀灰在窑房工程中用量较小，但是质量要求很高。制作麻刀灰的工序烦琐，第一道工序是麻刀制作，又叫“抽麻刀”。建筑所用麻刀，一般属废品部门购回，来自旧货市场，收购的破麻袋和废旧麻绳，经过二次加工后进入建材市场。这些废旧品虽然经过了机械再加工，但只是一个粗略的大概工序，离制作苒灰的质量要求差距很远，制作苒灰的麻刀，还必须安排专人另行再加工。抽麻刀，是人力加工麻刀的最好办法，要认真完成。找一处硬质地面的场地，临时摆一个方形砖池，防止制作时的毛绒乱飞。抽麻刀人员首先把麻团拉扯撕碎放入池中，用细柳条、细竹条等物抽打麻团，就是抽麻刀。麻刀要翻来覆去地抽打，直到把麻刀抽打成与棉花的棉绒相似才是合格。抽打麻刀要分批抽打。最后把加工合格的麻刀储存起来，到制作苒灰时再分件拿出。制作苒白灰，也要经过粗略加工。把白灰从灰窑内挖出以后，盛到灰斗内，用灰拐子倒腾搅和直到均匀，再加水调成稀糊浆。用木板铺成和灰的工作台，上部铺铁板做面，把搅好的白灰倒在工作台上摊开抹平，再把麻刀撕成薄膜，分层放到白灰上，用铁锹把麻刀拍入灰中。铺好一层以后，用铁锹的侧面立起来斩砍。把麻刀全部加进白灰以后，再铺一层麻刀，用以上办法照样实施，一直到灰与麻刀的比例合适，就停止往灰中再加麻刀。剁砍麻刀灰，要用锹的侧面排成行，翻来覆去地剁砍，横着剁完竖着剁，把灰集成堆再摊平，继续剁砍，直到白灰与麻刀和成一体，经过检验合格为止。检验办法：第一，检查灰中是否存在麻团疙瘩；第二，随手拿一块灰浆用双手拉拽，白灰中的麻刀绒毛是否均匀。然后把合格的麻刀苒灰统一集中到大缸内，加黑烟煤，再做调和。黑烟煤加入灰中调匀，也不是一件容易的工序。烟煤放入水中，轻浮在水面上，与水不溶，最好的办法是，先用清胶水把烟煤调成糊状，把糊浆再掺和到苒灰内，便容易合成。配制色彩的深浅，要根据屋顶的大局决定。

（10）搭架：架是往房顶运料的主要设备，用杆和板搭成构架，行业称造架，俗称搭架。搭架准备的材料是架杆、架板、麻绳。民宅四合院古建筑，是一家独户的创建工程，建筑的范围只有一个院子的施工空间。古代在没有任何机械的条件下，搭架是往房顶运料的唯一办法。窑房施工用料，全部是通过搭成的架运送到房顶，因此搭架是宸房工程中的重要程序之一。院中搭架首先选位置，架多搭在主房明间的正中，架的宽度约 3—4 米左右。定位后，在四个拐角栽立杆，立杆栽好以后，分别在四面捆绑龙骨架横杆。横杆的高度在 2.8 米左右，前后的两根横杆是承重的主杆。并要在左右捆绑两根纵杆，是为稳固大构架的助力杆。顺着架在横杆上满铺木板，以承放湿泥。木板的上方再铺好铁皮或钢板，解决利泥的问题。人工造架的关键是稳固，要充分利用斜戗杆的力量，从四面八方戗牢，绝不可有任何疏漏。架的底层还有一套设备，即搭泥人的工作台，也要同时完成。在架板的下面横着放一个长形板凳，板凳的高度超出檐台座面约 10 厘米，板凳与檐台之间顺着放一块 50 厘米宽的木板，形成前高后低状态，作为搭泥人站立的地方。架下一共由四个人负责，轮流换班和泥与搭泥。搭泥的人站在木板上，脸朝前背朝后，头顶大架，一叉一叉地朝后往架上搭泥。搭泥的工具是一个四股小铁叉，木把长 2.5 米，朝后用力往上一扔，正好是二架的中心。四个工人轮番倒替直到完成。

4.宸房

宸瓦房是屋顶铺瓦工程的总称，其中包括制瓦口、修苫背、调脊、卷边、铺瓦等多道程序。

瓦房四合院建筑统称“硬山式”。硬山式的做法有两种。一种是排山瓦博缝式。凡是博缝式都配排山瓦，这种配套是古建筑中的一种风格，久而久之就形成了规矩。如果檐下柱头部分是露半柱做法，屋顶五脊六兽，旁山由排山瓦卷边完成，设方砖博缝砖，墀头前方必设戗檐雕刻。这种统一的设置，是民间瓦房固定的模式，是较高档次的做法。另一种硬山式，只用沿子砖收边，不设排山瓦和博缝砖等，收边的瓦与苫背泥平行，只用一行凹面朝天的瓪瓦不加任何修饰，从前檐铺到正脊。这两种做法，前者复杂精细，后者结构简单平常，卷边的程序也各不相同。

（1）调脊：调脊是指垒砌正脊、垂脊、戗脊的工序，是宸房前的铺垫工程。

前后坡双面出水的瓦房，宸房之前先把正脊垒成。垒正脊，先要找平屋顶。寻找正脊的水平线有两种办法：①根据山花劈楂的“山尖”为标准计算尺寸。②找到脊檩替面的上平为依据计算。这两种办法任选一种均可。

苫背泥加瓪瓦的铺底泥，再加瓪瓦高度，一直到筒瓦高度的陡坡斜度，共同相加的和就是正脊底座的水平线。正脊的最底层，把握好两坡的中线，中线是前后坡的分界线。垒第二层以中线为界，用蘸砖前后各铺一层。第三层是确定两面的皮条线以后，用“瓦条砖”垒砌。垒砌瓦条砖，注意前坡和后坡的平行度。第四层是脊筒，分中坐在瓦条的上面。脊筒的中间，要栽一行螺纹钢的铁构件，既是稳固脊筒的构件，又有避雷的作用。脊筒的内部空间灌满麻刀合成的苒灰浆，既保证脊的稳固，又有防雨和减重的作用。在垒砌正脊之前，要先安装两哨端的兽头，安装正脊兽。兽身要对准前后的垂脊，让垂脊稳准地戗在正脊兽的中部，起到戗柱作用。正脊完成以后检查是否达到质量标准，最后在脊筒的顶层，加一层瓦条砖，与正脊下部的皮条线形成对称。瓦条砖的上方扣一行筒瓦封顶，安装筒瓦要在筒瓦内加素泥条，瓦之间的接缝搭白灰完成。正脊下部底座的两坡，注意留下筒瓯瓦接茬，行距按瓦口的“瓦空子”均分。四条垂脊的尾部都要戗在正脊兽上。旁山以垂脊为界，垂脊的外部安装排山瓦。排山瓦勾头滴水的距离，与前檐瓦口尺寸相同。滴水的出檐，根据檐部的比例标准安装完成。

（2）瓦口：瓦口安装在连檐的上部，是分垄、承瓦、定高的木构件。瓦口管控着筒瓯瓦的行距和瓦垄高度的全部尺寸，是瓮房尺寸的总标尺。

瓦房屋顶的瓦垄尺寸，全部由瓦口决定，因此瓦口素有瓮房中“准星”的称呼。瓦口是木匠完成，但不宜早制。什么时间制作瓦口，以泥匠封山完毕以后，瓮房之前，木匠再开始制作瓦口。制作瓦口行内称“豁瓦口”。瓦口是用多节长条木材连接而成，以松木材为合格，断面是上小下大的三角形状。瓦口下部与连檐相交，坐底厚 5 厘米，收顶只有 1 厘米的厚度，总高为 8—10 厘米。瓦底的高度在 4—5 厘米之间。瓦口配料长度不限，宽度 10 厘米左右，厚度 7 厘米，是一锯两开的用法。从 7 厘米中间画斜线，1.5 厘米比 5.5 厘米顺着斜线锯开，锯成两条上小下大的瓦口料，用时大面朝下，小面朝上，小棱上做成半圆弧形承滴水。瓦口和连檐虽然上、下连在一处，但是它们的用料和制作工艺大不相同。连檐以单间计算均分椽空子，瓦口是以通面阔总尺寸来计算分垄。连檐相交由“燕子尾”榫卯接成，瓦口是直线单榫卯的结构。设计瓦口，注意连檐的结口与瓦口接口不可对在一处，影响耐度。瓦口是立起来安放，斜面朝前，方形的面朝后。制作瓦口要经过很多程序完成，从备料刨料、衔接、分垄、画线、削弧形、编号、安装，分 7 个程序，其中的每一个环节都很重要。瓦口分垄画线由两种线道完成，一是分垄的行距中线，二是放瓦的“瓦底”高度平线。画瓦垄线，以瓯瓦的行距中线为标准。筒瓦与瓪瓦配成一套，筒瓦不需要分垄，高度是以瓪瓦底线为标准。瓪瓦线分两种，高度底线和分垄中线。①瓦底线是瓪瓦与泥接触的线，苫背泥的厚度线，横着画成。②分垄中线是瓪瓦之间的行距线，竖着画成。筒瓦不需要计算尺寸和画任何线。筒瓦行宽，占其中宽度的 6 成，瓪瓦只占 4 成。瓦口中线，就是标准的分行距线。

做瓦口分空子，先掌握瓦的实际规格，筒、瓪瓦有时代、窑口和地区的差别，因此规格尺寸各不相同。分瓦垄要根据实际瓦的规格，决定瓦垄宽度。计算瓦垄的行距，要经过两次计算才能够成功。选两个勾头和三个滴水作为“样瓦”并排，调整到适当的行距，根据实样尺寸决定瓦垄的宽窄。瓦垄分空子，以瓪瓦中至中计算。先用单空子尺寸去除瓦口的总长度，得出瓦垄的总垄数，所剩的余数，按四舍五入法去掉尾数，变成整垄数。再用整垄数，去除总长度，得出的数，就是瓦口的行距尺寸。把行距尺寸均分画线，要核实垄数是否与计划相同，立中线就是滴水的行距。选一个合格的滴水做“样瓦”，尾部画出中线，把滴水尾部朝下，分中线对正瓦口的立中线。检查合格后，用画啇靠紧滴水尾部的弧形面，抹画到瓦口上，叫“抹瓦口”。所画的弧形就是瓦口的“样板”。画成后用窄条锯把样板跟线锯下，根据样板把瓦口画成。削瓦口是木匠的熟练工作，拆卸瓦口后，再分件锯成。注意先编号后拆卸。瓦口锯成后，把滴水放到瓦口上做试验，检查合格再全部锯成。

安装瓦口，用铁钉把瓦口固定到连檐上，分三个工序完成：钉瓦口、上铁锹、刷油漆。

钻眼，是提前在瓦口上钻钉眼。把瓦口放在连檐上，确定铁钉位置以后，用铁钉把瓦口固定在连檐和檐椽上。瓦口是放在连檐上方的构件，连檐厚度 3 厘米左右，铁钉要贯穿连檐以后，钉在檐椽上，把钉眼对准檐椽才是合格。凡是瓦口都要设制铁揪子，是传统做法，铁锹放平拉在房内。安装铁锹子，打孔是顺着屋顶苫背，横躺着与瓦口拉拽，尾部要插入深泥之中。

瓦房的连檐和瓦口，上下相连，是建筑中的小件，与梯子共同称为“三小件”。这三小件很少有人注意，但是这几件不起眼的小件，在古建筑中，却起着大作用。一幢木构古建筑，只要发现“连檐”和“瓦口”部位有了腐烂、变形、脱位的迹象，这幢古建筑就必须尽快地做出大修整和重点加固的计划。瓦口和连檐在古建筑中是脉道，倍受建筑行业普遍关切，因此连檐和瓦口保护,也被列入到重要范畴之中。刷油漆保护瓦口,要以天然的大漆和桐油最好。在没有大漆的情况下,桐油刷成也可以起到保护的作用。

(3)准绳:是古建筑宨房铺瓦和山花劈楂放弧形曲线使用的标准绳索,匠人行中称“准绳”。宨房屋顶的弧线均以准绳为标准。准绳是麻皮制成的麻绳,是古建筑屋顶的自然弧线标准。先人们根据准绳形成的曲线,营造了诸多的瓦房屋顶,是中国建筑中的最大特色。

准绳利用麻绳自重的下沉弧形,来确定屋顶的曲线。这样形成的弧线,在古建筑行业中称“囬”。从木匠的构架设计,到瓦匠做屋顶的弧形曲线,统称“放囬”。“放囬”是构成曲线美的工程做法,从古至今被广泛应用。泥匠宨房用“准绳”,是一件很有规矩的技巧,虽然做法简单,但是要求却很严格。选一根超出屋顶坡长2—3米的优质无结麻绳,脊端拴在带尖的铁杆上,铁杆钉入正脊前的分垄瓦中线上,檐部把准绳临时架到瓦口上,绳头长过房的檐端,拴一个重物管控住绳索的上下浮动,重物不宜过重又不可太轻。架起的“准绳”只完成了第一个步骤,下一程序是“准绳”定位。宨房以瓦口为标准,所以瓦口就是分垄定行距的“准星”,二次苫背泥的厚度和瓪瓦的高度,均由瓦口的“瓦底”高度决定。滴水是瓪瓦的头瓦,就是每行瓦垄的标准。安装滴水很关键,滴水下方,铺泥要均匀踏实,泥要铺成两旁高中间低,酷似瓪瓦的形状,安瓦时用力嵌入泥中。滴水檐外的比例要明确,长度分成三个等分,尾部在泥中嵌三分之二,外露三分之一。滴水的陡斜度是十分之一,要求平缓。滴水太陡会出现雨水往檐内沟回现象,俗称“尿檐”。滴水固定以后,再确定“准绳”的位置。滴水瓦安装在瓦口上,滴水瓦的上边棱就是挂准绳的位置。把准绳架到瓦棱的上口,再确定准绳的曲线。先测量滴水边棱离苫背泥的高度,这个高度就是瓪瓦垄的最高点。以准绳离房面的高度为标准,再统一苫背的通深高度。檐部和脊部的高度相同,脊部铁杆定位以后做成记号。铁杆上分两处做两个记号,一是铁杆插入苫背泥深度的记号,另一个是瓦棱准绳高低的记号。统一定位以后,测量核实准绳中间部位,和囬里的弧形曲线高低。用等高短棍,从滴水顺着准绳往上等量,用拉紧和放松“准绳”的办法,调整高度。最后保持准绳不动,用色笔在准绳上画准记号,也可以挽一个红色标志的绳结。在后檐脊端的铁杆上,同样做成记号,掌握好移动准绳记号不变的原则。

(4)筒瓦安装:铺瓦是宨房的开始。先铺瓪瓦,后铺筒瓦。铺成两行瓪瓦以后,开始安装筒瓦,注意掌握好两种瓦形并进的速度。

宨房是一个特殊项目,宨房工程自古就不用拉线而是以“绳”为标准,因此历来行业内称之“准绳”。“准绳”是铺瓦工程中的唯一线标,是我中华古代建筑屋顶构造中独有的技艺做法。

宨房,是继封山、调脊、卷边后的工程,是古建筑屋顶的扫尾工程。瓦房屋顶分两种形式,一种是瓪瓦屋顶,由单片瓪瓦铺成,另一种是筒瓪瓦屋顶,由瓪瓦和筒瓦共同铺成。瓪瓦是底瓦,被压在筒瓦垄下,是排雨水的沟槽,筒瓦扣在瓪瓦上,起着分泄雨水的作用。瓪瓦和筒瓦造型不同,位置不同,用法也大不相同,因而它们的铺瓦工艺也不尽相同。

宨瓦顺序,是从两个把边的哨间,排着往中间铺瓦。宨房讲究两哨对称,把边滴水是第一个滴水,又叫样板滴水。宨房先安装样板滴水,安装牢样板滴水以后拴准绳。准绳是顺着瓦,挂到滴水的上口。脊部是用铁杆固定,是瓦行分垄的标志杆。插好铁杆,第一垄瓪瓦铺泥的厚度就显露出来,根据滴水的高度决定泥的厚度。瓦垄以准绳为标准,一垄一垄地完成。铺底泥同样根据垄数和高度铺泥, 泥要铺得合格, 瓪瓦按入泥中要踏实,一块一块地认真镶嵌。

筒瓪瓦房的底瓦是瓪瓦,圆面朝下,凹面朝上,是主要防雨瓦层。瓪瓦用苒泥铺成。苒泥是瓪瓦的底泥,先把苒泥抹在苫背上,再把瓪瓦嵌在泥层之中。抹苒泥要从瓪瓦的行距和高度计算着实施,根据准绳预先确定的行距分界线,从前檐部位开始往后按顺序铺泥。瓦垄的底泥,按分成的空子,就是铺泥宽度标准。抹泥要把握好底泥的造型和厚度,底泥摊成中间低两旁高,抹成半圆形的泥槽。嵌瓦之前在泥槽中浇灌一层石灰浆,叫铺底灰。在灰浆流动的同时,迅速地把瓪瓦嵌在泥槽之中。瓪瓦的最高角要与“准绳”平行,但要留好瓪瓦与准绳的距离。安装瓪瓦,要嵌得结实,防止留下空隙。两行瓪瓦之间的行距,以瓦口宽度的尺寸为标准,瓪瓦相距大约在 5—7 厘米之间。深嵌到底泥中,达到底泥从瓦中挤出,这样才证明安瓦的工艺合格。最忌讳因为底泥的量小,为了与“准绳”凑平,瓪瓦的下面形成空洞的状况。准绳是决定瓦垄宽和高的定位标准, 每嵌一块瓪瓦,都必须达到合格的要求。瓪瓦相交是一层摞在另一层上,相互之间重叠式的关系。前面的瓦尾压在后面的瓦口之下,从前檐的滴水开始到正脊,是统一做法。露出部分和被压部分的比例是三分之二比三分之一,即压进三分之一,外露三分之二。嵌瓪瓦要掌握好后高前低的斜陡度,稳准地把瓦片嵌入泥中。匠人铺瓦,注意力要求高度集中,一只手拿“瓦刀”,另一只手安装瓦片,两只手工作的同时,两只眼睛要全神贯注地配合着双手的动作,把瓪瓦与准绳的距离掌握在规定的 3 毫米之间,瞅准瓪瓦上棱角的最高点对正准绳。瓦片定位要求一次性成功,准确地掌握好瓦片入泥的最佳时间。湿泥与苫背的干泥接触以后,嵌瓦的时间很重要。苫背泥是干透的泥皮,湿泥放到苫背上吸收水分速度很快,因此匠艺人必须掌握好嵌瓦的速度,用准确快捷的动作,才能保证工程的质量。假如略有怠慢迟缓,泥中的水分流失,稀泥变成硬块,就会出现不合格的空隙,给工程留下一定的隐患。因此宽瓦要求快速、准确、实在。筒瓪瓦的安装也要同时并进,一行瓪瓦一行筒瓦地进行安装。

安装筒瓦,鼓面朝上,瓦口朝下,要准确地扣在两垄瓪瓦的接缝上。筒瓦有快速疏导雨水的功能,筒瓦和瓪瓦一上一下地配成一套。筒瓦与瓪瓦是唇齿相连的结构,瓪瓦是槽底,筒瓦是渠帮,共同完成分水、排水任务。这两种瓦形,因有位置不同的区别,它们的安装工艺也大不相同。安装筒瓦是整瓦对接,从檐部的勾头开始,一个瓦接一个瓦地连续安装。筒瓦相交的接口均设榫卯,这种榫卯,行内称“子母”接缝。筒瓦垄先从檐部的勾头开始,一个接一个地连成,一直到与正脊相交。安装筒瓦比较简单,把素泥放在瓪瓦的接缝中,称“芯泥”,在筒瓦的边棱上刮满白灰浆后,瓦口朝下扣在芯泥上,细心地把握好瓦行的直线。安装筒瓦,有两种做法。一种叫“高宽”,另一种叫“低宽”。“高宽”是筒瓦内槽的泥芯粗大,铺在瓪瓦行上要高起 3 厘米左右。“低宽”是现在的做法,把筒瓦扣在瓪瓦上不留缝隙。筒瓦瓦内填的素泥要有一定计划,派专人搓泥完成。拿一块薄木板,把素泥放在木板上搓成圆柱形状。泥径粗细,根据筒瓦内槽的空间决定。做泥柱时,估计好泥量高于瓦槽,粗细要一致。安筒瓦前,要先刮白灰浆再对接。一手拿筒瓦,另一只手使刮灰板,准确掌握好瓦口榫卯缝,对接安成。左手掌握筒瓦,右手用瓦刀,搕打推压到瓦的接口严丝合缝,朝下的边棱与瓪瓦完全相合。安装筒瓦的同时,用眼睛顺着瓦垄行,瞅看瓦垄是否平整合格。安装筒瓦时,派一人在院中,顺着瓦行观察,如有不顺畅处,及时指出,修改纠正。

宽房是根据各个方面的情况来计划。有条件时,可以分成两组,分别从东、西两边推进完成。在一般情况下，由一组人员来回交替着完成。无论用哪种方法，两哨的瓦垄数要保持相同，垄数不可出现偏差的问题。一幢房屋无论间数多少，最后汇合时，两边的瓦垄行数必须相等。

(5)合垄口：宬房从两哨间往中间铺瓦，最后在明间正中，留三行瓦垄，完成，俗称“合垄口”。完成“合垄口”，表示泥瓦匠大功告成。人们为了吉庆叫成了“合龙口”，是古建筑工程中的三大吉庆之一。

合垄口，是个喜庆日子，历来被人们重视。主人按规矩要搞一个庆典仪式，最后结尾合拢。故合垄口也是匠艺人献艺露脸的机会。中间剩余二垄瓪瓦和一垄筒瓦时，是垄口的空当。把屋顶的不用之物撤掉，需用的材料，暂时摆到二架下面。清理杂物以后，院中举行仪式。房顶只留一名匠艺人和三名运泥工人。这时铺瓦出现了变化，一反常态，开始从脊部往前檐“插瓦”。这种反常做法，给匠艺人增加了难度，铺瓦就格外操心。剩一米左右时，其他人员全部下房，只留一名匠人继续完成，院中摆供上香。“合垄口”午时举行，放礼炮，发红包。

(6)勾抿：用苒灰把瓦的接缝填满抹平，俗称“勾抿”，是宬房的收尾工序。这是一道很仔细的工作，也是非常重要的工序。

筒瓪瓦房由多块瓦组成，瓦与瓦之间有自然接缝，筒瓦与筒瓦的接口和筒瓦与瓪瓦上下相交的接缝，都是收尾勾抿的主要部位。瓪瓦是坐底瓦当，瓪瓦之间是重叠式结构，不存在缝的漏雨问题。瓪瓦与筒瓦上下相交的平缝接口处，漏洞最大，是重点勾抿部位。勾抿瓦垄，要选择勾抿的最佳时间。一是与宬房同时跟进，二是从合垄口的当日开始。勾抿的材料是麻刀苒灰，勾抿的路线与宬瓦相同，从哨间往中间勾抿。宬房时泥中的水分被瓦片吸收后，泥巴变硬，在泥巴未变硬的时候勾抿瓦缝，是最佳的时间段，可以确保苒灰与瓦当紧密结合，形成一个整体。勾抿瓦缝，是一项费时间费精力的细致工作。为了确保瓦垄不被碰醒，勾缝之前，要做好有关的准备工作。新宬成的瓦垄，最忌讳乱踩踏，也最容易碰醒，碰醒的瓦片很难再固定，所以要预先做一个详细计划，需要多少人参加勾抿。做出计划后，根据人数具体安排。首先要准备好铺垫物，做好保护瓦垄的工作。以农作物的谷糠、稻糠和工业锯木面儿等软性物类装成麻袋，人均2—3袋，作为工人在房上行走和坐躺的垫衬物。另一物件是专业工具——抿匙子。抿匙子是泥匠的专用工具，是有把子的长体三角形，类似刀式的工具。这种工具小巧玲珑，可以挑、抹、勾、填、压，做出各种工艺程序；还要准备盛苒灰的小盆。房顶在勾抿之前，还要认真做一次瓦垄清理工作，把灰缝中的泥土清理干净。泥土与苒灰有不粘连的特点，要刮掉浮土，打扫干净。勾抿灰缝，要求质量第一，安全第一，所以每一个参与者要精心运作，一道一缝一垄一瓦地认真勾填。把苒灰实实在在地填补到瓦垅缝中，最后要压实抹光。凡是勾抿过的灰缝，都要达到与瓦面平行，既不高起，也不凹进。每个人都要负责质量把关，一边勾抿，一边仔细检查，做到不留死角，不让有一道瓦缝被落下。完成一段后，用绵麻布把沟填过的瓦垄擦抹清理，把垄内的垃圾清扫干净。

（7）刷青：给新瓦房屋顶刷色，增加保护层，行话称“刷青”。

新盖的瓦房屋顶，要求刷一道灰黑颜色的遮盖物，起美化屋顶和保护的作用。灰浆有加强新瓦面抗雨水的能力。刷青的灰浆原料，由水淋灰、黑烟煤调配而成。水淋灰浆是一种天然的抗水抗潮物，烟煤又有利水防潮的功能，二者合成，可起到釉子的作用，刷在瓦的表面，就形成了瓦的保护层。调色根据当地的习惯配兑颜色，有黑蓝色、天蓝色。刷青部位，包括正脊、垂脊和屋顶的筒瓪瓦，统一刷成一色进行保护。

（8）瓦房的保护方法：平房的保护方法是“扫雪”，瓦房的保护方法是“扫房”。古建筑瓦房保护工作最重要，行业中有句老话，“三分建设，七分保护”，就是说保护的重要性。清扫屋顶和勾抿瓦缝，是保护瓦房屋顶最有效的办法，从古至今都十分重视。瓦房有三害，水、土、草籽是瓦房的天敌，被此三害侵蚀坍塌的古建筑，可以占到百分之九十。解决三大害最有效的办法，是扫房和勾抿。清扫瓦房古代有季节规定，一年四季扫房的最佳季节是清明节。这个时期，正值天干物燥，阳气上升，泥土泛虚，适合清理打扫民宅的瓦房。民宅扫房，还有另一个讲究。四合院民居宅院是完整的宅院，相传常年都有值日星煞守护值日，其中的“三煞”“太岁”“小儿煞”最灵验，不可以乱动冲犯。值日神煞每到清明节前三天和后四天的这七天中，离位不在，因此清明时节是打扫和勾抿瓦房的最佳时期。否则乱动宅院的屋顶要看偷修日，即值日星宿的轮休日。因此凡是瓦房四合院的住户，每年清明节期间要清扫一次房顶；8—10 年定期地勾抿一次。要掌握好扫房的方法，把瓦垄的浮土打扫干净，杂物清理彻底，野草斩草除根。只要屋顶不漏雨，材料就不易腐烂，就可使筒瓪瓦房千年永固。

七、木匠装修

(一)槛框

民宅古建筑工程，分前后两个阶段完成。先完成屋顶构架部分，再完成室内的装修部分。装修分门面部位和室内部分。门面装修，由木匠和泥匠共同完成，室内装修，由泥匠和纸匠完成。装修是宅院工程中最精细的部分，木匠的门面装修最为突出。木匠装修，首先是选木材。门窗常年遮挡在房屋的最前面，直接承受着风吹雨淋日晒，所以装修选材是重要一环。民宅古建筑装修，首先要有识别木材和应用木材的知识，要懂得装修用什么材料最合适。装修与梁架的位置和作用不同，因而选材和用材的要求也不尽相同。装修选材注意四点：①树种要求是最关键的条件。首选中软性木质的树种，如柳树、红松、椴木、核桃楸、小叶青杨之类树种。②树龄在50年以上。③要求无弓形的直树身。④自然风干五年以上的陈树材。

1.选材

门窗装修，首先是由木匠完成槛框安装，泥匠在木框架的基础上再垒砌窗台墙。窗台和大木槛框门面装修，都是房屋隔风避寒的主要设备。门是木制的门面，常年饱受风吹日晒雨淋，热胀冷缩，雨淋湿，风吹干，这是木材最怕的考验，所以装修的材料必须讲究。门窗备料，选木性软的木材，要有不变形、不开裂、含蜡强的性能。北方装修，最好的木材是柳木和小叶青杨、松木材等软性木材。其中最受欢迎的木料是柳木。

柳树是乔木类，生长在全国各地，北方的黄土高原最为普遍，也是人们最重视的树种。柳树喜潮湿，耐干旱，生长快，直径最粗可达1米左右，高5米—7米不等。柳树在民间称“神树”。“有心栽花花不开，无心插柳柳成荫”，是讲柳树的成活率非常高。柳树的木质细腻，分白色和粉白色两种。

柳木的丝纹细腻，呈直线形状，含蜡性强，柳树的实用性在木材中排首位。用推刨把柳木刨光以后，酷似锦缎一般，用手摸，光滑如婴儿皮肤。即使是做成板厚只有3—4毫米，宽度足有40厘米—50厘米，直径2.4尺的圆蒸笼，蒸食达100摄氏度以上高温，长年累月腾湿再风干无数次，不会有变形和破裂的现象，由此被誉为“神木柳”。在民居房屋的装修中，柳木槛框被誉为最优秀的木材。

2.识材和备料

建筑装修，陈干材料最好，在购不到陈年木材时，可选完整树材。一棵完整的树材，枝叶繁盛，叉节很多。把一棵荒树整理成能够解锯板材的树身，有很多个环节。首先要做枝节的分离工作。根部叫“根花”，梢部是“叉花”，用锯把两头锯齐，去掉枝节，剥光树皮。修整到通顺，才能放线解锯木板。

装修选材，注意带弯形木材的应用，要了解锯解的方法。一棵树锯成板材，要顺弯锯开，否则做成的器具很容易产生开裂和变形。因此识别木材和使用木材，是木匠行业中排在首位的重要技巧。一根材质很好的树木，带着弓形，上墨线首先要搞清楚怎么锯解的问题，工程中所用的木材是大面还是小面，这个概念是上墨线匠艺人必须掌握的关键。弄清这个原理以后，配料放墨线才会决定朝上和朝下。在遇到弓弯度较大的木材，就要从拐弯部位锯开，打截成短材料使用。这样既能多出材料，又可以保证器物少变形或不变形。

房屋建筑装修样式很多，配料制作就比较复杂。只要把握准配料的要领，就可以消除变形的问题。建筑装修，要根据不同的情况灵活地调整材料。装修的关键，是框架要与房屋的构架紧密结合。古建筑从构架、槛框，到门窗之间的连贯性很强，建房要预留好框架安装的槛路。安装大木框架，又要计划好窗扇、门扇的预留尺寸。槛框与门窗之间配合很密切，形成了一环紧扣一环的关系。因此建筑装修从配料、刨料、画线、凿卯眼、锯榫子等制作程序，每一个环节都要求精益求精。只有把握好装修的要领和传统规矩，才能完成好装修的任务。

民宅建筑门面装修，备料之前，先考虑装修的划分问题，根据房区划片。厅式装修为例：正中北房五间，明间和两次间设成三间客厅，左右哨间各设居室一间。明间的正中设门，两次间设窗户，两哨间是往房，室内用木隔断隔开，室外的哨间各设窗户，这样五间房划成一客厅、两居室的“一门四窗”式。把计划中的用材集中起来，形成算料计划，根据计划采购木料。

3.校正柱中线

檐柱的“竖直”，是对柱的垂直要求。门面装修，柱是关键。装修前必须达到多柱垂直的统一。

槛框装修，首先要核实校正柱垂直的合格律，檐柱不正，装修的效果就不会达标。檐柱的垂直很关键，它会直接影响到门窗装成后的效果。门窗装修，关键是把大框架掌握在横平竖直的绝对规矩之中。横向中线不垂直，会影响到门窗斜正的角度；纵向中线不垂直会造成门扇、窗扇的自动开关，俗称“走扇”。因此核实檐柱的十字中线，是装修中的关键工序。装修中最精细工艺是门窗部位。门窗槛框装修，不允许出现任何偏差。在装修之前，要把房屋构架的横平竖直，修整到合格，这是大槛框架安装中最重要的程序。

装修房屋，是先规划后动手。一线五间房分成三个居室，是三个房腔。安装槛框必须把柱的垂直统一在同一条中线上，行内称“全房一道线”。安装槛框之前，首先核实檐柱的十字中线是否垂直。仔细认真地一根柱一根柱地测量，把差距记录下来，多根柱的垂直差距未超出 1 厘米，就视为合格。如有超出 1 厘米的就是不合格，就要重新拉线做统一修改。

校正柱中线，有两种办法：①垂直吊线法。找出两边哨柱柱础石的平面十字中线，用垂直吊线的方法，核实柱的中线是否垂直，柱上部和下部的差距是多少。先校正两个边山哨柱的中线，再核实查明、次间柱的中线，查清向外有没有侧角，其角度是否相同，仔细认真地一根柱一根柱地测量，把相差的数字记录下来。②拉通线实测法。用拉通线实测的方法，校对五间房六根柱之间的差距是多少，垂直线的差距未超出 1 厘米就视为合格。如果有超出的檐柱，就要重新拉线，把柱中线统一挪位修改后再校正。

两哨的边山柱中线，是柱的最先校正标准，核准哨柱础石上平的十字中线，再用吊线工艺核实哨柱中线的垂直，差距是多少。哨柱的中线校正以后，再核查每根中间柱的中线。核查要一根一根地实测，相差多少做成记录，然后决定窗台墙的高低线。行话有“尺八锅台二尺炕，三尺二的窗台墙，胳膊放在窗台上”，这是北方人从实际生活中得出来的窗台高度的标准。

窗台高低是两哨间定位的标准，从哨柱础石的上平面，往上画出 3 尺

2 寸墨线，就是窗台墙的高度。线画好以后在柱替面的横线上，钉一横木方杆，与中线设成 90 度的直角，这根平杆就是窗台墙高度的借线杆。以柱中线为标准，把要借的线画在横杆上，注意两个哨柱的借线尺寸要相同。做成记号以后，拉出平线为标准。两哨核实后，测量每根檐柱的中线，与所借线的差距是否统一，如果出现了与檐柱的中线大不相同的情况，就把借线作为标准线，统一重画柱中线。重画的垂直中线，就是安装下槛榫的标准线，最后把檐柱的替面中线全部统一起来。下一个程序，是门窗定位和卧槛安装。

4.槛框制作与安装

槛框安装是装修工程中的主要项目之一，分十个程序完成。

（1）配料放线：装修七间房，把房间统一起来形成一个下料的总计划，木行中称“配料”。用墨斗线把计划中的板材划分成若干分件，木行叫“上线”。

装修用料要从总体的规划考虑，先确定门窗的大格局，从中计算出每间槛框用木材的数量。把多间房屋安装情况综合分析后，再确定用量。例一连五间房，先把五间房划分成三个大自然间。正中三间“主房”，东西各两间是“偏房”，成两个自然居室。再根据装修的结构做下料计划。中间主房是一门两窗。根据民宅古建筑的装修习惯，再计划槛框用料。设门是一根上槛，两根立门槛组成，同时随带着下部门槛和门墩。门腰中间的勾扇、额脑、门头等附件同样要全部考虑进去。门框的左右设夹耳窗、抱柱槛和贴门框的抱门小槛等。凡是窗户装修，根据窗口的实际情况进行。窗框部位设上槛、下槛和左、右抱柱槛，及大窗户的立槛。这样一间一间地计算，最后把多间总合起来，统一计算和安排。整合以后，五间房的装修用料就有了计划，房屋装修的大槛框架的配料放线就基本有了头绪。

（2）下料锯料：“下料”，是古代木匠行话“配料”“锯料”的共同名称。

把原木树身锯解成三块厚板材，木行称“栋子板”料。把原木锯成板材的过程叫“解板”，栋子板再锯成单件板材叫“下料”。根据具体构件，一件一件地落实到每一个部位的程序叫“配料”。

二十世纪七十年代之前，很少有现代化锯料和刨料的机械设备。在大城市的个别部门条件虽然较好，但是电锯和电刨很少购置，一直到二十一世纪初，才正式进入小型机械化时代。古时要把一棵大树锯解成板材，主要依靠人力锯解，由木匠师傅二人，手拉大锯解锯完成。这种锯木料的做法称“解板”。装修房所用的木材，两个人要解锯六七天才能够完成。拉锯解板，是一种卖力气的苦力工作，解板的程序全部由人工完成。拉锯解板是一项多年练成的功夫，这项工作很费力气，但也不是任何人都会完成的工艺。这些苦力杂活，一般由年轻力壮的学徒弟子们完成。装修门窗从“刨树”到锯成板材，需要多个程序和很长时间才能够完成。

（3）刨料整形：门窗口大槛框的构件较大，刨料要选一个宽广的场地和合适的工作台，木行中叫“楞板”。“楞板”是装修时推材料放墨线等各项制作的工作台。支棱板要求结构坚固结实，板面厚实平坦。选好支棱板以后，刨料前木匠艺人还要做一番工具的修整。（参看附录二）

木匠刨料两次完成，第一次先刨面子，第二次再刨里子。刨料首先识别材料的“里子”和“面子”。一块木材有四个面，四个面中又分两个“大面”和两个“小面”。两个宽面是“大面”，两个窄面是“小面”。刨料先从大面和小面中各选出一个面来作为“面子”，先刨大面，再刨小面，一大一小面就是材料的两个面子，是画线的面。刨料讲究平、直、方。刨面子的时候，一边推刨，一边用眼睛看料，检测是否平直，有无掂角问题，小棱的直线如何。从边棱上顺着直线看，边棱形成直线后，说明刨的面已近成功。“方”是木行的术语，代表大面和小面已经成90度直角的意思。大面小面拐角的棱是90度直角，就说明刨料已经合格。推刨的同时，要随时用单眼顺着木料端看，观察面上哪个部位显高，哪里凹进，材料两头是否有掂角的现象，这都是检验的标准。刨料分先后，先刨材料的大面，后刨材料的小面。刨小面时，注意材料的稳固，掌握好立面的垂直程度。推刨小面，既要求平和直，又要求与大面成90度直角，成方形，因此推刨槛框的大料要用90度弯尺测量，看大小面角度的合格程度。门窗的大槛框不但要达到平、直、正的要求，而且必须与小面形成90度的方形直角。大面小面同时过关，所刨的材料才算合格。校对槛框的合格率，也可以把两根材料大面相对，合成直线就证明合格。如果发现有缺陷，就进行修改到合格。材料推刨完成后，进入益线和“画线”程序。

（4）分类画线：“线”是匠人行业的通用术语。“画线”是木匠行业的最高职业，也代表最高技术权威。行话说“墨线画到哪里，材料就烂到哪里”，它的本意，是提醒每一个画线的师傅，要牢记“线”的严肃性和权威性。在古建筑行业中,线的名称和线的画法有好多种。不同的工程中就有着各不相同的画线方法和画线的名称,久而久之形成了行业中通用的术语。画线的名称很多,有上线、关线、益线、画线、掐线、借线、搭线等;再加入线本身的名称中线、丁头线、瓣子线、十字线、榫线、卯线、替面线、肩子线、判口线、扠皮线、虚线、实线、花线、方斜线线道和众多的名称叫法,形成了匠人行业之中通用的行话。这些画线名称,方便于交流和指挥工程。每个名称,都有它各不相同的用法,完全是从实践中产生得来,又是在实施中得到了广泛印证和应用,逐渐形成了行业画线的规矩。凡是从事木匠专业的人员,对这些线道的专业名称不但要听得懂,还要识别清楚用得上。假如对以上线道的行话听不懂,用不上,参加工程制作就无从下手,自然也就做不来。要成为一个全手匠人,不但要具有识别线道的知识和画线道的能力,而且还要有能够做得来的技能。自己所画成的线道,同样要让别人看得懂,还要做得来。只有掌握好画线的技法,才能真正地成为匠人行业中的行家里手。

荒料刨成两面,在材料面上画好尺寸的规格线,在木匠行业中称"益线"。"益线"是画材料的大小,从面子上顺着木材画出材料的宽和厚度的长线。一块木材分四个面,刨推材料四个面中,各选其中的一个大面和一个小面,作为画线的标准。房屋门面装修,从选料刨料用料开始,首先要掌握木料的用法。选材用料就包括技巧。首先掌握量材使用和"面子"与"里子"的应用,这是用材的第一步。任何木材的四个面好坏都不会一致。刨推材料,首先选出一个大面和一个小面的优质面做"面子",刨推完成以后,开始益线。一根材料四个面,看面只有一个,要分辨哪面是看面。如装修槛框,只确定一个看面。简单地说,看面就是前面。房屋的框架只有一个看面,即哪一面朝院中,哪一面就是看面。站在院内看窗户,直接看到的一面就叫看面。凡是看面,无论宽窄都是画线的面子,线道都由看面上产生。从看面就可以分辨出哪面是凿卯眼,哪面是制榫。一个高手匠人画线,要达到一目了然,所以画线分看面很重要,线道的分类也很重要。撑尺子匠艺人,关键是线道的划分。画线者首先要懂得榫卯的制作线怎么画,哪一种线是表示着什么。木匠线道的表示方法有多种,分实线、华线、半华线、锯断线、益线、杈皮线、肩子线和记号线等。熟悉了这些各不相同的线,就能把一个装修工程的内容和做法,用线道表述得一清二楚。

①实线：不留活口的横线，一根线画到底。用于肩子线和榫卯线，是花线的后续线，与花线有时相连并用。除此之外，看面上一般不用实线表示。

②华线：分两种，一种是表示透通的卯眼线，另一种是杈皮线。杈皮线，画在材料的两端，卯眼线在中间。华线的表示方法，是画两头空中间。画在材料中间的华线，是表示两个小面上有榫卯。华线又是指示线，提醒小面上有制作线，线是凿卯眼的透通线。华线画在材料的上端，是表示上部有杈皮。华线是杈皮的底线，华线的上端还有实线，两线共同组成杈皮线。华线的两个侧面和背面，全是实线的肩子线。在制作杈皮的时候，把两侧面和后肩子要锯掉。花线和实线相距 5 分（1.7 厘米），合成杈皮线。扠皮的实线只画在看面上，两旁的小面和后面都不画线。

③半华线：不凿通的半榫线，画在材料的中段，在看面上画成半根线。表示在侧面有半榫子的卯眼，转到小面上再画成做卯眼的实线。

④益线：画材料的厚度，或者制作榫卯尺寸的顺纹线。顺着材料木纹画线，无论是长线还是短线统称“益线”。

⑤锯断线：表示要把长料截成短料的符号。是紧挨着的两根双线道，双线之间相距 3 毫米左右，就是表示要把长料截成短料的锯断线。是窗扇制作窗棂画线中最多的表示线和锯断符号。

⑥记号线：刨推材料时，在大面和小面上，做出记号的线道。这根线，不需要用尺子来画，在刨成的材料面子上随便画一道线，作为分辨面子和里子的记号线道。

⑦皮条线：设在门窗装修大框槛的里角边棱，成斜坡形直线，是二木相交之处杈皮榫卯的形成线。槛框的皮条线规格与扠皮线相同，大面 5 分宽（1.7 厘米），小面 2 分厚（0.7 厘米）。样式分两种，一种是“素式皮条线”，另一种是“五花皮条线”。素式皮条线是一条斜坡形的平线。刨推时大小面上全留线，斜着刨成坡棱形。五花皮条线是把刨刃磨出花状，它的规格尺寸，与素式皮条线宽、厚尺寸相同，专门把皮条线的平面做成滚棱凹面形状，其外棱加一个尖形的线道。为了方便，可以在皮条线推刨床上加一个靠板，行中称“华边线刨”，刨推时紧靠材料的小面推成，即花边皮条线。

大木框架，是建筑装修中的首要组成部分。安装的顺序是先安装上槛，再以上槛为标准画成下槛。画下槛榫的时候，以上槛榫的尺寸为标准样。把上槛再卸下来，下槛和上槛的大面相合，中线对准，把上槛的榫线，反画

到下槛的小面上。凿卯眼制作完成后，做好皮条线，再安装到原来的位置上

（5）上槛：装修在前檐的梁柱之间进行。上槛是房屋装修中的关键构件。装修中首先安装的就是"上槛"。上槛两头做榫子插入柱中，与檐柱相连，榫子的长度不超过五分，即 1.6 厘米。上槛是房屋装修中的样槛。制作上槛和安装上槛，首先划分出横向面宽的中线。再从中线均分左右的窗框、夹耳窗户与立槛、抱柱槛等。槛框的榫卯，要求精确到合卯对缝。制作上槛分步骤进行，第一步首先解决榫子的问题，掌握好跟线和留线的工艺，再解决上槛两端肩子的松紧问题。画上槛的长度，是用双杆实测的办法完成。选两根直高粱秆或者两根较细的方形木杆，把两头切割整齐，单杆的长度要短于面宽。两根杆重叠在一起，把两头伸出后中间重叠合成，双杆平放到上槛位置上，抽动双杆两头顶紧柱的替面，双杆从中间固定。把等好的尺寸，再反画到上槛上。肩子线完成后，再均分准面宽的中线。然后把立槛和抱柱槛的尺寸，分摊画在上槛上。先画中线，再进行门、窗口的均分。根据画成的线道凿卯锯榫，最后安装。安装上槛要与梁架的下替面对缝，先弄清楚下替面弯了多少度，要通过实测来确定。测量方法：用长度与立槛相同的木棍，把高低线等准后，画在两端的檐柱上。檐柱之间拉通线，分成左、右、中段，拉紧平线，用等杆分段测出替面的高度差距，就会找出弓形的答案。等中线时木棍超过两边多少厘米，就是下弯的尺寸。把下弯的尺寸准确地分段标画在上槛的上面，留线刨成弯形，一间一间地完成。一排七间房，每间都不会相同，要分别对待。注意上槛两端的榫深，不超过 1.8—2 厘米之间。安装上槛，柱的一端是固定榫卯，另一端设长形走槽，走槽的长度是槛宽的 5—6 倍。走槽设在柱中线的正中，凿成长形的槽道，上部深下部浅，把槽内铲顺整平。安装时两人合作，先把一端插入榫内，另一端的榫子斜着顺入走槽。一个人扶好上槛，另一人用方木往上顶碰搕打。扶槛的人要把准握紧，同时用薄木板垫在被捶打的卯眼位上。下面的人用力往上搕碰，只要上槛的榫子进入走槽，就可以尽全力往上搕。榫子快进入榀卯之前，检查上槛的榀子是否对正下替的卯眼，如有不正现象，用木工凿子，把榀子搕入卯眼内，到上槛与下替合缝以后，任务才算完成。无论几间上槛，一间一间地认真安装完成。

上槛和立槛均设皮条线，皮条线设在大槛框的里棱，是形成折叠格式的主要工艺。杈皮就产生在皮条线上，只要是设皮条线的构件，就必须有

杈皮的配合。杈皮是皮条线所产生的特殊榫卯，只限于横竖相交的结构中形成。皮条线和杈皮是榫卯相交的配套工艺，多用在四方框架内的拐角处，由榫和卯共同组成。扠皮榫卯的特点，是榫中有卯，卯中有榫，多用于框架方格形式里角的线道上。在房屋装修和室内的家具工艺中，杈皮既是一种表现美观的工艺，又兼有坚固的作用。杈皮有两种做法，即"软扠皮"和"硬扠皮"。软杈皮是皮条线和五分华线道相交形成。硬杈皮是用判口的办法，把杈皮钻入到皮条线的棱上结成。硬杈皮多用于家具制作，房屋装修是用软扠皮的工艺较多。木匠的杈皮做法，被其他行业广泛借鉴，但是由于材料和结构的原因，榫卯的功能大都消失，只保存了木结构外部的形式。

建筑装修中的皮条线有规定，下槛和门槛都不设皮条线和扠皮，其余的上槛、立槛、额脑等，只要是内框构成的方形构件，都要做成皮条线和杈皮榫卯。只要设皮条线，就必设杈皮的配套。

（6）立槛画线：一间房屋由两种槛框组成，即卧槛和立槛。站立垂直的槛称立槛，上部卧槛称上槛，下部卧槛称下槛。立槛的两头全部做成榫子，插入上下槛的卯眼内集成一体。卧槛和立槛的位置不同，结构也大不相同。卧槛设卯眼，立槛是榫子，二者相合成一体。立槛分大窗户立槛、抱柱立槛、门框立槛和抱槛立槛等多种。卧槛只有上、下槛两种。

立槛画线与卧槛不尽相同。首先要把立槛的高度尺寸确定下来。每栋房屋装修，都有它自己的规格尺寸，在一幢房屋中的立槛高度完全相同。怎样确定立槛的高度，要根据柱头的总高度决定。民宅建筑的主房，分厅房、主房和配房，厅房不超过 9 尺，主房不超过 8 尺 6 寸，平房柱的高度不超过 8 尺 2 寸，配房柱高不超过 8 尺。檐柱下部的窗台高度在 3 尺 2 寸左右，民宅住房的窗台墙，为 3.2 尺—3.4 尺之间。无论柱头多高，窗台墙的高度不变。柱的总高，减去窗台高度和上槛、下槛的宽度，窗口净高约为 4 尺 2 寸左右。在旧式的装修中，窗口高度的尺寸要一分为二地划分，就是把窗口的总高度，上下对半均分。均分以后，按古时的样式，多设百眼窗户。厅式装修，多以隔扇形装成。到二十世纪中期，民宅建筑中的窗户，有部分户家开始改变成玻璃窗扇，上下各一半的旧式规矩被打破。改变以后，上扇大而下扇小，下扇装玻璃窗扇，高 1 尺 8 寸；上部是两开扇窗户，高度成 2 尺 3 寸—2 尺 4 寸之间。并把古时的撩式窗扇，变成两开门窗扇。根据以上情况和建筑的实际情况，画立槛之前，要计划好窗框的高度，并要落实具体尺寸。在确定了窗框高度尺寸后，开始计划立窗槛的具体做法。画立槛与上、下槛的画线法不同，首先要画出立槛的“样槛”来。画样槛是成对地画成，挑选出一对最规格的立槛做画线的样槛。画样线以小面的里子对里子，大面朝上放平成一对。先从两端留卯后画出肩子线，再画上端的高、低线和杈皮线，另加榫子的长度。上部的杈皮线画两道线，第一道是华线的肩子线，第二道是实线的杈皮线。立槛的小面画成以后，把上端的肩子线画成三面实线。假如在立槛大面的中间画出半根花线，这就表示小面的榫是个半榫子，把卯眼凿成一半深即可。如果在面上画一根线，是空中间，画两头，这种线就是全花线。这是表示两个小面都有卯眼，小面就画成了实线。表示透通卯眼，是通榫子华线。画榫子的宽窄线，要根据卯眼的宽度画成。榫子线厚度的大小，根据槛子的厚度计算。把槛子厚度分成三份，前后两份是肩子线，中间是榫子线。榫子线的宽度，要根据凿刀的宽窄设置。画线要控制榫卯的松紧，制作时用跟线或留线的锯榫工艺解决。立槛趺肩子分两次锯成。第一次先把后肩子锯掉，同时用锯子把前肩子划成记号式的锯印子，在最后安装之前，统一经过净面后，二次把肩子全部锯掉，因前肩子过早地锯掉会损坏肩子。立槛的制作工艺，基本相同。立槛的规格，根据柱的情况决定。抱柱槛主要是解决檐柱收分问题。因此上槛的横中线从中均分，而下槛的中线是从上槛中线垂吊获得。

立槛是建筑装修中的主要组成部分，与卧槛配成一体。一幢建筑中的立槛，是统一高度，立槛的上、下榫子插在卧槛的卯眼之中，集成一个框槛的整体。立槛画线，先计算准确门口和窗口的高度，即门口立槛和窗口立槛的高度，画出样槛。样槛是装修中的实样，把样槛的下卯线、上卯线、扠皮线、前肩子线和后肩子线画清楚以后，再把线道反画在每一根槛框上。立槛是“对称”的格局，立槛框架，无论画“门”还是“窗”，全部以成双配对为画线规矩，“样槛”同样要成双画成。画立槛共有 7 种线道，其中有分高低的打锯线、下肩子线、上肩子线、扠皮线、后肩子线、小面的榫子线和卯眼线，画线时要统一规划。画线前用方形木，把立槛的两头衬起，让所画的材料离开工作台。两根立槛面对面合拢，找好大面合大面，小面对小面成对配成。叠摞的高度，不超出尺梢长度。第一道线从下部着手，留出榫子的长度，画锯断线用双线符号表示。双线的距离 2–3 毫米，是明显表示锯口的断线。下肩子的线画实线，而且在四面都画实线。往上第三道线是立槛上部的上肩子线。上肩子线与下肩子线画法不同，在大面上多了一道“扠皮线”。所以上肩子在大面上，画一道花线，再画一道实线，是并排的两道线，其余三个面都画实线。扠皮线与肩子线在面上是并列线，华线要高出肩子线，是一根单独的实线。扠皮线比肩子线高出5分（1.7毫米），杈皮线的长度与皮条线的宽度相等，榫子的长度超过了扠皮线。立槛的横线画完以后，接下来是益纵线，纵线是顺线，木行中顺着材料的长度顺画叫“益线”。把左手中指的指甲掐在尺度上，靠紧木料的角棱，右手拿画齿紧靠尺子的尽头，双手配合，同时并进，往下顺画就叫“益线”。益线注意双手配合，拿稳尺子，把线道准确地画在木料上。为了方便益线，可以做小型木件代替手工画线。用大钉帽做成的叫“线滤子”，“线滤子”的尺寸以样线为标准，可以精确地画出各种榫卯的尺寸线。另一种是木条做成，叫“线益子”，选用长20厘米×宽2厘米×厚1厘米硬质材料的方木条，把槛框所用的榫卯线，分成深浅和长、短的刻度，锯刻在“线益子”的两端，一个“线益子”可以设置多种刻度的榫卯线，用来代替手指掐线，既方便又标准。大槛框的榫子，除杈皮是斜线外，其余全部都是直卯形。直卯就是一个单榫子，画两道线即可。靠着大面的前棱，顺画出的第一道纵线，叫“面子线”，第二道线叫“榫子线”。画榫子线的时候要注意卯眼的厚度，也就是凿子的实际宽度。要根据槛子的厚度决定榫子线，同时要选好凿卯眼的凿刀。大槛框装修工程范围较大，其中包括上槛、下槛、门槛、门头、窗框、抱柱槛等诸多的榫卯结构。大槛框的榫卯，要求全部由一把凿刀完成，或者用宽度绝对相等的凿刀完成。

（7）窗框榫卯：中国古建筑的特点是无木不榫，榫卯就是中华古建筑结构中的精华。制作榫卯，关键做法同样要掌握好扫线和留线的规矩。

木匠凿卯眼、刨料、锛砍等一切制作，都是以线为准，留线是木匠制作中的总规矩，是木匠行业中的最标准做法。一块木料制成物件，制作的工艺以线道为制作标准。只要是木工制作，就必须把墨线准确地留在木上，这是木匠行制作业中首要的规矩。任何人都不可改变，变了规矩就会降低质量。

“榫”“卯”是配套工艺。只要有木构件，就有榫卯存在。古建筑门窗框架的上槛、下槛、门槛等构件，全部用榫卯结成。“卯眼”工艺，在木匠行业中称“凿眼”。凿眼在传统做法中，有着很大的讲究。槛框装修，与“大车行”

“家具行”“小木作行”等有一定的差异，建筑装修中的榫卯制作，有它的独到做法和严格要求。榫卯相交合成一套称榫卯制作。榫卯在制作工艺中要求很严格，首要任务是把凿刀的宽度，与榫子线的尺寸验证准确。弄清楚两者之间，究竟有多大的差距，差距是否能够通过锯榫子的“跟线”与“留线”解决。如果超出锯解规定的范围，就用调换凿刀和更正线道来解决。总之凿刀和“卯眼”要以墨线为准。

凿卯眼：榫卯配套要求达到松紧自如，易进难出，有密不进水的效果，才是标准的合格榫卯。一个卯眼分三道线，横断线两道，益线一道，留线就是凿卯眼时三面留线。把三方面的墨线明显地留在木上，指里口、外口和面子线。另外要求三个“正”，即里线方正、外线方正和四棱的直线方正，这样榫的内外大小就会一致。制作榫卯，要求达到一线不差的精确度。使用工具要求立得直，拿凿刀的手势左、右不偏，卯眼的小面方正垂直，达到内外一致才是合格。

木匠行业凿卯眼工艺俗称“打窟子”，这项工艺从设备到制作，有一套规范的做法。制作前首先要选择一个制作方便的场地，场内支撑工作台案，作为完成下料、配料、刨推、画线和凿卯眼的工作台。大型框槛凿卯时，选两块长形方木，是凿卯眼的衬垫木。把方木横着放在楞板案上，槛子的两头，各支一根方木让中间棱空。凿卯眼的部位与楞案的腿子垂直对正，就会产生出实在的剪力。根据卯眼的大小选用凿刀，挑选时要与榫子的墨线比对。就是把凿刀刃放在榫子线上比较，比对凿刀和卯线的吻合程度。凿刀刃的大小，限在只要不超过“跟线”和留线的范围，凿刀就是合格。

木匠干活讲究姿势，干哪一个项目就要表现出哪个项目的工作姿态。“是匠不是匠，先看三分样”，这是对匠艺人工作姿势的要求。一个经过正统师傅传教出来的匠人，每一项工艺的动作和姿势都有规矩。考核匠人水平高低，首先是工作的姿势，刨推、砍锛、上线、拉锯、凿卯眼、解榫子等每个工序和每一个动作，都有着具体的姿势要求，凿卯眼姿势是其中的要求之一。大槛框凿卯眼，一般情况是两根配成一对，大面合大面，合成一双后共同完成。既能核实错与对，又方便运作。把凿卯眼的材料大面相合后，小面朝天露出凿卯眼部位。凿卯眼时身体要紧贴楞板，跨起左大腿斜压住材料，右手执斧，左手握紧凿把的中间，手不可高出凿刀把子，防止被斧击伤。眼睛要瞅准凿子的刃部，稳而准地把凿刃安置到卯眼的里线边缘，要多留出一些白线空间。定稳刀刃以后，再落斧打击凿把。凿刀的刃子分正面和背面，正面是平行式的齐刃，背面是坡形样式。初凿第一凿，要把凿刀的平面朝里，看准线后留白线打一凿；第二凿紧跟第一凿，往前挪三毫米再打一凿，这两凿叫“打凿”；第三凿把凿刀反转过来，平正面朝外，背面朝里，在第二凿打过的刀痕上按稳凿子，重复打一凿叫“跟凿”。打完跟凿再反过来打正凿，同时把凿渣翘出。就这样反复凿打，以此类推往前凿，打到卯眼的外线时留一白线停凿。在跟凿的同时，把凿起来的“花”（屑）清理干净，跟凿就是要往外倒渣。这样打一凿跟一凿，或者打两凿跟一凿，反反复复稳妥进行。凿卯眼要心静，斧稳，最忌手忙心慌而出错。凿卯眼时要双眼瞅准凿刃，眼睛不可以看着手和刀把之处，唯恐把手打伤。更要特别注意拿凿刀的手，既不偏左，也不偏右，前后的角度也要适中，要求达到凿凿出效果，斧斧见深浅。运作凿子的同时，对榫子的长度要心中有数，根据榫子的长度掌握好卯眼的深度，既不可比榫子过深，又不可浅于榫子。卯眼过深，会影响框架的耐度，过浅会出现因为榫子长肩子出现拉缝。

（8）门口装修：门口由上槛、立槛和多项副件共同组成，是大木槛框装修中的重要组成部分。门口没有通长的下槛，中间结构是门左右设两根小下槛和两个小窗口。窗口是由小下槛、立槛和抱柱槛共同组成。主要门框，由两根长立槛从地面直通上槛，下部与地面的门槛相连。小下槛是管制窗台墙高度的标准槛框，也起着管控立槛框的作用。门口的众多槛框，全部由榫卯结构完成。门口与窗口不同，由上槛、小下槛、立槛三位合成一体。窗口的结构紧密，层次分明，门口和窗口却都有活口，下槛就是管理整体的活口，就设在与柱相交的两端。一端是单榫卯结构，另一端是活动榫子，插在柱子上，它与柱的连接关系特殊，行内称“退榫子”。“退榫子”是双榫夹一卯，插入柱中的结构，一端做成羊蹄双榫子深入插到柱中，另一端的单榫子插入门框卯眼内。退榫子安装时退入柱中，归回原位以后，与门框单卯的肩子平行，外行人绝对无法拆开。这种榫卯的特点是入可以进，出可以退，是个活动榫卯，而且还另设上下的活动范围，形成了上下左右活动自如的活槛框。退榫子是下槛的关键部位，除两头的榫卯与众不同外，下槛的其他结构和总长度不变。双卯在木匠行业中称“羊蹄榫子”，学名“夹头榫”。羊蹄榫子不锯肩子，而是中间做卯眼，两边做榫子，把单榫子改成了双榫子插入柱中，起到可进可退的作用。画线时单卯眼的实线道，变成了双榫子华线的虚线道。前后肩子改成了前后榫子，原来中间的榫子变成了卯眼，这种双榫子，入可以进，出可以退。制作时，榫子的长度深入线内，要超出原来长度的一倍，即榫线是内长一倍，这样就形成了“退榫子”。这种榫卯的特点是卯中有榫，榫中带卯，是榫卯合一的结构。这种榫卯，结构性强，应用广泛，从车匠类的耧、犁、耙、耱，到日常生活家具的制造中无处不有，用在建筑上的还有侏儒柱等。什么叫羊蹄榫，羊蹄榫子就是双榫子，在厚度的两面做榫子，中间做卯眼，前后面都设成了榫子。榫子以5分凿刀的厚度为标准。下槛的总厚度1.6寸，前后各留5分，双榫子共合1寸，中间所留的6分即是卯眼，是双榫夹一卯。这样组合的榫卯，有牢不可破的特点，可以上下活动，左右进出，有力地管控着门窗大框的安装和拆卸。不懂这种榫卯者，砸烂槛框也拆卸不开。

(9)立槛安装：立槛是门窗装修中立着的槛框。只要是立槛，无论大小，都统一做榫子，安装在卧槛上，这是木匠行业装修中的规矩。

窗口立槛由窗框槛、抱柱槛组成。上下槛安装好以后，就可以开始安装立槛。立槛的下部是平肩子，上部是带杈皮的榫子，插在上槛的扠皮榫内。杈皮和皮条线，共同组成杈皮的结构。立槛的下部是单榫，插入下槛的卯眼内，三方共同组合成檐部槛框的整体。大窗户槛框，是预制成的构件。抱柱槛主要是解决因檐柱收分造成的窗口偏斜问题，所以在安装抱柱槛的时候，要根据上下槛之间和柱的实际收分，再确定抱柱槛的宽窄。安装抱柱槛要按次序进行，先等量上部宽度，再测量下部的宽度，根据上下的实际尺寸，决定抱柱槛的宽度，最后对缝、净面、得肩、凿杈皮完成后，安装到卧槛上。安装槛框由两个匠人共同操作，先安装上部的带杈皮卯，上部榫卯合体以后，把下槛搕打下去，让立槛的榫子进入下槛卯眼内，把下槛搕上去，敲打到合卯对缝为止。上下入卯安装成功以后，把下槛羊蹄卯中间的“退榫子”，用木楔子固定封死，最后把上下活动的卯眼同样加楔塞紧。

(10)门槛安装：门口与窗口的用途不同，因而结构和做法也不尽相同。门框既是进出的通道，又是保安全防寒冷的主要设施。门口和窗口装修，只有上槛的做法相同，其他部位结构和工艺大不相同。门框由大立槛、卧门槛等两大部分组成。门口由两根大立槛和中间的额脑、勾扇、门簪，和下部的门槛、门墩、贴脚板等构件共同组成。两根大立槛是门口的主要支撑骨干。门中部的勾扇、额脑，都是连接立门槛的主要构件。额脑背后的勾扇与下部的门墩，共同管控着门扇。卧门槛和门墩嵌在地下，门墩与勾扇上下对称，同在一条直线上。门口的两旁各设小型夹耳窗户，由一对短下槛和抱柱槛共同构成。门口中间设众多构件，用榫卯相互勾拽穿插，构成了一个整体。相互之间的结构用榫卯合成，牢不可破，假如不按照程序拆卸，榫卯有断而不散架的功力。这种组合的功能，主要来源于勾扇、额脑、门槛和门墩的力量。大立槛的门框与额脑，由直榫单卯带扠皮合成，门的中部由勾扇和两个门头（门簪）贯通串联管控。下部门槛，镶嵌在两个门墩上，露7—8厘米，是留给门上的拍扇使用。大门槛的门顶设窗，门的两旁各设夹耳窗，夹耳窗的短下槛，全部由“退榫子”榫卯完成。门口众多的构件，全部由榫卯组成，这种结构产生出无穷的力量，有着牢不可破的耐力。

（二）窗扇

1.窗扇配料

窗扇是装修中的重要组成部分，也是古代建筑中用料最少，构件最小的构件，又是材料质量和工艺要求最高的项目。它是工程中结构最精细和最复杂的部分。窗户有千变万化的结构造型，它的榫卯结构因复杂而著称。窗扇的总体结构，由两个部分组成，即边框和棂子，用20余道工序完成。

窗扇安装在大木槛框之中，棂子是窗扇的窗芯，边框是窗扇四边的主材框，起定型和坚固的作用。窗扇配材料，可以把边框和棂子合在一体共同配成。窗棂和边框的规格尺寸，虽有差异，但基本相同。边框用材要求坚固结实，窗棂选材要求漂亮美观，因而二者把料配在一块，同时推刨，就可以取长补短，方便很多。材料刨成两个面以后，再划分边框和棂子，一边益线，一边挑选，两种材料就自然地划分开来。

窗户制作是一项精细的工作。由画线和制作共同完成，二者紧密配合，才能保证工程的质量。窗扇制作由画线、凿卯眼、截断、解榫子、解锯大口小口、破棂、补线、二次凿卯眼、刨单棂、划杈皮、推刨半圆面、削杈皮、锯大口、锉小口等14个工序组成。以上其中的每一个工序，都要仔细地操作。都要做到精益求精，确保一流的工艺水平。

（1）边框：边框是窗扇四周的框架，是成形的主材。窗扇规格定位，先从边框着手。决定边框，从大木槛框的里口尺寸厚度计算。窗扇装在槛框内，窗扇边框的宽度与大槛的里口厚度相同，长度要多出 6 厘米。窗框是窗扇的主框架，画线时又是窗扇的母样。从边框分空的程序，可以看到边框在窗扇结构中的作用和位置。

（2）窗扇估料：窗扇估料，分两个阶段。第一阶段，是购料前的初估算料。第二阶段，是锯料前的具体算料。第一阶段，购料前先预算出窗口的总面积，根据总面积算出购料数量。计算方法：总面积平方米 × 板厚 5 厘米，获得板材的立方米。板材立方米 +（板材立方米 × 0.3 损毫）= 应购木材的立方米。第二阶段，是锯料前用料的具体算料。统计出本工程窗扇边框的总根数，再配窗棂料。即总根数 × 2（倍）等于棂子数。这个数字是实用棂子的中间数。因为窗扇的样式不同，因此用料也不尽相同，获得中间数以后，根据图案的实际情况，再做多去少补的精确计算。

（3）窗扇配料：窗扇用料数量虽然不大，但配料是首要问题。窗扇由两种材料组成。一种是边槛料，另一种是棂子料。边槛是窗扇的外结构，棂子是窗扇的中心构架。刨推之前，两种材料的表面相似，其实边槛与棂子有着尺寸和质量的区别。主要区别在于边槛是用一个整面，棂子料是用分料，一根整料做成两根棂子，即双棂子。边框较棂子料大，为了方便制作，配料时两根棂子连在一起，成双股棂子，边框是单根制作。配料首先确定边框的大小，根据边框再定棂子的规格。门窗装修按层次计算尺寸，在一个平面上要分出多个层次，每个层次都有尺寸的来源和根据，从大槛框到小窗扇，是一环套一环形成。大槛框来源于替面的宽度，窗扇的边框宽度，来源于大槛框架的上槛和立槛。窗棂的规格，又是从窗扇边框的尺寸中产生。从大槛框和窗扇边框再到窗棂，自然地形成高和低的层次。配料时窗扇料和棂子料相差不大，可以混合到一起，是匠人的一贯做法。棂子是双股料合成，成品以后，边框比棂子要大一点，因此配荒料就不需要分开另配，到推刨以后画线时再做分配，这是一种简便的做法。从表面看，两种料很相似，很难分辨出种类来，其实边框与窗棂料有着很大的区别。边框料从色彩上比棂子料较杂，宽度和厚度大于棂子料，这是配料放线专门设成的区别。在刨成面子益线时，棂子料的大面要溢出双棂子的墨线，大面的中间多了一道墨线。从这道墨线，就清楚地分出了边框和棂子的原料。

门窗用料最显著的特点是面子和里子，朝室内的里子，全部都是平行面。从窗扇的边框、棂子，到大槛框都是平面，与大槛框相合后成一个大平面。室外的面子不但有明显的叠涩，从第一层大槛框架，到最后一层的窗扇、窗棂的小型框架，它们之间的叠涩层次都很明显，而且很有规矩。门窗室外，由一层一层、一圈一圈的叠涩组成，形成装修的特点。从上槛大框架皮条线和扠皮分层开始，每加一层就往里退缩一层，窗扇边框与棂子，明显不在一个层面上。这种叠涩做法，是古建筑装修的明显特征。

古建筑窗扇，分“百眼方格”“直棂窗”和“套角窗”，其配料有很大区别。圆形窗棂的看面是5分，百眼方格式是6分。配料开始就要分清它们的尺寸规格，防止出错。

（4）窗扇刨料：窗扇刨料，无论数目有多大，要把握好一次性刨完。刨窗料是一项最细致的制作程序。把握好一根材料，分三次完成，即刨面子、益线、刨里子。先刨两个面子，益线以后，再刨两个“里子”。推刨木料，首先要掌握具体操作工艺。刨料是对木匠功夫的考验。刨料前的准备工作很重要，把楞板整理平坦，检查木料与“戗作”是否吻合。“戗作”是固定和管制材料的小型设置，用来卡木料。“戗作”分铁、木两种，固定在楞板上。刨料首先要把木材放平，推刨同样也要放平，握推刨的手要平衡，双手用力推出。木行中有“千日推刨百日锛，拉锯只学一早晨，画线要学十余年”的传言。三年的苦练，才能够练出推刨过关达标的水平。刨料练功，也有巧劲，先掌握各个环节的要领，再逐步深入。首先是平衡度，初学推刨，推到尽头会有“磕头”的现象，即把推刨推出去后，顺势把推刨的前节跌落低下，就是刨到尽头未能保持平衡，尽头落低就是磕头现象，这是大忌。只要有这种现象，材料就会形成大弧形不合格。刨料的另一大忌就是“刀棱”形，大面和小面达不到90度直角的“方”形。这种现象木行称“刀棱”，里棱高叫“外刀棱”，外棱高叫“里刀棱”，只要刨成刀棱，就是不合格，材料就不可使用。假如用上这种不合格的料，会带来诸多麻烦，更有制不成物件的后果。

（5）窗扇画线：窗棂画线，先画样槛，即母样，做成标准样槛，再复制画成。窗扇的样式很多，图案各不相同，有时把两个小格子，连起来组成一个长形格子，有时只是单独的格子，结构很复杂。画边框的样线，必须分均单格，不漏一格地全部画完，是画样的规矩。窗户边框是根据图案分空子，首先分清边框位置是竖边框还是横边框，各有多少个“空子”。棂子的结构取决于图案的样式。窗扇的样式有数百种之多，窗棂的结构，千变万化，各不相同，但是画窗户线，学会用空子来分析，无论其结构有多么复杂，只要掌握窗扇的横向有几个空子，竖着有几个空子，就可以顺利地完成分空子画线的任务。画线的第一步，就是在样槛上分空子。掌握好有几空子后，选一立一卧两根边框，到实地去抹线。抹线要把材料放平，用画齿准确地把两头的边线画到样槛上。再根据小样的图案，计算出需要分几个空子，计算时把边框和棂子所占的尺寸全部计算进去。例如 9 根棂子分 10“空子”，5 根棂子分 6“空子”。在图样需要分成 10 空子时，计算分空子就要把 9 根棂子的厚度也加入进去再分配，分 6 空子时，也要把 5 根棂子的尺寸加入进去共同计算。这样分空子，就按一个空子、一根棂子相间地画成。棂子的宽度，要根据实际宽度准确计算。画样线分空子很严格，要求精确到丝毫不差。画样槛要把两根材料配成一对，相合后同时画。检验成功与否的方法，首先核对空子的数量，再把分好画成的边框对合起来，顺着长度推出去，形成错位的格子后，与另一个格子相对，看是否能对正。墨线相对以后，是否有错位的情况。最标准的检验方法是，把其中的一根，东头调到西头，大调重合以后，从边框线到分空的棂子线，检查是否能够完全对正。假如墨线全部对正，证明所画的样线合格。

画窗扇，掌握好成双成对地画成，忌讳单根画线。注意把立边和卧边框，分别做出记号，边框和棂子也分别做记号，统一标画到里子背面，编排以后可以混在一块。任有 10 种 20 种各不相同的窗扇，混到一块制作，不会出现误差。

边框是窗扇的保护骨架，四个拐角的榫卯，同样是检验窗扇合格的标准。所以无论活动窗扇，还是固定窗扇，四个拐角的榫卯都很重要。合格与不合格，画线是第一关键。固定窗扇和活动窗扇的榫卯，乍看基本相同，但是这两种窗扇的榫卯有很大差别。活动窗扇用的是“大进小出单割角”榫卯，固定窗扇是“单榫直鞘半割角”榫卯。这两种榫卯区别很大，而且有本质的不同。“大进小出单割角”榫卯，是一种标准的拐角榫卯，很坚固，多用在关闭型的活动扇上。 它的特点是在一个仅有 4.5 厘米厚的木材上做榫卯，既设明榫子，又藏着暗榫子。这种榫卯，是木匠割杂行业用项最多的榫卯。窗扇边框是大面朝上，小面朝外，木行称“看小面”。一个大进小出榫卯，既有通榫子，又设暗榫子，是很精细的结构。画线首先掌握好规矩，画榫线要把 4.5 厘米分成 5 等分，其中通榫子用 2 等分，暗榫子 2 等分，还剩一等分，是留在外边的平行部分，这一等分既不做榫也不做卯，是专门留出平肩子的空项。榫子线划分好横格以后，先益榫子线，再益卯眼线。榫子线是顺着材料画五分线。五分线内，还益一道三分线，这根三分线，是面上的割角线，五分线是凿卯眼的线。画拐角榫卯线的同时，益成棂子的榫线。棂子榫线是五分线，与拐角的割角线相同。棂子窗扇的核心是单榫子插在边槛上。窗扇边槛是 1 寸 3 分宽，棂子的厚度是 8 分，相差 5 分，是做卯眼的范围，是单榫子插入边框的中间卯眼，留前肩子。画线道要表述清楚，使制作人员一看就懂。画线要头脑冷静，分清大面、小面、华线、实线、断线、方斜线、肩子线和各种益线与关线等诸多墨线的位置和画法，要做到清晰准确。窗扇的四角榫卯画成以后，中间是棂子的卯眼线。棂子是后跌肩单榫子，窗框中间是卯眼线，线画在中间。

①边框抹线：画窗扇先要落实窗口的准确尺寸。把边框料放到窗口侧旁，用画齿精准地把窗口尺寸画在材料上，木行称“抹线”。抹线是实地等量，是木匠行业最准确的办法，是制作的首要程序。把楞板清理干净后，窗框料和棂子料分别垛在工作台上。先检查墨斗和画齿是否合格，画齿能否达到含墨充足的要求，“线益子”是否准确，弯尺和方斜尺的角度是否“方正”，检查好画线工具以后，才正式进入窗户的画线。首先落实每间窗扇图案的样式，再到现场实抹窗口的规格。不用旧计划中的原始尺寸，因为大木构架原图纸，与完成后的尺寸，总会有一定的出入，最稳妥的方法是实地等量，准确地抹线画成。一扇窗扇四个边，立边和卧边，横竖各两根边框，精准地分别抹成样槛，并编号做出记号。无论有多少窗扇，全部认真地，一扇一扇地去抹线，一件一件地记录。抹线要准确，把误差缩到最小，还要把样槛标记清晰，在编排号数时不允许出现任何误差。

发现同一窗户上的尺寸有误差，要及时地处理。处理窗口误差，要分清窗扇的属性。窗扇分两种，一种是活动窗，另一种是固定窗。搞清是活动窗扇的误差，还是固定窗扇有误差。这两种窗框的位置和结构不同，解决误差的办法也不尽相同，要分别对待。活动窗扇的拉缝，一般在两毫米之间，画线时就要适当地留出“拉缝”。这个“拉缝”就是活动的范围，因此可以按短边的尺寸定位。固定窗扇必须以长边线为定位的标准线。固定窗扇要大于窗框，以 2 毫米为标准，固定窗扇安装时不留缝隙为标准。所以边槛在抹线时就要认真考虑好，两种窗户画线的留线问题要处理好。假如发现边框的差距超出了 5 毫米—6 毫米，或者更多的情况时，要列入特殊情况，用特殊的办法解决。这个有误差的窗扇，在保留图案不变的情况下，单独为它分空子画线。但是必须做好特殊记号，防止与其他正常窗扇混淆出错。

②图案：把设计的图案画在木板和纸上，木行统称"打小样"，无论何种样式的窗扇，画线前先画出小样。小样又叫样普，是窗扇的图纸。把具体的格式画在边框上，称画线分空子，与画窗户的"打小样"不是一回事。画"小样"只标出窗扇的图案结构造型即成。画边框样槛，是根据小样的造型，具体地分出窗扇格子，木行中称"摊空子"。窗扇的高度、宽度和多少空子都不会相同，因此空子不能相互代替，更不需要统一起来。做窗扇分空子，遇到横格、竖格尺寸的差距太大时，就要考虑改变窗扇的图案，但是摊好的"空子"，不可随意改变，来弥补其中的差距和不足。

（6）窗扇结构：窗扇由边框和棂子合成。棂子是窗扇的中间部分，由各种类型的图案组成。边框是四面的构架，担负着管控窗扇的任务，起坚固作用。窗扇有两种：①固定窗扇，多设在偏旁的夹耳窗、门顶窗等部位。这些部位一般情况不开扇，属固定窗位。固定窗扇的棂子与活动窗扇的棂子工艺相同，边框四个拐角的榫卯却大不相同，固定窗扇是常规单一的直榫子完成。②活动窗扇，是经常开关的窗扇，榫卯的结构特殊，四拐角的榫卯是一种大进小出榫卯。 大进小出榫卯因为特殊而闻名木行。大进小出榫卯，因入口大出口小而得名。它的小榫是个通榫子，一直通出到对面。进口处的榫子是连体榫，体积大，起着坚固的作用。入口时通榫与小榫相连，进入卯眼的中间，大榫子就去掉了一半，留着小榫子做通榫子，这就是大进小出榫卯的特点。相通的长榫子只露小榫，大进的半榫短而坚固，小型通榫子起串联作用，大进的半榫子很有耐力，对窗扇有强大的拉拽力。第二个优秀之处，是拐角的割角结构，由 45 度斜割角合成，形成了立木的力量，利用了木材的最大优势。正中的榫卯是大进小出，榫卯与面上的斜割角之间，多了一个夹层式榫卯，其中的夹层也形成了榫卯结构，这样就又多出了一层榫卯，是额外增加了一股力量。这种工艺把大进小出的榫卯，分成了诸多结构，真正地形成了你中有我，我中有你的复杂环节，由此产生了榫中卯和卯中榫，是"大进小出"榫卯的最优秀之处，也体现出了古建筑榫卯结构的独特艺术。

（7）窗棂造型：棂子的分布是根据图案形成，而且根数也无一定的规则。边框是固定的格式，一件窗扇四个边，棂子与边框相交的榫卯，在任何情况下都不会改变边框是卯眼，棂子是榫子的结构关系。窗棂看面的形状，大体分以下四种造型：

①花线道直窗棂：是一种传统古老的窗棂，窗棂的看面很宽，与边框宽度相同，两边各凿一道鞭杆线道作为装饰。以直棂为主，卧式的棂子是一根串条串成，分上、中、下，从侧旁串入直棂之内。串条是与直棂、窗框宽度相等，但是厚度只有3分（1厘米）的薄木条。远看是窗棂，实际是把多根直棂用薄木条贯串的结构，多为古式羊栏直棂样式。

②半圆形窗棂：是近百年中最流行的样式。窗棂的断面呈长方形，规格8分×5分。5分的窄面朝前，朝前的看面是半圆形权皮结构，后面与边框平行。由不露头的半榫子榫卯构成，与边框相交处，用后跌肩的单榫插入边框之中。

③圆柱形窗棂：是一种最精细带前后扠皮的窗棂，材质多为榆木做成。清末曾出现在北方老财们的轿车窗户上，工艺非常精湛，在建筑装修中概没有见到。

④平线直棂窗：表面看是直面形的窗棂，窗棂的看面做成花线道，用花线刨推刨而成。这种窗棂是前后跌肩无权皮，留中间的榫子结成，前后肩均为齐肩子，多为百眼窗。二十世纪中期才被半弧形的圆窗棂取代。

（8）窗棂制作工艺：半圆形窗棂始于清朝晚期，兴盛于二十世纪七十年代，至今广泛流传。这种做法坚固、秀丽。特点：前扠皮，后齐肩，不通头的半榫卯，制作的工序较为精细复杂。由配料开始，刨料、益线、画线、打截、锯榫、凿卯眼、锯开双棂、溜（刨）棂、画线、划扠皮、削权皮和做鸳鸯交判口、分类、组合。这种格式的窗棂由众多工序完成，每道工序都非常精细。

窗棂画线：制作半圆形窗棂，行话叫开二材制作，即一根棂料含2根棂子。由多道工序完成，明显分两大程序。把刨成的窗棂从大面料中溢出墨线，自然从棂的中间画成锯口，是分成双棂子的标志。设双棂的原因，是窗棂单料的体积很小，权皮和榫卯等体积更小，棂子榫卯的厚度只有2分（合7毫米）。2分凿刀是木匠行业中最小的凿刀之一。中间的榫卯全是“半榫子”，假如棂子做成通卯眼，它的厚度只有5分，将会影响到棂子的耐度。半榫子是卯不凿通，榫不露头，这种做法不但可增加棂子的耐度，而且对窗户的美观起着很大作用。制作半榫子难度较大，画线是第一关。注意棂子线要成双成对地画成，不可以单股独立制作。棂子画线华线最多，每一道华线都要表示明白，如果出现误差，会给窗棂组装带来困难。因此分辨棂子的反、正面，要格外地细心，双棂子锯开以后还要补凿很多卯眼，这是画线中注意的事项。

"五分线"是指棂子的厚度，无论画榫子或者画卯眼，只要是棂子结构，都离不开"五分线"。其中凿卯眼的位置要画五分线，做榫的长度也需要五分线，就连杈皮的十字线也是从五分线中产生。其中最不直接需要的后肩子，也必须在棂子的面上画成五分线用来表示榫卯。最要注意的是重叠窗棂的交判榫卯，它是由大口小口相合形成，称"鸳鸯交口"线。这种榫卯画线，既要画出实线，又要画出虚线，前面的看面还要画成四层线，这种做法只有鸳鸯交口线独有。窗扇中常出现的"万"字、"寿"字、"灯笼"等窗户棂子，交差重叠处就是这种做法。这些窗形的结构，都有双棂重叠的交判榫卯。鸳鸯交口式榫卯，是唯一解决双棂重叠的工艺，画线时很容易混淆它们的大口小口、反面正面，所以特别注意要分清楚上口和下口的位置。第二要点，是华线和实线的应用，画线要掌握好线的表示方法。最容易出错的部位，是鸳鸯交口的上口和下口线，还有割角榫卯的分辨线。这两处是棂子部位常出问题的难点部位，画线时需格外小心。只要分清横向卯眼和纵向榫子的关系，交口线就不会有错。所以在未动手画线之前，就必须先把交口的上口和下口确定下来，尽早地形成一个标准性的画线计划，就会解决判口的难题。

鸳鸯交口线，华线和实线并用叫小口，背面的里子，画两道实线叫大口，这样就清晰地表示了鸳鸯交口的判口。一根棂子任有多么复杂的线道，弄清表示线，就可以分出交判口是榫线还是卯线。另一个要点，棂子拐角处 45 度角的割角榫卯线，无论窗户有多么复杂和多大的变化，只要掌握好画线的规律，头脑会保持清醒，就不会产生任何误判和错画，最终会达到画线准确、线道清晰的效果。

②窗棂榫卯：凿卯眼是木匠行业中最精准的工艺，优秀木业制品的好坏，主要取决于榫卯的质量。建筑工程装修也是如此。窗扇是装修工程的主要项目之一，其中的榫卯，代表着工艺质量，也关系到整体的制作水平。

窗棂榫的规格宽5分，厚2分，深3分，用2分凿刀凿成，是制作中的精细活儿。用2分凿刀凿成3分深的半榫子，对初学者是一件很不容易的事，从专业的匠人来讲，却不是太难的工艺。熟能生巧，巧就是功夫。木匠工作是一项有硬功夫的职业，其中的劈、砍、锛、凿、刨、锯等这些实做工艺，全凭练就的一身硬功夫，才能成为师傅。所以木行中常说"工夫是巧"，"不依规矩不成方圆"。象凿窗棂子这样小的卯眼，必须具备一定条件才能够顺利完成。第一要求是木材的质量，木材要具备无筋有骨，就是凿刀切下去的面是齐茬，凿刃切木时不会形成纠木和带木的现象。要求木材有软中带硬，具有这个特点的料，就数柳木最好。窗棂榫卯在古建筑中是最小的榫卯，也是数量最多最复杂的榫卯，更是精确度最高的榫卯。制作这样的榫卯，必须具备三个方面的条件。第一木材达标，第二刀具合格，第三匠人的技术过关。凿卯眼前要做好充分的准备工作，把楞板上面推光刨平，要求棂子放上去紧贴板面。使用的刀具必须磨合到锋利无比的程度。在具体操作时要稳中有细，左腿的腿股压紧凿卯眼的材料，左手凿刀，右手执斧。下凿刀要把握好左右垂直，运作凿刀先从怀内安刀往外凿，齐锋对在人体的怀内。按凿刀倒留线，离开墨线，且退出一大白线，叫倒留线或留白线。第一刀较轻地打一凿，把木的丝纹轧断。第二刀就将刀锋反过来，调到齐刃朝外，凿刃的坡面朝里，放在第一刀铡过的刀口上，往外推出一毫米，凿把子朝前倾斜到70度再铡一刀。第二刀叫"跟刀"，同时把木屑挑出。第三刀与第一刀相似。每打一次，往前挪一毫米，这样凿一刀紧跟一刀，翻来覆去地凿，用斧的力度不可太大。凿到五六凿时，已经接近深度和长度，就把凿子的齐锋安在怀里的线上，定稳刀安准线后，把第一刀所留的白线，准确无误地凿下，同时对另一个边线也要留线凿成。要求四个边方正准确，达到榫内榫外大小方正相等。

③锯榫刨棂：完成凿卯眼以后，再开始锯榫。窗棂解榫和凿卯眼是配套工艺，二者同等重要，锯榫的时候也要仔细。解榫子是用锯子完成，选择最小号锯齿的锯子解锯小榫子。解锯之前，对锯齿的料仔细检查，用锉刀把锯齿整修成一条线，锯齿锉磨到方正锋利，先打截后再解锯榫子。制作窗棂由锯榫、跌肩、滚圆面、削杈皮等多道工序完成。凿卯眼完成以后的第一道工序是"打截"锯断。把长棂子锯成小圪节，木行中称"打截"。打截时遇到鸳鸯榫卯，要同时把大口小口锯成。下锯之前分清如何锯法，鸳鸯大

口的5分线，是锯背面，叫锯里口。鸳鸯小口3分线，是在看面上，叫锯外口。打截时，把所要锯的横断线全部锯完。打截完成后的第二道工序是“解榫”，解榫是顺着木材解锯榫子。凡是棂子，无论长短，全是双棂，双棂的两头是双榫，两根棂子合并在一块解卯，是一卯锯成两根。解锯榫子要分清楚面子和里子，凿卯眼是靠着前面的墨线留线凿成，所以解榫要靠面子扫线锯成，是增亏相抵的意思，假如锯子的料小，也可以跟线锯成。直榫子是由两根直线组成，第一根线是面子线，第二根线就是榫子的大小线。锯解第二道线，要根据凿刀刃子的宽度，确定锯榫子跟线还是留线。准确地把凿刃放在锯成的榫子线上比较，得出是留线还是跟线的决定。但是制作榫卯的主导思想是偏紧不偏松，根据实际情况来决定留线和扫线的松紧问题。

④二次刨棂：窗棂由两根单棂合成一组，每根窗棂单体的宽度是5分。单根棂子体积小，不便于制作，因此把两根单棂合并成连体的双股，这样便于“解榫子”和“凿卯眼”的工序。榫卯完成以后，把双棂再分开，因而产生出后期“锯双棂”和“刨棂”的工序。第二次刨棂很仔细，完成以后，是划杈皮工序。用小型锯子在杈皮的方格线上，锯一个对角斜尖形十字线，就是做杈皮的斜线，深度以一半为准。下一程序是刨圆面和削杈皮。

⑤削杈皮：窗棂的刨圆面工序很精细，用圆推刨把四方形棂子刨成圆面，刨之前先划斜十字形杈皮线，叫“川尖杈皮”。“川尖杈皮”完成后刨圆面，注意两面的高低平行。削杈皮是窗扇最精湛的工艺之一，用窄条小锯，顺着杈皮线拐弯锯成弧形，去核后杈皮薄如纸，

锯窗棂川尖杈皮，有相关的做法和要求。首先选好工作场地，把窗棂集中起来放到楞板上，选用楞板的一个拐角做工作台。在楞板拐角的边缘角上，固定一个4寸大铁钉，削杈皮的人员坐小板凳，胸部与楞板的高度平行，左手拿窗棂，把杈皮靠紧铁钉并握紧材料，右手拿削锯，准确地顺着棂子的半圆形十字杈皮，把榫内的多余木核锯掉。锯杈皮注意两点，第一点，锯到杈皮圆弧拐弯的时候，榫子线和后肩子线要对成一线。第二点，锯杈皮是横着使锯，把锯端平，掌握成90度是合格。锯一个样品先入卯试验，总结经验后再继续。

装修一幢四合院建筑，窗棂的杈皮数以千计，削杈皮是制作窗棂的最后工序，也是最精细的工艺之一。削杈皮工艺要求手快和锯快，用特小型号的专用削锯，锯条宽度在4—5毫米之间，锯齿不到一毫米，一丝不苟地

留线锯成，才能保证杈皮的合卯对缝。

2.窗扇组装

组装窗扇，根据编号的分类照图安装。第一步工作，是根据编排的记号把不同类型的窗棂，按号分开。一扇窗户要分出立棂和卧棂两类，边框和棂子按号配成一套。立棂和立窗槛统一编号，卧窗槛和卧窗棂的编号也要统一。把记号分清后，纵向和横向窗棂就一目了然，只要画线不出现错误，组合安装就会顺利完成。画线是成双配对，组装窗扇，同样是寻找对称。安装要根据画线规则，从里到外进行。先从窗扇的棂子中心开始组装，再组装边框的窗槛，最后安装雕饰部分。组装完成以后，再完成四拐角的磨合工作。磨合工艺，属收尾工序，分两项：磨缝子，木楔加固。这两个程序是组装和修整不可缺少的工序，帮助窗扇完成到最佳状态。

（1）磨缝子：又叫“割角”，是用小型锯子锯磨窗框四个拐角的接缝，主要解决边框的角缝问题。把拐角的 45 度斜角线，修理成合卯对缝，是重要工序。窗扇四边由 4 根不同方向的边框构成，拐角成 45 度，用榫卯相连。各个角缝会出现因留线而产生的多余部分，解决多余部分的工艺就是“割角”。用锯子磨缝的工艺，是最好的修整办法，因此这种做法在木匠行业中经常使用，收尾中起重要作用。割角前先核准窗扇框架，是否成 90 度的正方形。校正以后，再用净面推刨把割角交汇处刨平，用小料锯子顺着 45 度角的斜角线仔细锯磨。锯口的深度与榫子持平，注意锯伤和锯断榫子。割角磨合用锯时，忌讳左右摇晃，掌握稳锯子直线而下。每锯磨一次后，把缝敲打到合缝后再磨，最终达到榫卯与墨线实际边框吻合。固定窗扇的四角榫卯，不需要加楔，锯磨合格后，就可以直接安装到窗框的大架内。活动窗扇有所不同，因为它经常关闭，不但要求方正规矩，还要求达到永不变形的效果。活动窗的四个角，是“大进小出”榫卯，通过加楔才能永固。

（2）木楔加固：大进小出榫卯，是活动窗扇的关键结构，有特殊的功能和作用。为了窗扇经久耐用，工序中多一道加楔子的程序，即把木楔子蘸胶打入榫卯内，起加固的作用。

古建筑工程中，力道最大，要数楔子的力量。无论何种物体，只要掌握和应用好楔子的力道，都会产生一种牢不可破的无穷力量。加楔工作比较简单，备好木楔和水胶即可。一扇窗扇四个拐角，砍木楔子要有数量估计。木楔子分根部和刃部，根部承受着斧锤的敲打，刃部是往榫子里硬钻的刃锋部分，所以挑选木楔子的原料很有讲究。木楔子选料，要求顺木纹容易分割的木材，选准的木材要既有韧度又有硬度，砍成的楔子，梢部会出现锋刃，既坚实又有骨头，否则钻不进木料的内部。砍楔子常用的木料有榆木，房屋装修多用柳木，桦木材虽然不是好材料，但是做楔子最好。无论选哪种材料，谨记用顺纹道和正树身的大料板材最好。把原料锯成宽8厘米×长6厘米的木块，用木工利斧把方木块砍成与榫卯宽度相同的木片。砍开的薄片不要挪位，原位重叠。先用斧刃把木片砍成斜茬后，左手倒反过来虎口朝上，拇指与其他指分开，倒着掐住木块，右手执斧刃平放在立木的顶端，大拇指卡住斧头，四个指头顺着斧头朝下卡在木片上，两手同时把木块和斧子提离地面，利用落地的冲力把楔子破下来。每次可以砍成三四个，以此办法类推，一直到完成。

窗扇加楔子是正常工序，每个木业工程，最后都要有加楔子工序，这个工序是木匠行业中不可缺少的重要程序，家具工艺更是这样。在木做的物件中，只有古战车和马拉的大车辕，不允许加楔，但是另有一套做法工艺。除此之外，在木行百业中没有不加楔子的木作。加楔窗扇是两个类型，一种是活动窗扇，另一种是固定窗扇。活动窗扇加全楔，固定窗扇加半楔。固定窗扇只在有通长棂子部分加楔，叫半楔。活动窗扇不但窗扇的四角加楔，有通长的棂子也要加楔。主要加楔重点，在四个角的大进小出榫卯处，还必须加破头楔。加木楔不但有坚固作用，还可以解决框架的方正和掂角等诸多不规矩的造型问题。

窗扇加楔由两个匠人配合完成。加楔前做好准备工作：砍楔子，熬水胶，准备凿刀和窗扇掞衬的垫木。准备就绪，两人对坐合作。一人执弯尺测量窗扇的方正，另一人用双脚分别蹬在地下的窗扇角上。先测量后再加楔，用单眼瞅看四个角是否平行，假如窗扇是规矩的，不需要整修，就选用常规加楔办法，把两个拐角的卯上，各设二个木楔，先加外边楔，再加破头楔。外边楔是管理方正的楔，破头楔是坚固不变形的楔。加楔之前要观察和分析好，楔加在什么地方合适，窗扇应该向哪一个方向倾斜，需要出多大的劲道。遇到榫子有拉缝时，先在榫子拉缝空间，补一个木楔，再加破头楔。为了防止出现不规矩现象，先在榫子的里角缝上，插一个保护楔，掌握好外楔和里楔，要同时加紧。发现其中某一方面有问题，可以用“偏头楔”和“破头楔”分解和解决。破头楔很关键，这种楔可以把不规矩的框架，整合到达标。相反，也可以把合格的框架，整合到不合规格，所以加楔的下斧分量，要掌握到恰到好处。“破头楔”是加在出头榫子的正中，因为要破榫而入，才被称为破头楔。用凿刃对准露头的榫子中间凿一刀，凿成楔道后，木楔蘸胶插入缝中，用斧钉进去。破头楔子把榫子冲开，让榫子涨大，要想拔出非常困难。因此加破头楔子时，要考虑好需要怎么实施，这种做法叫一锤定型的工艺。破头楔安在什么位置，很有讲究，如果窗框朝外斜，就把破头楔子安在外角处，相反窗框朝里斜，就把楔子加到里角处。发现四角不平，有踮脚的现象，就用力把窗扇扳到踮脚的相反角度，加紧破头楔，踮脚情况就会迎刃而解。总之加“破头楔”是一道非常重要的工序，也是匠人师傅的看家本领。楔道的技巧无处不有，只有多实践，才能掌握楔道的真谛，用起来得心应手。

（三）串板门扇

串板门与建筑是同根同源，历史最长，唐代五台山佛光寺东大殿的殿门就是串板门。串板门的应用范围广泛，上至故宫的宫门，下至民居民宅建筑中的院门、房门和家门，无不体现着串板门的存在。明朝和清朝，民宅建筑的房门出现了隔扇式门，还有在门的外部又加了一层门，就是今天还能看到的“连架门”。

中国古建筑的门，有多种多样，但是规矩结构只有一种，即串板门。最高大宏伟的串板门是城门，民居建筑中的“家门”是串板门中最小的普通门。无论是最大的城门，还是最小的家门，只要是串板门，都脱离不开串板门的做法和规矩。

门扇是门部位中的主要构件，北方串板门的门扇，是榆树的主杆材料制成，而且要求多年的陈干材料。一棵榆树从刨倒解锯成板材，最少要搁置三四个春秋才能使用。门板的质量要求表面无节疤。串板家门是用多块板子对缝粘成，其结构由管扇、门板、横带、梯子（木梢）等构件共同组成。管扇起转轴作用，是门扇的主件，管扇厚度 1.5 寸，合 5 厘米左右，门板的厚度约 1 寸，合 3.3 厘米左右。门板分中板和闭口，闭口就是两门相合的正中，闭口要挑选无缺点的板材。管扇是门扇的活动转轴，转轴直径为5厘米，所以管扇的厚度同样要求5厘米。管扇的上部与勾扇相连，下部安装在门墩上，门窟子圆径，与管扇的轴径相等。家门配料与其他配料相同，要掌握好两扇为一合，对称配成。先配管扇，它是门扇的样板，有了样板再配其他部位。

串门带和门扇对缝，是木匠行业中技术较高的工艺，是考核匠艺人功夫的关键项目。建国初期，国家实行工人评级制度，工程建筑行业木匠技工级别，分六个档次。最低3级学徒工，最高8级。招工评级，考试5级工人，就设立了对缝子，对缝子不合格，只能被划入4级工中。对缝工艺的立项，也分成三个类型。木板长度在一米左右，是一个类型，2米左右是第二个类型，3米或3米以上长度时，就是高级别的类型。家门板长1.8米左右，属二类的中等级别。木匠行业的对缝，是木匠的较高本领。行话说"千日推刨百日锛，拉锯只学一早晨"。从"拉锯只学一早晨"的行话中，就可以理解木匠对缝子的难度。其实学拉锯，学习半年时间才能熟习。把半年日期说成一早晨学会，可想而知对缝子的三年又是何种意思。对缝工艺对操作中的各个环节，要求相对较高。对缝有"五平"和"三稳"的要求。"五平"即刨床的底部平、刨床的手柄平、刨子的刨刃平、木板的小面要立得平、把握推刨的双手要放得平。"三稳"是楞板稳、木板立得稳、双手要把得稳。手工对缝从实际操作来讲，除匠人的技巧是练成的外，其他条件均为准备工作和自创的条件。首先在对缝实施前，要做很多的准备工作。怎样才能做好这些工作，只有脚踏实去做，认真地完成。

1.串门工艺

家门在民宅建筑中有特殊地位和作用。制作家门，是木匠行业考核艺人技术和用胶的项目。串成的新家门，当时就要安装到门框上，接受风吹日晒雨淋的检验。技术不过关，质量不到位，就有当年开裂的危险。要想保质保量地串好一合家门，就要具备足够的条件，才能闯过质量关。质量关包括四个条件：①优质的陈干木材，②精湛的对缝技艺，③高质量的串带工艺，④最佳的胶鳔粘合剂。

门扇和窗扇是木匠装修中的最后工程，也是民宅建筑中最精确最详细的工艺。门窗装修样式很广泛，有多种多样的体裁和格式。门窗是建筑的门面，要求美观、大气、坚固，而且地区的特点很强。

门是建筑的进出口，是建筑的重要组成部分，制作一合串板门要经过好多个工序才能够完成。即选木材、木材加工、配料、锯料、刨料、放线、凿卯眼、对缝、粘合、串带、安装等十余道工序。串板门虽然规模不同,但是制作程序相同。民宅家门的串板门,虽然是最小的串板门,但是制作的程序同样复杂,不可忽视。串板门配料,要根据规模筹划,分大型街门和小型家门类。民宅建筑中的家门称小型门,院门到城门均是大型串板门。门的原料,在北方均由榆木料构成。民居建筑的家门用料,除管扇部分使用榆木外,其他门板和闭口原料多用柳木和杨木等木料配制。

2.串板门备料

制作串板门,首先是选木材和配料。串板门的材质,最基本的要求是干透的陈年木材。古建筑中凡是用胶粘的木材,首先要求是陈年木材。串板门是大型的粘胶工艺,更有高质量标准要求。现刨的活树做装修木材,必须经过木材加工,三年以后才能使用。备料的第一步是解锯板材,先把体积大的树材解锯成“半子板”和“栋子板”保存起来。一棵原木树材,顺着木材锯解成两半,木行中叫“半子板”。中间留一块,两边锯两块,解锯成三块的中间板叫“栋子板”。这两种板全都是厚板,把原木锯开,主要解决木材的少裂纹和不虫蛀等问题,原木锯开就有了风干的条件。把锯成的栋子板,叠摞到通风好、受光好、向阳露天的空旷地方,经过三个春夏秋冬自然风吹和日晒雨淋后,湿树材基本干透。再进行第二道工序,提前一年把“半子板”和“栋子板”第二次锯解成计划用的规格板材,保存到通风、干燥、防雨的室内,不再接受雨淋,行内称“阴干”材料,就是串门装修的合格原料。

3.串板门配料

串板门扇由管扇、门板、闭口、横带和裤(梢)子等共同组合构成。串板门的具体做法,是先把管扇做成,以管扇为标准,再配制门板和闭口。串板门首选做管扇的材料。管扇即门转子,是串板门的重要构件。管扇的上下端是门扇转轴,由它带动着门扇开闭。管扇的上转轴与勾扇相交,下转轴插入门墩之内,上下管控着开门和闭门。管扇比门板厚,门板的厚度占管扇的三分之二。老式门板厚度一般在 1 寸—1.2 寸之间。管扇厚度多与大木框槛的厚度相同,约 1.5 寸左右。管扇和门板面子是一个平面,背面管扇高于门板。这个差别有两个原因:①管扇与门板是用八字形横带串在门板上。横带串到管扇部位时,就转换成了榫卯形结构,带上的榫子插入管扇卯眼内合成整体,就增加了拉拽力。②管扇厚,门扇薄,为减轻管扇和勾扇等构件的负荷，门板薄于管扇，便于灵活转动。

管扇与门板相连，上部插入勾扇部分叫上门转，下部插入门墩的门穴中叫下门转。门扇的面子平光方正，里子高低不平，看似做工简单，制作起来却是一项很有难度的工艺。管扇是门扇的主体和标尺，所以第一道工序是管扇制作。下料之前，首先计划出管扇的尺寸规格。管扇尺寸是从门口的规格中得来。管扇长度从下部的门墩至上部勾扇的上平面，下部要长画出一寸，作为多余部分。俗话说“长木匠，短铁匠”，这句脍炙人口的名言，就是给出了匠人配料的规矩。所以木匠在备荒料时，无论是哪个项目都会有余地。串板门先完成管扇配料，以管扇为样板，再配门板料。管扇下料成对配成，做法与门窗的大框架装修基本相同。刨料同样先选出“面子”，用大推刨刨平刨方，形成 90 度直角。在面子上做好记号后，再“益线”做出厚度。把线道画在管扇上后，再配门板的料。管扇画线，小棱相对，大面朝上，对正放平以后，用弯尺测量和画线。门扇是装修中的大构件，线道不算复杂，主要技术是“对缝子”“粘胶”和“串带”。画线和配料同样把握准确。摆正管扇的材料以后，从门扇的下部往上画，先画下部的下转轴线，下转轴暂定高度为一寸，再从下转轴线往上画。转轴的底线往外加长一寸，是门板的长度，门板拍在门槛上的宽度是一寸。门板上部长度与勾扇平行，长度与管扇的总高相等，是对缝粘胶的长头；梯子是门板上唯一的榫卯，从底线往上 3 寸部位画梯（销）子线。梯子的规格宽 1 寸长 2 寸，卯眼用三分凿子凿成。家门“横带”上下各一根。画横带从管扇的两端，分别向内一尺是横带的中线。带宽 8 厘米分中线，左右各画出 4 厘米（一寸二分）。管扇的样线只画花线，串带的“卯眼”是通线。画门板高度，把等杆放到门穴内，上部与勾扇上面平行，是门板的总高。总长度要画成双线道的锯断线。串带的中线左右，分别画 3 分花线的带口线。门扇益线，是顺着木料的顺纹画线，把串带的深浅线和梯（销）子的榫线一并益成。管扇大面只画上下的轴线。门转的厚度是 5 厘米，转轴的宽度同样要益成 5 厘米（方形）。门板厚度按 1 寸计算，带口的深度按 4∶6 设计。1 寸中的 6 分做带的地子，4 分是带口的深度，管扇与带是榫卯结构，益好的榫线用 5 分凿刀完成。管扇是门扇的样线，门板根据管扇配制。把画好的管扇摆到楞板上，两管扇的转轴朝外，小面朝里相合。量出两扇门的总宽度后，另加宽 2 寸对缝的消耗，空出中间门板和闭口的空间，用弯尺拉线测出两管扇的方正。门板嵌入到管扇之间，门扇宽度在不相等的情况下，可以拉开距离填补到合格，最后统一编号。

编号是做记号，要在门扇的面子上完成。把墨线的一头按在门板中间，固定不动，另一头可以左右挪动，形成三角的几何形状，弹三四道斜线做成记号线，两块门扇记号线不可相同。下面的程序是制作。首先整理荒缝子，把门板的小面用长推刨推直刨平。对缝之前先完成梯子的卯眼和管扇带的卯眼，梯子深度与宽度相同。凿卯眼时凿刀要左右立直，否则凿成的榫会形成偏缝子，一面呈凹形，另一面呈凸形，是粘缝工艺的大忌。梯子是连接门板的榫卯，安装梯（销）子，要求一头插紧，另一头略松，这样便于粘胶。对缝子、串带开槽、水胶粘缝，这些工序虽然算不上复杂，但是工序之间联系紧密，其中有一项不达标准，就会影响到门扇的整体质量。

4.门板对缝

两块木板用推刨对合成无缝隙的工艺过程，木行称“对缝”。手快不如刀快，对缝的刨刃锋利是首要条件。刀快的关键技巧是磨刨刃。刨推材料分类很多，要根据不同的情况磨制刀刃。刨刃的磨法分多种，对缝工艺磨刃是其中之一。推荒材料磨刨刃，是把刃部磨成微带圆弧形状，这样用起来既省力，工作效果又明显。对缝推刨和净面小推刨的磨刃法，因用项不同，磨刃也不相同，要求刨刃达到绝对平直，而且刃部下面的斜度同时要放缓放平。对缝刨刃要用粗细两种磨石磨，先用含砂较多的粗磨石拉荒，刃的部位摩擦到出现卷丝，再改用细磨石磨。细磨石是一种含砂少，质地软的磨刀石，这种石块，是结构细腻的石材。细磨石磨刀称“割刃”。“割刃”是术语，就是用细磨石仔细地反复平磨刀刃，直到合格。磨刃时要把刃子放平，与磨石相合，多次地反复磨，直到锋利为止。刨刃要保持绝对直线平行，这样才能确保缝子的质量。磨成功的刨刃，要达到刮汗毛即断的锋利程度。木匠行业中广泛流传着“是匠不是匠，就看三分好做仗（工具）”的说法，是指匠人技术高低，全部体现在修整工具的技艺之中。有一流修整工具的技术，才会有一流工艺的技术水平。

家门板“对缝”是对缝中的中型工程，但也是重要工程。门扇对缝之前，先凿成带的卯眼和梯子卯眼后，再实施对缝，根据门扇的编号，按顺序对缝。首先固定门板，把门板一头卡在设好的“戗枷”内，另一头放入板凳上的小“枷床”口内，立正门板，用木楔加紧。如有歪斜的情况，在小枷床的两头支木楔，用增高和降低的掞衬办法取平。木板向左倾斜，可加高左边，向右倾斜加高右边，直到板面垂直为止。对缝分两个步骤完成：①“拉荒缝”，是木匠行业的术语，就是整大形。②细刨，正式对缝。门扇对缝先从管扇开始，管扇是第一道缝子，是开头缝，开头缝很重要，这道缝子是考核匠人的真功夫。首先试眼功，眼的功夫就是巧看，用单眼顺着木板看准小棱面，从小棱顺着一端往另一端看。眼前端的小棱就是标尺，瞅准小棱往对面看，来辨别中间的平和直，这是考核眼力的功夫和技巧。首先分析踮脚的差距有多少，再识别缝子中间是弓形还是凹形。推刨时，先解决高点，再解决踮角。根据顺序一边眼看，一边刨推，一个一个地解决。依靠过硬的推刨功夫，把板的小面统一到直线上。老艺人常说“功夫是巧，熟能生巧”，木板对缝的“巧”也是从实践中得来。对缝的功夫更是一种“巧”劲，要从千日推刨的经验中寻找。推刨对缝不可能一蹴而就，要掌握好它的要点。对缝既要会出力，还要会出智，首先掌握好拉荒缝的刨料技巧。刨荒缝两手握紧刨柄，挺胸凹腰，闪开肩膀用力猛推，利用猛劲，就是一种冲劲。板子对长缝的姿势要挺起胸，弓起腿，拉长腰，走稳步，慢跨步，从板子的一头推到另一头。要有步伐稳健的耐力，是沉稳劲道，把全身的力量集于两腿、两臂和两手之间，全神贯注健行于足下。第一轮刨过以后仔细观察，再找出平行面上的高点和低点，进行第二轮拉平。缝子近于合格状态时，进入“通拉”阶段。用对缝长推刨进行“通拉”(术语)，是对缝的拉平工艺。做法是双手定稳刨床，用力要均匀，从板的一端一鼓作气推到另一端，通拉的脚下用力匀称，迈出的步子无论大小要平衡，从一开刨就要凝神屏气。通拉时推出的“刨花”薄如蝉翼，成片地断断续续从茬口飞出，说明小棱的平面还不通顺，要连续再刨。到一刨子推到头，出现一根至两根通长刨花，就证明平面已经成功。第一道样缝成功后，就有了直线样标，减少了用眼睛检测的麻烦。第二道缝可以用样缝与门板小棱相合，来检查两缝之间的高点和低点。有了目标，先用拉荒推刨把缝子推平到没有大差距时，再用对缝推刨对缝。对缝推刨的推法与推荒推刨的用法不同，先取缝上的高点刨平，再进行通长拉通。推荒刨所定的刃子大，拉荒就快。对缝刨的刨身长，刃子露得短，推出的刨花(屑)像头发丝一样的厚度。在接缝差距较大的情况下，就要先用拉荒推刨把缝子取直，达到接近合缝的平行度时，才开始用对缝推刨对缝。从一端开始，中间不停留不换气，一鼓作气推到另一头。用力要均匀，还要随时把管扇与门板对合起来验缝。验缝不但观察缝子的情况，还要注意有没有刀棱问题。二板相合后，大面是否达到了平直的要求。如有偏差再检查里棱硬还是外棱硬，用拉荒推刨纠正到合格再对缝。不可急躁，最忌急于求成而引起不良效果。门板对缝要掌握两头硬中间软，中间要适当空一点的原则，行话中叫“腰空”，但是不可出现透光情况。检验方法是对缝成功的两板相合后，在板的一端用力往旁侧推，中间硬的缝子就会出现转轴的情况，两头硬的缝子推时不易转动，再用力就会推倒。木匠行中相传，“腰空可保千日固，腰硬只是当时成”。这是艺人们对缝粘板的经验总结，值得后人借鉴。

5.门板梯子

梯子又名“销子”，因有地区差异而叫法各不相同。“梯子”属榫卯类，起榫卯连接的作用，木匠行业中被广泛地应用。从大型建筑的梁、柱、檩、替、枋、斗栱，到装修中的槛、框、门、板与割杂的家具类中，都离不开梯子的榫卯连接。凡是木匠行业的工程，梯子的结构无处不有，无不体现着梯子的重要，因此梯子被誉为“万能构件”。梯子在木构件中，是最小和最不起眼的构件。最大的梯子要数建筑构架中的梯子，但也不过长 3 寸，宽 1 寸，厚 5 分。用在门扇的梯子，长 1.6 寸，宽 8 分，厚 3 分。家具和小型器具中的梯子尺寸更小。最小的梯子长 8 分，厚 1 分，宽 4 分。梯子的体积虽然小，但是作用很大，用项颇多。梯子的用法很讲究，把梯子的一头紧紧地栽入木料中，另一头却要求松紧自如，就是合格。门扇的每道缝子都要加入梯子，每缝设三个，分上、中、下。粘门扇板，利用梯子这个简单榫卯，可以把门板串联起来，是一种最简便有效的办法。梯子不仅管控着门板的弯直，还负全责管控着门板的牢固。

6.门带工艺

门带是横着加在门扇上的八字长形方木，起串联和加固的作用，是串板门中的主要构件。一合家门，由两扇合成，每扇门由管扇、门板、门带、梯子（销子）、插关、搭扣等共同组成，门带是其中的重要组成部分。门带配料长度要超出门扇的总宽度 3 寸—5 寸，长出部分是门带串入门板的伸缩范围。横带的造型是大头小尾，小棱又是八字形状。30 度的刀棱形斜八字，嵌入门板之内，紧密地与门板连在一起。管扇和门板由门带串成，形成榫卯关系，成为整体。门带的串联作用很强，水胶失效以后，只要有门带和梯子存在，门扇就会永保原型不会散架。

串门带是一项精细的工艺。把木带横串到门扇的背后，这种工艺木匠行中称“串带”，同时把家门制作也叫作“串门”。“串带”是对缝以后，水胶粘缝之前完成的工序。串门带要去掉管扇，把门板枷到枷床上，上楔加紧后，再挖槽串带。上枷之前，要检查好门板之间的记号，检查枷床与门板是否配套，把门板的面子朝下平放到枷床中，再用木楔加紧。枷床加楔要注意门板、枷床和楔的三位一体关系。检查木楔与枷床配套，首先看有没有刀棱和逼缝现象，就是一面有黑缝子，这叫“逼缝”，会使门板一面凸出另一面凹进，这是大忌。发现以上情况，要马上把木楔退出去，放松门板，用抄手楔破解。抄手楔是把两个木楔合并在一块，大头和小头从不同的方向加入。这种抄手楔，劲道大而且运作灵活。串带前首先是抹线，就是把带的轮廓线画到门板上。注意大头朝闭口，小头做榫子，插入管扇的卯眼中。把握好带的位置以后，用画齿紧靠门带的两旁，顺着门带画出“花线”。两根花线是门带的底线，花线里边再画两根实线，作为门带的上开口线。小面益线是决定门带镶嵌的深度。管扇的榫卯线，就是门带深度的标准线，八字线是根据带的八字斜度画成。八字的上线画在门板表面，底线的深度标画在门板的侧面。制作带的槽道要先锯八字带口，再凿砍槽内。锯带槽有多种工具：小型手锯、甩手锯子、手电锯。

（1）小型手锯：是一种较古老的自制手锯。把锯条截成 8 厘米左右长的短节，镶嵌在自制拐弯形的把子上，专门完成拐弯抹角难度较大的部位。

（2）甩手锯子：木工常用的解卯锯。画好线以后，把门板从枷床上卸下来，分块放在长板凳上，两个人面对面合锯，锯成八字以后，重新安装到枷床内。

（3）手电锯：小型机械式电锯，由锯片和提手平板等组成，是单手提着的电锯。这种锯子也可以用来锯门带口，但是要在电锯平板下面粘贴一块与带口八字相同的斜木片。锯时以门板的花线做靠板，手电锯贴紧墨线推进。无论选用以上的哪一种做法，都要掌握好带口的斜度、深度和精确程度。锯完斜线以后，带口的中间还要多锯一道斜口，便于取楂。槽道取楂是串带中的主要工序，难度主要在横竖交叉的木纹对缝。铲带槽用专业做槽道的工具完成。取楂先从靠边的一头开铲，按顺序凿砍。铲槽道取木渣，渣子分块不宜太大，要分层次地逐层进取，深度不可超越锯口的底线。带槽可分二次铲成，先凿荒，再细做，不可粗心大意，更不能急于求成。细做是把槽内的大楂凿到底线上以后，清理干净槽内，再一凿一铲地排着往里跟进。铲八字的两个斜边线，要注意留线。从门板的接缝两头凿砍铲通，一边铲一边把带放入槽内等量，把弓形部分和凹进去的部位取平。完成铲荒以后，进入带和底槽的对缝工序。串带的难度就是槽和带的对缝工艺，因为工具放不进带槽内，用“单线刨”和扁铲，全手工对缝，最终达到合格的要求。

单线刨是做槽清理底部时找平的专用工具。中间和两旁只能依靠手工扁铲对缝完成，最终达到榫卯入鞘，水浸不入。检验合格后，暂不退出，画好带的肩子线退出后，制榫子完成。

7.水胶粘缝

水胶是木匠行业粘板的专用粘合剂，从古至今代代相传，延续至今。因为用胶离不开水的原因，木行中又称胶为“水胶”。胶有皮胶、骨胶、鱼鳔等多种，数千年中是粘木的唯一粘剂，在木业制作中广为应用。

水胶的粘合力很强，但是多用于木料上，其他硬质材料的钢、铁、铜、石等材料，就失去了应有的劲道。水胶是水性粘剂，而不是依靠集成厚度发挥作用，主要是通过木纹把胶吸收到木纹之内，再通过渗透，来发挥它的粘性效果，在渗透不入的材料上，水胶的粘合力就很小。吃胶渗透力强的木材，多是软性材料，这种木材由多根木丝纹组成，哪一种树木的丝纹粗犷松软，水胶的渗透力就强，粘成的接缝就牢固结实。木材中的枣木、梨木、果木、桑木等这些硬杂木材的丝纹密，硬度强，不吸胶，水胶对这些木材的渗透力就弱，粘接好的缝就容易开裂。软性的红松木、椴木、榆木、杨、柳等木材，相对就吃胶好，渗透力强，粘成的胶缝就牢固。

通过以上两类木材的对比，说明水胶粘缝，靠的是渗透力，木材对缝质量高，粘成的质量就好，而不是靠稠度厚度糊缝。因此在粘胶缝的实施中，彻底掌握好木材、水胶、对缝和粘缝之间的关系，就会更好地把握准水胶粘缝的质量。

粘缝分两种类型，一种是小规模粘缝的“手擦缝”，另一种是大规模的“枷床粘缝”。这两种粘缝，在不同的情况下，用不同的粘缝工艺完成。

8.手擦缝

较小型的薄木板粘缝，规格在长 100 厘米 × 2 厘米左右厚的木板合缝粘胶，不用枷床，不设梯子，随手粘胶，木行称“手擦缝”。“手擦缝”的对缝工艺要求缝之间百分之百吻合，合缝紧密，多块板垛在一块以后，成笔直的平面才是合格。

手擦缝子是短板粘胶，短板在粘胶之前要做校对，把木板垒垛成一体以后，达到直线向上，是对缝工艺的合格检验。手擦缝粘板时要选一个僻静、背风且避雨的地方，把环境清理干净后，靠墙横放一根方型木料，一头顶在墙上，成丁字形，靠墙面立杆，做粘板的靠板。准备工作完成以后，由二人合作完成。一人端胶锅于旁，主要粘板的人按号排板，把第一块板靠紧立杆放稳，第二块板握在左手，两块板的小棱面子合面子，侧着靠在一起，右手拿胶刷从一头均匀地往另一头抹胶，抹胶的动作要快、稳、准；刷完胶后，把木板迅速倒反过来，合在缝上，用力来回推拉。端胶的人帮忙用手捏准另一头的丁头管控好错位，一边推拉木板，一边观察板面，到推不动为止，以此类推，一块一块地粘接。手擦胶缝要掌握好“稳”“快”“准”，即拿木板要稳，抹水胶要快，对号拉推擦缝要准。掌握好一次性粘胶的特点，擦好的缝子不要再动，如有行动，就要重新对缝和再粘胶。

9.枷床缝

枷床是门扇粘胶的主要设备。用木材制成卡门扇粘胶的辅助工具，起箍紧的作用，是木匠行业粘胶必用的设备。枷床在木匠行业中应用很广泛，家具制作厂最为突显，在建筑工程中很少用到枷床，只有串家门粘胶才用到。

枷床是成套使用，从二件一套到五件一套不等。家门是小型粘胶，配两件一套即可。制作门扇枷床有两种用法，挖带槽和粘门缝。

（1）挖带槽：适用于门带凿槽取平。固定门板时用枷床，把门扇卡在枷床中，在锯、凿、铲运作时，可以加强门板的稳定性。

（2）粘门扇：对缝完成以后，用枷床的楔道夯力来加紧胶缝，确保粘胶缝的质量。枷床是木匠粘板必用的设备，广泛用于木匠行业中的大型粘板工程，是木板胶粘必用的模具。枷床的用项很广泛，大到粘木板工程，小到固定物体，都离不开枷床的辅助，串板门粘缝尤为突出重要。枷床全木制成，由木楔和床体组成一套。枷床粘板是完整的配套，它的操作工艺很有规则。

10.枷床粘板

枷床粘板是通过枷床楔道夯力来枷紧胶缝，确保胶缝的质量。枷床由一根整木做成，圆形木材和方形木材都可用。枷床的造型是中间低两头高，由“床底”“爪子”和木楔三个部分组成。中间凿砍成凹进去的平面，两头是高出来的爪子，中间的平面摆放门板，两头高出门板部分，是卡板子的爪子。爪子在两端，一端卡门扇，另一端是加楔的楔道。床底的宽度与门板的宽度相同，制作要求达到绝对平直。“爪子”是发力部位，要求有耐力和坚固，而且要达到90度的方正。枷床的楔子是主要出力点，侧面要求方正有力。

枷床粘板，注意三点：①季节，掌握好一年四季的气候变化，需要哪种粘法技艺。②操作，要保证一对枷床的配套统一。③楔道，熟练掌握应用楔道的操作技艺。总之，枷床粘胶是各方配合的一个综合性很强的技术，天长日久逐渐形成了综合粘胶技术的规则。枷床从单件到多件配套，要根据粘板的规模决定，小型串板门，两件枷床可以配成一副。街门粘板三件到四件一副，城门等大型粘板工程，多到五件和六件成一套。无论几件一套，要求凡是在一副枷床的配套，规格和做法要求完全相同。

枷床粘板要选一个宽广的平坦场地，把枷床分均距离摆开，门板的面子朝下，平放在枷床的底口上，紧靠爪子的一边放好，另一边留出楔道。根据楔道的距离的尺寸砍楔，一副枷床要求楔道相同，一套门扇的枷床加楔，要同时砍楔、验楔和上楔。一道枷床，单楔能够完成就不加双楔，超出单楔的宽度范围以后，可以用双楔合成的抄手楔子。楔在建筑工程中力量最大，楔的力量可以改变一个物体的形状。在枷床粘板中也是一样，由多块板合成的门扇，出现鼓凹面和掂角情况，是粘胶中的大问题。因此枷床粘板，首先注意把枷床放平，木板放到枷床内，两个枷床的底口要平行，发现掂角现象要及时解决，找出低点后，用薄木楔掞衬找平。枷床粘板要注意不鼓面，不凹形，不掂角。

枷床粘板首先检验板面与枷床的合格程度，把要粘的板面试着枷到枷床上，仔细审验板块与枷床的平行度，和大小高低配套的合格率，发现有哪项不合格要及时纠正。家门粘胶前，首先检查门板与门板之间，门板与管扇之间的合格程度。发现问题，要当场解决和细心修整。粘胶前先做实验校正，把带上的榫子，串入到管扇的卯口之中进行检验，重新做好门板缝子的新记号，供粘板对号时使用。记号要清晰，位置要明显。以上的做法统称“验枷”。验枷完成以后，把枷床拆卸开，正式准备粘胶。卸枷也要仔细，注意保持原状。退下来的木楔不可乱放，摆在枷床两端的爪子上，楔的大小头和反正面，原封不动地摆放在一旁。把门板退开以后，从闭口开始，一块一块地垒垛成一摞，准备下一工序熬胶、烤火和粘缝。粘胶工艺，熬胶是第一关。门扇粘缝用胶最多，家门粘胶很重要，它既是房屋最前檐的封闭件，又承担着人为的关闭磨损，更要常年经历风吹日晒雨淋，因此粘胶是制作家门中的关键程序，要倍加仔细地完成。

11.水胶工艺

水胶的类型有多种，分两大类型，皮胶和骨胶。骨胶发黄、透亮、好看，皮胶色黑、性强、精良。粘家门多用皮胶，皮胶的色彩虽然较暗，但是粘合力较强，缺点是色彩偏重，外露明显影响美观。匠人们为了当时美观，多数愿意选用骨胶。骨胶的颜色发黄，有光泽，酷似木料，粘缝不易外露，但是保质量，还要数皮胶。使用水胶首先要过熬胶关。熬水胶是粘胶缝中的重要工艺环节，相当重要。凡是专业木匠出身的匠人，学徒时的第一课就是先学会熬胶。

熬胶工具：熬胶的专用工具是胶锅。胶锅分“套桶式”和“锅式”两种。“锅式”是传统的胶锅，比较简单，生铁制成的带把式锅。另一种套桶式胶桶，比较讲究和好用。所谓套桶，就是大桶套着小桶，两个桶成一套；外面一个较大的桶装水，里面套着一个较小桶存放水胶。套桶式的优点是，放水胶的小桶不直接见火，所以熬胶时无论稠和稀都不会把胶烧糊，产生烧焦的硬块，而影响到胶缝的质量。

除胶锅外，作业时还须用“胶刷”。胶刷与其他油漆等刷子不是同类，胶刷是刷胶的专用刷子，由麻皮自制而成。麻皮胶刷的特点是耐高温，不怕滚烫的水胶水。另一优点是含水量大，一个好胶刷吸水量要达到半斤左右，蘸上一刷子胶，二米长三厘米厚的两层木板，从缝的一端一下子就要抹到另一端，中间不停留，一气呵成。介于以上的特殊条件，水胶粘缝的胶刷子多由匠人自制。制作水胶刷子，找 45 厘米左右长、直径 3 厘米的木棍，木棍一端锯成十字形状的榫样。十字榫是 2 分宽 3 寸长，锯两道锯口，锯口相距 0.5 厘米，去掉锯口之间多余的部分，成十字卯口样，再用优质麻皮缠成。在十字卯口中缠绑麻皮要缠绑均匀，要勒紧，并给麻皮留出 15 厘米长的双环套，每缠一周都要挽牢挽结实，而且挽成死疙瘩。缠完以后，把麻皮的连环套剪开，放到熬胶的锅内煮熬，成熟后待用。刷胶时把麻皮缠裹到木把上使用。使用水胶还必须了解水胶的特点,用胶粘缝牢记六个字:胶要滚、烫、热,动作要稳、准、快。粘胶工艺看似简单,做起来比较复杂,做不好会影响质量。用胶从选胶到熬胶,是一门专门的技术,其中讲究也非常多。要掌握水胶在不同温度和湿度下有不尽相同的用法,在不同的地理环境下,水胶会产生出不同的效果。总之水胶在粘板中,起主要作用,在实际应用时,要细心把握,不可粗心大意。

水胶粘缝最忌返工,即粘成的胶缝掀开重粘,这是大忌,是绝对不可以的。凡是参加水胶粘缝的人员,都要熟悉胶缝的保护办法,粘成的胶缝不怕夏季的炎热和高温,忌把胶缝放到烈日中暴晒。不怕把板子放到冷冻和阴凉之处,怕把粘好的门板放在大风中狂吹。冬季粘胶不怕严寒酷冻,忌把胶缝放在潮湿和有水汽的地方。根据水胶粘板的性能和特点,要懂得粘胶缝注意什么,水胶怎么应用和怎样保护的道理。

木匠行业的行话为"冬流流,夏糊糊",是说冬天熬胶要稀一点,热天用胶要稠一点。

串带粘胶,等门扇粘胶以后超出 12 小时,缝子彻底干固以后再进行。在天冷时串带,要增加火烤木带的程序。串带要把带口和带上同时刷胶,带串进带口以后,与管扇的榫卯相合后,再用破头楔子加固带的榫卯,确保门扇坚固。

串门带是最后用胶,串带的水胶与粘门板的水胶有着很大的区别。粘缝用稀胶,串带要用稠胶。因为带和门板是十字交叉的木纹,主要依靠榫卯的结构勾拽力加强其耐度,只能用稠胶来巩固和维持。串带上胶之前,带口要做最后的试验和修整。因为经过粘缝和加楔等一系列工序,难免有微小的变动,为此要先检验再粘胶。根据编号把带打入带口内,再根据带与口的实际情况进行修整,让带的榫子顺利地进入到管扇的卯眼内,才算全部合格。

12.卸枷

拆卸枷也是枷床技术的组成部分,卸不好枷,会影响粘板的质量。卸枷床要掌握胶干的时间,夏季热天需要 12 个小时干固,秋冬季节 10 小时左右,春天只需要 8 小时水胶缝就干透。一年四季都可以粘胶缝,除因地区、季节略有区别外,做法基本相同。只要粘缝干透,枷床就可以卸掉。门扇卸枷床,要注意先串带后卸枷。卸枷不可用斧子猛打,因为枷床的每一道木楔,有万斤的力量。门扇的两道枷床,两万余斤的压力。退楔时,斧的劲道不能太大和太猛。要先做一个试探性的松动,用缓慢松楔法逐步进行。这样缓慢退楔,是为了防止力道不均,把胶缝震开。至于楔道的松紧,每次打下去的斧头,就有所感觉,要调换着逐个敲打,直到全部卸完。

(四)油漆彩绘保护

油漆彩绘保护,是瓦房建设的重要组成部分,民居宅院同样重要。本项工程由六个程序组成:①木楔水胶补缝。②桐油腻子刮面。③贴布保护。④桐油地子封闭和磨光。⑤上彩保护。⑥亚光漆皂面。

技术要求:①木匠补楔蘸胶,不留死角,不设空洞。②处理前檐部位大木构架的地子,用传统的桐油、水胶等天然材料调配完成。贴布封闭的粘济与腻子的工艺相同,地子的表面要经过三打三磨,达到光滑如镜的标准。

1.构架保护

室内木构架的保护,是房屋保护的关键部位。

民宅民居,没有皇宫寺庙官式的三年一小修,六年一大修的保护条件,因此宅院在创建期中,就要达到优等工程质量要求。保护中的第一任务是,解决室内装修留口通风的问题。第二是用木楔水胶补缝,加固保护。第三是室内大木构架的油漆防潮保护。第四是室外檐下门面部位防风化油漆保护。第五,提议用古建筑的长期保护办法:①每年清明节前后扫房除草,五年一次屋顶清理保护。②10年左右一次勾抿瓦缝保护。坚持好以上的保护办法,可以确保四合院古建筑的稳固长寿。

2.房顶通风口

民宅建筑中的顶棚,不可全部封死。无论房腔大小,室内的拐角部位,根据情况要留活口通风,并要对日后提供检查出入的通道。忌把檐部的燕窝打掉充当通风口,那样会后患无穷,年久以后,会发生鼠害和蛇害等不必要的影响。

3.木楔补缝保护

建筑构架的木材,一般情况下还没有彻底干透,但是表面已经出现了横七竖八的裂纹,刷油漆前必须把裂纹封死。木楔保护是以绝后患的最好办法。因为刮腻子填缝是用于寺庙和皇宫的做法,是一种解决燃眉之急的做法,十年八年以后重彩时还可以重复再来。四合院一般不做重彩,要想彻底解决梁架的裂纹问题，就要用最保险的工艺解决。裂纹是吸收潮湿的入口，是梁架的最大伤口。本方案是借鉴了近代木雕人物彩绘的加楔保护工艺技法，才选用了木楔填补裂纹的工艺。这是一种长远的保护措施，希望认真实施。

补裂范围：室内、室外的梁、檩、柱、枋、替、斗栱、椽、飞等一切木料构架中的全部裂纹。

加楔工艺要求分两个类型和三种工艺完成。

卧木条补缝：缝宽在6毫米—10毫米之间的裂纹，用卧木条补缝完成。把木片刨成刀棱形状的顺纹刀刃，蘸水胶补入缝中。每道裂纹的上端或者一端要留一小口，作为针管注水胶的入口。

立木楔子补缝：5毫米宽以下的裂纹，可用众多的木楔立茬补入。加楔时要一个紧挨一个地不露拉缝空档，用斧夯入缝中。除预留针管的注胶口外，不留死角和拉缝，把每一个楔子蘸满胶以后补入缝中。

水胶注射：木楔补裂，也只能解决裂纹开了口的外部，内部的空隙只有用满灌胶水的办法解决。原因是木纹加楔以后，内部还存有空洞。因为木材是一种原生态的自然材质，随着材料风干收缩会形成裂缝。木材有表面裂一毫米，深度就会达到10毫米的特点，因此无论以上的哪一种补缝法，都填不满裂纹内部的空隙部位。只有注入水胶，才能填满内部的空隙，因此注胶是彻底解决裂纹内部的办法。灌缝的水胶，皮胶和骨胶均可，杜绝用乳胶和现代的化学粘合剂等替代。

4.油漆上彩保护

四合院古建筑的保护，历来用油漆石色上彩工艺完成，起防潮、防虫蛀、美观三个作用。油漆保护分两个部分：①室内的梁架，②室外的门面。

（1）室内油漆保护，主要是解决防潮湿的封闭保护。室内大木构架的各个部位，重点是顶棚的内部木构架，刷油漆作防潮保护。油漆的材料，要求用最优质的防潮漆类，即天然大漆和天然桐油。油漆分两次刷完。

（2）室外油漆保护：房檐屋下门面部位的油漆和彩绘，起抗风化、美观的作用，是重点解决直感的美观问题。

屋宅的柱头部分、屋檐部分、门窗部分、雀替和券口的雕刻部分，这几个部位都在室外，分别用两种工艺完成：①大木构架的柱子、大额、小额等大构件，要求油漆腻子满刮后贴布完成。②其他的小件部位，只刮腻子不贴布。大构架贴布刮腻子的材料，由桐油、水胶、白矾和腻子粉共同调成。贴布的腻子，也同样要求用天然桐油、水胶等调成。表面要经过三打三磨的工艺流程，达到光滑如镜的标准。油漆彩绘，要求与方案中的色彩一致，画图案达到运笔流畅，上色均匀的效果。

本方案是根据中国文物、江南园林、山西大院的众多实物资料为摹本，结合匠艺人实际操作经验形成的方案。彩绘的图案是从精品中选出，借鉴了江南园林式、山西明清的众多著名大院形成的摹本。用工队要选德艺双馨的彩绘团队。如果有调配不出的色彩请随时咨询。油漆上彩是给房屋穿衣服，要求做到精益求精。

这是一个纯油漆，少彩画的方案，其宗旨是保护为主。本方案中四合院的全部建筑，除斗栱檐椽和飞子外，大木构件不设任何图案，统一由3—5种色彩完成。归类为：大木构架的柱、梁、檩、枋、替由一种色调彩成。槛框装修的门窗类，统一成另一种色调。雕刻的券口、雀替部分，又分素彩和金彩两种（选一）。椽头、飞头、瓦口、连檐、斗栱等部分，另设彩画图案配合彩成。

室外色彩分配：

①大木构架中的梁、柱、檩、枋、椽，一律用“墨绿色”（太青绿）配制完成。

②檐下的门窗装修部分，统一设紫檀色彩。

③券口和雀替的木雕部分，分两种方案，选其中的一种方案即可。第一，雕刻部分的边框紫檀木色彩。花蕊的雕刻部分用乳白色或象牙白完成。第二，券口和雀替用紫檀色边框。画芯部分的雕刻，面子上贴真金箔完成，里子由金喷漆的假金彩成。

院门门道的大门部位，属门窗装修类，与院中的槛框相同，统一设成紫檀色彩。柱、枋、椽、飞等属大木构架部分，同样与院内建筑的房屋构架色彩相同，均彩成墨绿色。斗栱部分要根据图中的样标彩绘完成。匾额刻字用纯金箔贴成。紫檀色大门上设铜钉，配门钹、门簪的图案要照图彩成。最后一律用亚光漆油漆统一完成。

八、纸匠装修

（一）纸顶棚

屋顶构架油漆保护完工以后，是最后纸顶棚工程。纸顶棚是民宅建筑装修工程的配套装修，也是工程的扫尾。油漆裱糊是纸匠的任务，纸顶棚同样由纸匠完成。纸匠是以纸扎工艺为职业的艺人，纸匠的职业范围很广泛，婚、丧、嫁、娶的工艺品装饰，木制家具油漆，室内的墙围绘画和裱糊粉刷与纸顶棚等，都是纸匠的任务。纸顶棚是其中最大规模的工程，也是纸匠师傅最拿手的看家本领。纸顶棚工艺有三难:第一是吊顶难。纸顶棚与建筑相辅相成，高粱秸秆构架达到横平竖直，与建筑集成一体，做到坚固较难。第二，纸裱的顶棚要达到不裂、不抽、不涨、不缩很难。第三，朝天贴湿纸的作业难。纸见水即破，凡纸都是利用水的漂浮力淹制做成，晒干是一张纸，遇水浸就是一团废物，把浸湿的纸朝天贴到构架上颇难。虽然说纸的工艺有众多难题，但是这些难关，已被历代的匠师们逐渐地攻克破解。纸顶棚是完全的原生态材料构成，历来很受人们的赞赏，还是迎接喜庆的象征。装饰新家结婚的洞房和嫁姑娘迎客的客房，无不把家中顶棚焕然一新，因此装饰纸顶棚是喜庆装饰中的大事。

纸顶棚既有防潮、御寒、隔热、美观的功效，又是房屋构架中望板的保护层。古建筑顶棚装修，各地区都有不同的装修风格。室内传统顶棚装饰，大致分两个类型，即纸顶棚和木板顶棚。从 20 世纪末，又出现了一种新型的白灰顶棚。纸顶棚的起源最早，木顶棚较次，白灰顶棚是近期新旧工艺过渡时期的产物。纸顶棚是北方地区深受人们喜爱的装饰，既省钱又美观。在北方黄土高原，凡是种植高粱的地区，民宅建筑中做纸顶棚者最多。

纸顶棚的材料非常方便，是原生态材料，就地取材，但是施工制作的工艺非常讲究和复杂。扎纸顶棚共由10余道工序完成，是一项纯轻工高技能的收尾装饰工程。

（二）纸顶棚材料

1.高粱秆

扎纸顶棚的主材是高粱秆和麻纸，副材是白面、竹签、水胶、白矾、麻皮。

纸顶棚骨架由高粱秆构成。高粱秆产地极广，遍布北方的黄土高原。高粱，又名红高粱，俗称茭子。高粱秆是高粱的主秆，虽与竹子、芦苇相似，其实质不同。高粱是黄土高原广为种植的农作物，春种秋收，140天成熟期，一棵生一穗，笔直的独秆向上，由多节组成。竹叶形状的长形宽叶，一节秆生一叶，每节的叶子保护着茭秆。茭秆总高3米—4米之间。高粱的品种有“披头”“圪垛”“白银”“黑壳”等，数“披头”秆深受匠艺人的喜爱。红高粱全身是宝，是北方地区人的主要食粮，又是酿酒做醋的绝佳原料。高粱秆在农村被视为珍宝，广为应用，家庭中的盒、匣、蓆、盖、盘等，好多是用高粱秆表皮编制的物件，祭奠仪式中的花圈、山水、人物纸札模型构架，都是高粱秆做的。高粱秆在农舍建筑的纸顶棚构架中，更体现了它的用途，省钱实惠。

成熟后的高粱秆有雨天不怕潮，天干不变形，风吹不裂纹，耐腐和抗虫力极强的优点。

2.麻纸

麻纸是纸顶棚的主要材料，是汉族劳动人民的重要发明，由东汉的蔡伦改进。麻纸有多种，有白麻纸、黄麻纸、麻布纹纸、桑麻纸等，但主要分白、黄两种。白麻纸洁白光滑，背面较正面粗糙，且有草棍等黏附，质地细薄坚韧，千余年亦不易变脆变色。1978年，陕西扶风县中颜村汉代窖藏中，出土了三张西汉时期的麻纸“扶风纸”，至今两千余年完好无损。

筑纸顶棚所用麻纸是近代生产的麻纸，质量已经不是纯麻制作，大部是经过技术加工的草秸、高粱秆掺麻刀(麻捣成丝状纤维)制成。山西定襄蒋村纸很有名气，是旧时代用麻纸的最佳选择地。麻纸多用于裱糊窗户扇和构筑纸顶棚。这种麻纸隔风保暖，光亮，透气性能好，是营造纸顶棚的最佳原材料。

3.糨糊

糨糊是顶棚纸的粘剂,筑纸顶棚的材料之一。糨糊在纸顶棚的质量中起关键作用,因此制作糨糊是纸匠艺人的一件大事。筑纸顶棚的糨糊,从材料到工艺都有着很大讲究。选优质小麦,磨成精粉白面,经过洗面去掉面精,才是筑纸顶棚的合格材料。

洗面是制作糨糊的一种工艺过程。大面积的纸顶棚裱糊,首先要解决不裂、不抽、不缩、不涨的问题,以上的问题全部与糨糊质量有关。把好糨糊的质量关,洗面是主要工艺。洗面是把白面中的面精去掉,做法是把精粉白面和成面块后,再用清水洗。面块放入盆中,盆中加入清水,用手揉搓面块。经过揉搓,把面粉洗入水中,洗到面块上没有面粉时,就为成功,剩余的小块就是面精。将盆中的面粉水沉淀以后,倒掉水,剩下的稀糊面浆,即纯正的做糨糊的原料。把面浆倒入锅中,按比例加入水和胶、矾,配料比例是 10 斤水,2 两白矾,3 两水胶。三种材料配匀稀释以后,用小火煮熬。一边熬一边搅和,熬成稠糊状,到半生不熟的九成时,端离火口,再加入冷水,放在阴凉地方冷却。使用时根据用量放到小型盆中,再进行稀释,调和均匀,到酷似奶汁稠稀即可使用。

(三)纸顶棚形成

1.构架

纸顶棚高粱秆做主材,要比木材、砖材方便好多。高粱秆每年收一茬,秋收后就有了材料。计划好用料的数量,再行备料。高粱秆成本低廉,好备料,但须在计划动工的前一年就要做出计划。

选料标准:秆长,挺直,根梢粗细均匀。计划茭秆的数量,从顶棚的“纠子”算起,到所有用茭秆的部位。其中贴墙面的构架,中间的大龙骨架,做吊杆纠子的构件,全部由两根合成。下层的平构架,就是贴纸的花架,使用单条茭秆。顶棚的备料与其他项目选材不同,高粱秆的来源广泛,为了增强质量,在数量上要备成双份。挑选和准备工作完成以后,匠艺人就可以进入场地开工。首先对秆材严格审查和再选,一边选材一边刮粗皮,同时生炉烤火训料。生火训料是一项精细的工作,一边训料,一边弯勾，把拐角和吊顶的揪子，全部训烤备齐，为插大架打好基础。

纸顶棚构架讲究横平竖直，同样以建筑工程的放线为要求标准。纸顶棚从放墨线找平行开始，先放线，后插架。民居房屋根据房腔划分居室，大居室由两间或三间组成一室，小居室一间到一间半组成。无论是哪一种格式，纸顶棚放墨线，均以大梁的下平水线为依据。纸顶棚构架，分大龙骨架和小龙骨架，又分边框和平身，是上下两层的结构。上层的双股大龙骨架，是专载负荷的构架，全部由双股高粱秆拼成。四边用竹签和铁钉，钉在墙上和梁上。中间平身的横杆与架檩平行，设双股的揪子拉拽。纸顶棚构架，分双股大龙骨架和单股的小龙骨架。每道大骨龙架设五道双股揪子，每道双股揪子可承受百斤的重量。小龙骨架是裱纸的单股构架，附在大龙骨架的下方，与大龙骨架形成十字相交的结构。裱纸的行距，定在 9 厘米—10 厘米之间。大小龙骨架的十字相交点，由竹签贯穿后，再用麻绳缠绕固定。小龙骨架是通用的单股高粱秆连成，遍体裹满了麻纸条，外观酷似纯纸做成。构筑纸顶棚的原材料虽然简陋，但是纸顶棚的技巧，不是一件平凡的工艺。高粱秆纸顶棚构架的组合，用火烤的技巧别具一格，是纸扎技术的主要看点。尤其是单杆高粱秆相交接茬，用燕子交尾式榫卯连接别具一格，是纸匠工艺的精湛之处。

高粱秆材质，是原生态天然材料，天生有不裂纹、不变形、不潮湿、不伸缩的优点，只要把握好火烤的技巧，就可以熟练地弯曲成任意的造型。纸顶棚大小龙骨架横竖结构，主要借助火烤来完成。把刮剥干净的高粱秆，一根一根地用火训直，再根据各个部位的实际情况弯曲裹满纸后，对号安装。烤料、训料、弯曲与构架连接同时进行，构架的拐弯和转折部位，要细心地编织构造。火烤训料主要掌握好火候，火的大小关系到训料的质量。火的热量过大，会造成烧焦折断，火候太小烤不到位，会出现弯曲角度不标准的现象。在构筑大架烤火训料时，要把握好拐弯曲角处的角度，对号安装。构筑龙骨大架主框，注意找准水平线，四面山墙的大骨架，以墨线为依据。完成了四面的边框和中间的主梁框架后拉通线，以线为标准。先插好第一层的大龙骨架，再插第二层小龙骨架，一边烤火训料，同时完成小龙骨架的缠纸程序。小龙骨架紧贴在大龙骨架上，它们之间的交接点，用竹钉和麻绳扎牢，再用双股高粱秆拉拽，形成整体。

2.高低定位

纸顶棚的构架高度，根据柱头高度决定。要计划出室内的空间，为了美观，八尺至八尺以上柱头的顶棚，可以遮梁。八尺以下柱头的建筑，可以露半梁或者与梁的下平水持平。高度的标准根据，是 1.8 米的高个子站在炕上不碰头。先寻找四面的平行线，再根据周边的平线，确定中间的水平线。寻找中间的平行线，从四个边线操平。裱纸的小龙骨架由多根组成，紧附在大木龙骨上。单根之间的连接很关键，完全用燕子尾的榫卯连成。接口的长度控制在 1 寸之间，两个斜面对接以后，用竹签串通加固，麻皮扎在接口的正中，结成一体。接头都要错落有致，忌讳把接口对在同一个位置而影响耐度。

纸顶棚构架是双层结构，分主框架和分支框架，主框架是大龙骨架，在上层，双股高粱秆串成，小龙骨架是分支构架，在下层，依附在主框架的下面，是单根形成。主框架大木龙骨架的任务是承载顶棚的重量，管控着顶棚高低和平型。小龙骨架是裱纸的构架，附加在大龙骨架下面，是麻纸的附着面，麻纸裱糊到构架上，要保证不裂不掉不变形。每股构架要用纸条转圈糊满，是为了加强纸与骨架的粘合力和顶棚的纠拽力。无论是双股的主框架，还是单股的分构架，它们的连接，统一成燕子尾形的榫卯衔接。燕尾形对接后，用竹楔贯通，再用麻皮捆绑结实。

（四）贴纸工艺

筑顶棚是纸匠行中的主营项目之一。把麻纸贴到顶棚的龙骨架上，俗称“顶棚上纸”，是筑顶棚的主要工序，也是纸匠的最高技艺之一。

麻纸是由多种秸秆经过加工后制成的纸张，在造纸原料中，因为含有麻皮成分，被称作麻纸。优质的麻纸，有隔风、御寒、保温、光亮的功能，因而被人们广泛应用。古代每一个家庭生活中麻纸无处不有，被列入民居建筑的主要装饰材料之中。水是纸的克星，遇到水纸就会产生破裂现象。纸顶棚难度，就出在张贴湿纸的技巧上。

筑顶棚是朝天的作业，水浸的湿纸朝天张贴，是一件高难度的工艺技术，没有相当功夫的人是贴不上去的。

一般贴纸是把糨糊刷到物件上把纸粘贴上去，筑顶棚却是相反，是先把糨糊满刷到纸上，再来张贴，行内称满刷浆裱纸法。这种做法多用于书画装裱和其他小范围的做工。顶棚是大面积，又是朝天往上贴纸，难度之大就可想而知。书画装裱是朝下的作业，而纸顶棚是朝天作业，刷满糨糊的纸薄如蝉翼，从前面可以看透到后面，要把这种湿纸朝天张贴到顶棚上相当困难，因此这项技术，是纸匠行内的独门技术。且要达到不裂、不抽、不涨、不缩的效果，更是一项难度极高的技艺。

技术行业中常说："功夫是巧，不依规矩成不了方圆。"这是古人指明技术的难度和努力的方向。这项筑纸顶棚技术，流传了千年之久，20 世纪末基本消失。

纸匠筑纸顶棚，设备很简单，工具也不复杂。准备一个炕桌，把麻纸放在桌旁备用。做一根长 60 厘米、宽 4 厘米、厚 1 厘米的扁形木条，作为架纸的尺子。准备刷糨糊的棕刷一把，宽排刷二把，清水盆一个。"棕刷"是往纸上刷糨糊的工具，羊毛排刷是往顶棚贴纸时扫（贴）纸的刷子。把盛糨糊的盆子放在炕桌旁，清水是稀释糨糊时用。准备就绪以后开始贴纸。麻纸有自然的条纹，先计划好纹道张贴方向。第一层底层纸贴成顺纹，与构架成十字相交，称横贴。第二层纸的纹道与第一层纸的纹道要相反，第三层纸纹与第一层纸的纹道又相同。以此类推，分四层完成。顶棚贴纸由四个步骤完成：①刷糨糊：把纸平铺在桌面上，用棕刷把糨糊刷在纸上，先刷中间，再刷四周。②上架：把纸的一边轻轻掀起，把木尺横推进去，纸边贴在木尺上，称上架。③起纸：利用木尺，把纸从桌面上掀起，不可硬拽，把木尺拉离桌面一厘米后，向相反的方向运作，把纸提离桌面。④贴纸：把带纸的木尺，放到要贴纸的位置，瞅准定稳以后，左手执尺，右手用排笔从中间开始，往四面轻扫，直到完成。根据居室划分设计，面积超过两间的顶棚，要注意预留排风透气的风口。气口多留在拐角处，图案多用圆形的"鼓陆钱"图案。麻纸工序完成以后，最后是粉刷收尾。

（五）粉 刷

粉刷是用白粉装饰室内的工艺。顶棚装裱完成以后，最后收尾工程是油漆粉刷大结局。室外是油漆封闭保护，室内由粉刷完成。

粉刷家是美化民宅室内的工序，家中粉刷，俗称"刷家"。刷家的原料，是从粘土中挖出的原生态白石粉材料，学名"垩土"。垩土，俗称甘子土，色白，是天然颜料，多产于产煤区优质的胶泥土中。使用垩土，要经过淘洗和沉淀。把垩土捣碎放入盆中，加水并经过研磨澄淀的加工工序，称“淘土”。把捣碎的垩土放在盆中，加清水搅混后，上层的污水倒掉，中间的细白粉水倒入另一盆中。白粉澄清后，倒掉清水，最后的白色糊浆晾干集成块，即粉刷墙壁和顶棚的“白粉”。配制白粉要加水、矾、胶。一间房屋的配料比例，是 1 斤垩土，1 两胶，2 两矾，3 斤至 5 斤清水。

粉刷纸顶棚，首先要做好搭架的准备工作。架的高度根据顶棚的高低计算，以站立的工作人员为标准，头顶与顶棚相距 20 厘米，是实施裱纸的最佳高度，足下的架板要捆牢。粉刷顶棚，不可随意乱刷。粉刷与装裱相似，首先分清楚纵向和横向后再刷。第一次底色，以横着运刷为宜，即从左往右排着刷。第二层是纵刷，从前往后排着刷，与第一次的底色运刷相反。粉刷的工具以五寸排刷为标准，要把握好毛刷的含水量，既不可吸水过浓，又不可太干。一刷接一刷地排着行刷，刷路的长度要掌握在 80 厘米左右。纸顶棚粉刷同样是朝天粉刷，运刷的动作要迅速快捷和准确，还要把力道掌握在不轻不重之间。粉刷顶棚，先刷中间，再刷四个边，刷完顶棚，再刷墙面。粉刷顶棚，要把握好干透一层，再刷下一层，刷墙面掌握好与顶棚保持色彩一致。四周的墙面包括门窗部位，只要是在一个房腔内，就要把效果统一成相同的色调。刷四面的墙面，与刷顶棚有所区别。刷墙面可以放开身躯，把排笔拉长，先横着刷一次再竖着刷。土炕部位竖刷的长度要保持一刷到位，地下可分成两刷完成。质量要求满室雪白，一色效果，保证墙面不起皮，不掉色，不发潮，达到最佳的效果。油漆是建筑的保护层，全部包括在扫尾工程的纸匠范畴之内。民居的油漆裱糊，在民宅建筑中自成一家，尤其是油漆的色彩调配，与宫廷和寺庙大不相同。民宅的色调多用本木色、墨绿色、土黄色、茶色、棕色、紫檀等色调，一般不用朱红色和五彩等宫廷和寺庙的色调。刮腻子调浆，更不用猪血做料。

第三部

土筑墙平房工程

一、土筑墙平房宅院建设

土打墙，平屋顶，土坯封山，砖包檐台结构的房屋，是一种最古老传统的做法，相传有数千年的历史。

北方的黄土高原，二十世纪的农村非常贫穷，能起房盖屋的户家极为少数。农村民宅民居，大部分呈现为朴实淳厚的风格，多在一个院中只建北房。富裕的人家，建几间南房存放粮食。院的东南方设院门，西南拐角挖一个深坑做厕所，是北方典型的“巽门坎宅”农家宅院样式。土筑墙宅院，先筑墙，后盖房，这种做法，北方普遍存在。

民宅平房建筑，分期和分阶段进行。第一阶段是土打墙工程，第二阶段是木匠大木构架工程，第三阶段是泥匠封山和筑房顶工程，第四阶段是木匠、泥匠合作的装修工程，第五阶段是纸匠的筑顶棚、油漆粉刷工程。民居民宅营造工程，自古相传，有大小工程三年工期的说法。还总结出盖房的季节时令：“三月立架上梁筑房顶，七月动工筑墙，五月六月室内抹墙。”

一个面宽七间的农家小院，无论是一高二低式，还是一线房，这种盖房法，仍是典型的北方农家宅院的代表做法。这些做法，与青砖青瓦的四合院宅院有着很大差异，成为鲜明的对比。二者不在一个档次，因此用料和工艺也大不相同。

北方民宅土筑墙的平房院，不垒台基大座，而是先筑房墙，再做木构架，立架上梁时，把山柱子镶嵌在土墙内，垒台基包括在室内的装修之中。这种古老的做法，俗称“就地安锅”式。青砖青瓦四合院建筑做法与此正相反，是先做成台基，再立架，然后垒墙，只这一点，就区分出两种建筑的不同。虽然都是民宅建筑，但是不在一个层次，不是一码事，都有着自身的建筑特点。

二十世纪五十年代初，能修建一处土打墙农家小院的人家，也极为少数。在北方地区，只要有了要起房盖屋的计划，动工的前几年，就开始做着木构架备料的准备工作。创建一个宅院，是根据不同的经济条件做计划。三间、五间、七间，投资不等，规模不等。20世纪80年代，虽然人们的生活逐渐好转，但是大部分人为了方便，不起砖瓦房，也不选择传统的一高二低的老格式，而是盖5—7间北房的一线房，每间房屋的面阔以八尺为标准，柱高与面阔基本相同。一个小院虽然设"巽门坎宅"的门宫，但是盖房的格式有所不同。院的北房中轴线正中设主房三间，两旁设东西耳房各2间，这种传统的一高二低式房屋逐年减少，兴起了只盖北房，不设东西耳房和东西厢房的新潮流，院的正北方，从东到西全部建成与主房相同的排房，称"一线房"。在居中三间主房屋顶后檐中轴线上，垒一个"吉星楼子"以示主房"宫"的权威性，用吉星楼子代表主房的高点来镇压全宅。这种样式的房，从20世纪的60年代才流行开来。

(一)平房宅院设计

民居宅院是人们安居乐业的居所，选址定居，是首要问题。设计民居民宅，首先观察四面八方的地理环境，再寻找通街的出路，最后决定"门宫"的方位。民宅建筑设计，由平面布局和立体造型共同组成。宅院的"门宫"定位，主要掌握两点，最高点的主房和出路通街的院门位置。

土筑墙平房宅院建筑，土是主要建材。与四合院砖木石建材的瓦房，是两种做法和两种工艺。由此在营造做法上，二者各有自己的做法和风格，也形成了两种建制的鲜明对比。这两种技艺各有所长，在建筑的基础部分，就是两种做法。

土打墙的平房技术，在建筑的文本中很难查到，但是这种技术历史悠久，淳朴实在，工艺技巧也非常丰富，长期流传于民间，可以说成是豪华建筑之母。用土的技巧，就有着颇多的学问和不为人知的工艺。

北方黄土高原气候寒冷，在气候的影响下，村庄大部分选在北高南低的向阳位置，宅院门宫多以"巽门坎宅"为普遍。这种门宫以正北方向为主房，东南开院门，西南设厕所，是北方地区很受欢迎的民宅建筑型制。宅院的高低定位，首先从院门入手。院门是宅院的排水低点，院门外的街巷更要低于宅院。宅院总体的高低定位，先从院的门前街心为标准算起，院中逐渐加高。北房是“宫”位，即主房，院中的吉星，台基高度一般在50厘米—60厘米之间。宅院围墙的根基，同样要把握好北高南低的实际坡度。土筑墙宅院的平房工程，北墙的根基很重要，北房后檐柱嵌在土筑墙内，因此北墙既是墙的根基，又是北房的地基基础。夯筑墙基础，要夯实到超常的坚固，才能确保北房整体永固。

（二）平房基础

瓦房四合院建筑建在预制的台基上，柱顶石平放在基座上。土筑墙在立架前不筑大座，柱子全部镶嵌在墙内，二者有着很大的差别。瓦房四合院稳柱底石，是先垒檐台大座然后立架，大木构架立起来以后再垒山墙，柱础石镶嵌在基础座上。土筑墙是先筑墙后盖房，立架之前不筑台基，柱子镶嵌在土筑墙内。立架上梁以后，进行二次封山花和筑台基，到最后装修阶段才垒砌檐台。四合院砖瓦房是豪门大户的别墅大院档次，各个方面都很讲究，是民宅建筑中的最高档次建筑。而两种盖房的程序大不相同，纯属两种做法工艺。

土打墙土坯房平房灰顶，是典型的普通百姓栖身宅院。这类宅院简单省钱，劳动力投工多，材料造价投资少，是建筑中最简陋和原始的宅院之一。这种建筑省钱费工，所以在投资和工艺上，是另一种形式。

土筑墙的平房，基础分两个部分，前檐部分和山墙部分。山墙部分又分后山墙和旁山墙。这三种墙的位置不同，用项不同，负重的分工也不尽相同，它们的基础做法就完全不同。前檐柱的基础最重要，它担负着房屋大部分的重量，是建筑中最关键的部位。因此前檐柱基础，需要单独夯实完成。后山柱的持梁柱虽然与前柱共同担负构架的重量，但是镶嵌在土筑的后山墙内，柱的基础在夯土墙地基时，已经做了重点夯实。旁山柱也同样深埋在土墙内，不需要单独设置基础。

土筑墙平房的重量，由土墙和前檐柱共同承担。土筑墙的基础在筑土墙时已经完成，檐柱的基础是大木构架完成以后，立架上梁之前，再夯筑檐柱的基础。檐柱基础是工程中的重要部分，要仔细深挖，精心夯打。檐柱基础，是单独夯实。挖开长150厘米×宽150厘米×深180厘米的土坑，作为檐柱根基夯实的范围。檐柱的地下基础很重要，深挖达标以后，铲平地基，用木夯在坑底排行夯打，称“审地基”，夯打到地下发出声响和木夯夯到地面出现反弹情况为止。檐柱基础以三七灰土为回填物，坑内用八打七贯的打夯工艺完成。在超出地面高度以后，逐步收缩成四面坡形，夯到高出院平的50厘米，到稳柱础时再行整理。一线房墙前所设的假梁头、柱基础，开口长120厘米×宽120厘米×深140厘米即可。嵌入土墙内的柱础就不另做基础夯打。

（三）宅院操平

规划民居民宅，从房腔操平开始。宅院的高低定位，从院门外街心计算。正常情况，院子比街心高出40厘米—50厘米。

确定民居宅院，要观察村庄周边的大环境，其次从四邻环境和通街出路决定开什么“门宫”。水路在宅院最低处的院门方向。确定街门的高度以后，才能决定北房台基的高度。

土筑墙宅院操平分房腔、宅院、街道三个部分。

先测北房的房腔和院中的四个角，再测院内、门前，最后测门外的路中。操平总台有测不到街巷盲区的情况时，可以在门外的路中另设分位操平点。宅外街道的地形，必须彻底查清。最后程序，把两个平台的不同高度，用借线的计算办法统一到相同的平行面上。平面统一以后，划定宅院的等高线。等高线就是宅院基础的高低定位线。分五个部位，先从院门前街巷中心的最低的标准点，开始逐级地往高增加。

第一部分，是街巷与大道汇合点数据；第二部分是本街巷排水情况的数据；第三部分是院门内与院门外街心的等高落差；第四是院的南墙与北墙之间泛水的坡度数据。这四部分数据，就决定北主房（宫）台基的尺寸。前两部分在院墙的外围，属宅院排水和雨水流通的出路，后两部分是本院的等高线数据。宅院的等高线，通过计算，可获得宅院地基和北房的高度。最后，再分别计算出宅院中台基和各个部位的等高数据。

土筑墙一面房宅院比较简单和明确，宅院操平，主要是决定北房台基高度和街心出水问题。发现街道出水存在问题时，当时就要计算出院基础加高的尺寸，当时解决。院基的高度纳入到主工程之中，可以杜绝雨水倒流入院的情况。计算院基的高度，从院门外的街心为计算起点。街道有正常排水功能的情况下，院的高度按 50 厘米的等高线计算。假设院的南墙至北墙长度 30 米，北墙根部的地基就要增加 30 厘米的高度，形成泛水的坡度。宅院的泛水按百分之一计算。一线平房台基高按中等台基 50 厘米计算，宅院等高线公式是：+ -00（街心高度）+50 厘米（院基高度）+30 厘米（泛水）+50 厘米（北房台基）=130 厘米（街心到台基上平的高度）。

（四）宅院定向

北方民居院围墙，多由土筑墙完成。宅院中土墙，分围墙和房墙两种。黄土筑墙创建一个宅院，需要千余立方米土。建造一幢土筑墙宅院，也不是一件轻而易举的事情。

1.方向定位

宅院由选址、定向、划界、筑墙等诸多程序共同完成，定向是其中的主要程序之一。创建民居宅院，首先是院基的选址和定位。宅院方向定位，有两种测量办法，紫微星测向和指南针测向。这两个程序是先找方向，再测方正。

2.紫微星测向

自古就有“天干北斗转紫微”的说法。天干星，由五颗星组成，是水蹬式的布局。北斗星由七颗星组成一组，酷似古代的带把的水瓢，俗称北斗七星。这两组星宿相对，中间是紫微星，天干星群和北斗星群，一年四季围绕着紫微星推磨式周转。寻找到这两组星宿以后，在两组星相距的中间，有一颗忽明忽暗的孤星，就是紫微星。

紫微星测向，是一项听起来神秘，做起来简单的工作，关键是识别紫微星的星座。天上的星位确定以后，用三点一线的原理精确测成。这种测法是匠人的垂直吊线，再结合三点一线的原理共同完成。

在南北分界线上，栽一固定木橛，作为分界标准，找第二根木橛的位置，就是正北的测点。测量的人与第一橛位，南北相距 10 米左右，左手拉出墨斗线举高，让墨斗直线垂直，右手管制墨斗的晃动。闭一眼成瞄枪的动作，找到天上的紫微星位，垂直线与地面木橛对正，寻找第二个木橛的点位。把三线并成一线以后，固定第二橛位。两个橛的直线，就是要找的正南正北。再把橛的两头延长，就成功地测成了南北的方向线。指南针测向，是罗盘测向，把罗盘安放在界墙线上，根据指针，延长测成直线。

3.宅院测方正

民居宅院由四面四堵墙组成方形，合格的宅院，拐角是90度的直角。设计成一个合格的宅院，经过众多工序才能完成。建设宅院第一要求就是方正。民居宅院的方正有两种测法，第一，木匠的常规测法，即用较大型的方尺拉线测量。第二，用3尺–4尺–5尺的勾股定理拉线测法完成。无论用哪一种测法，首先在北墙部位，从东到西拉一直线，南北同样拉线相交，形成拐角，拐角要求90度直角。角度测量合格后，再测定东边和北边的边长，做成记号。把西墙和北墙拐角同测成直角，再解决南边的边长。把北墙和东墙的长度，复制到对称的西边和南边，再分别拉出准绳让两边长汇合，就自然形成东南拐角的测点，相合后打撅固定。成四方形状以后，最后用方尺检验四个拐角，是否达到90度直角的要求。合格后进行下一步的基础定位，撒白灰线。

二、土筑墙

用黄土筑墙叫土筑墙，俗称土打墙。土筑墙的种类很多，分镇围墙、村围墙、院墙、城墙、房墙、堡墙等多种，唯有院墙和房墙属于民宅建筑。土筑墙是一种最古老的筑墙工艺，可以追溯到新石器时期的六七千年之前。河南偃师二里头商代宫殿遗址为夯土台基，就是我国古代宅院布局的最早实例。

土筑墙平顶房建筑，也是一种最古老的建筑，一直到 20 世纪 90 年代，北方的广大农村还在盛行。土筑墙乍看是一种笨劣的做法，但是其中的工艺技巧，远不是凭空想的那么简单。土筑墙工程，是一项智力加体力共同合成的结晶，北方民居民宅小院，就全面地体现着北方的土筑墙技术。

（一）筑土墙季节

谚语云“三月里的房，七月里的墙”（指农历），是说盖房要选在三月的天干季节，筑墙要在七月的雨天季节。阳春三月，春暖花开，阳气上升，是少雨的季节，俗话有“春风吹破琉璃瓦”的说法，最适合大木构架和筑房顶工程。七月天是筑墙的最佳时机，因为七月夏季，是多雨潮湿的季节，万物茂盛，水气充足，又是农村田间休闲时期，是土筑墙和动泥水工抹墙装修的最合适时机。北方的平房建筑用土很讲究，土中生万物，无人不知，但是真正用土建宅子也不是想像的那么简单。北方民宅土打墙建筑，全是黄土筑成。七月里用土是最佳季节，暑伏天，潮气上升，土中的含水量升高，凡土都湿润，性质变绵，遇水好吸收，水土之间很容易融合。在这种环境下料理成的土，特别绵和松软滋润，一旦夯实，坚硬结实，筑成的土墙干固以后坚硬无比。在潮湿的七月雨季，泥抹到墙面上，有干得慢、粘得牢、不裂缝、少剥落的优点。

(二)土筑墙设备

筑土墙有多种设备和工具,有丝梯、墙模、墙板、墙杆、木楔子、套杆绳、枣木夯、尖石夯、木斧、铁锹等。以上的众多工具,都是土筑墙工程必备之物,缺一不可。筑土墙由挑墙壕平地基、放通线钉木钉、栽丝梯定墙宽、栽墙杆加木楔、添加土夯打墙五个步骤完成。

1.丝梯

"丝高一丈,墙打八尺"是筑墙人相传的谚语。丝梯设在土筑墙的两端,是墙体造型的模具,又是垂直定位的准星。

丝梯呈八字形状,下大上小,酷似木梯,由立杆、横杆和隔板等共同组成,它与对面的模具板子是一对。丝梯有两个用途:①监测墙体的垂直,②管控着墙体造型。丝梯由两根立杆、三根横杆,榫卯组合制成。上横杆和下横杆的中间均分,刻画中线,使用时站立起来,只要保持中线垂直,土墙就会合格。在上横杆上拴丝线,垂吊到下平杆的中线上,下部线头上拴重物垂在中间,筑墙时派专人监视着墙体的垂直,筑成的墙就自然合格。古有"无丝筑不成墙"的说法,就是指丝梯的重要性。

栽丝梯的时候,在丝梯上部平横木的中线上拴线,线的另一头超过下部的横杆,线头上拴一重物垂吊。从安装墙板开始到第二堵墙完成,只要丝梯的垂直线时刻不偏离中线,筑成的墙体就不会有偏差。特殊情况需要构筑一面收分墙的时候,只要把丝梯的中线根据要求斜着画偏。筑成的墙就会达到计划中的一面收分墙,但是在操作时注意偏倒现象出现。

2.墙模隔板

墙模隔板与丝梯成一对,在墙的另一端,与丝梯相对,同样是斜面形的模板,用来逼土。

墙模隔板设在丝梯的对面,是第一堵墙的拦土模板,又叫逼土板。开始的第一堵墙,两头均为空缺。一头栽丝梯模板,另一头设逼土板堵住空缺之处。制作逼土板比较简单,把厚度相同的木板合在一块,分上、中、下,用三根横木带把木板串连起来,高度宽度的造型与丝梯的尺寸相等。用时平板面朝里,横木带朝外。栽起站立后,用长木杆斜戗在上边横带上,戗杆的下部插入地下站稳。逼土板不需要设边杆和中线。栽逼板的时候,与丝梯的边棱看准对正，两个边线重叠。施工时与丝梯同时检查，防止偏斜即可。

3.墙板

墙板是土筑墙的主要设备，是打墙时横着逼在杆里和墙外的长木板，起逼土的作用。一副墙板共六“叶”（行话一块叫一叶），筑墙时只用四叶，库存两叶备用。筑墙设在土墙的两面，用上下抽板和倒板来替换着使用。20世纪中期，广阔的农村有了一定的发展，起房盖屋的户家逐年多了起来，于是产生了筑墙的专业队伍，称为“墙匠”。在打墙季节里，筑墙队的工作很繁忙，特别是新农村建设时期，更是热火朝天。

墙板是墙两面的逼土板，土墙施工的时候，墙板长期要与湿土接触，因此选料和用料非常讲究。墙板的材料，要求首选不变形少裂纹和利土的优质木材。19世纪前交通不便，货物流通不畅，多用本地产的松木、柳木和小叶青杨木之类木材配做墙板。到20世纪60年代以后，交通逐年方便，选板材的范围拓宽，多用东北大兴安岭所产椴木、红松木、核桃楸之类的优质木材，作为制作墙板的原料。

墙板规格：长450厘米，宽20厘米，厚6厘米。墙板是筑墙工程中最容易受损的构件，一副合格的墙板可筑一千余堵土墙，使用10年左右就要退场更新。筑墙用板一年四季只有百余天，其他季节便都保存在库房内。每一处工程完工以后，都要把墙板及时地保存到少风无雨的室内阴凉处。每制成一套新板的同时，把保存墙板的设备也要配套制好。保管墙板，首先不允许任意乱放或乱立，更忌讳放到露天向阳的空旷场地。保存墙板，要用专门的墙板架子上垛保护。一副墙板分两端和中间，共用四个木架子存放，合称全套。制作墙板架子，要求木材过关，技术合格。选榆木材料最为理想，做成四个长方形的木架子。每个架子用长料两根，短料两根，规格为：长料长60厘米×宽5厘米×8厘米，短料长40厘米。整平刨光，站立的方木做卯眼，横着的方木做榫子，用榫卯合成四方木架。木架的内径高40厘米×宽21厘米。墙板分两头和中间，把6叶墙板整齐地叠摞，放到无风雨易保存的地方。入库时注意，四个架子摆放在一条平行线上，如有不平就加楔子垫平。保证四个木架子在同一个水平面上，永保墙板的平整形状。最后把方框架的上方，用抄手木楔枷牢支实，精心保管，确保墙板不变形

4.墙杆

（1）选杆和保护：墙杆是筑墙工具的四大构件之一，也是筑土墙的主

要设备。一副墙板配八根墙杆，其中六根是常用杆，两根是预备杆。墙杆是配套构件，八根墙杆配成一副，长度和直径相同，木材的质量和直度也要相同。墙杆的总长度5米为标准，根部直径15厘米—18厘米之间，梢部7厘米—8厘米之间（指成品规格）。一般选用笔直的杉木杆，常青松和落叶松次之。购买后去皮，放在无太阳光的地方阴干。墙杆是土打墙工程中的主件之一，土打墙第一程序，就是筑构架，栽墙杆。在栽杆之前，先平整墙基地形。

（2）栽墙杆：起一堵墙栽六根杆。首先用拉线打橛子的办法确定墙根的总线道。栽杆时先找木橛子的位置，只要放平铁锹一铲，就会找到墙线的竹钉。把墙板顺着木橛子的直线放平摆正。注意两边留出墙板和楔道的宽度以后，就是栽杆的位置。把墙板小面朝上，立起来放到木橛的外面，用铁锹顺着划好的线，挖栽杆坑。两根成一对，六个杆坑要同时挖成，深度在50—60厘米之间，不可太浅，防止"挑坑"。杆坑挖成以后，把墙杆栽入坑内，测一下三根杆是否在一道直线上。确信无误后，填三五锹土于坑内，用铁锹的把子使劲夯捣坑内杆周围的虚土，直到坚硬结实为止。最后把土全部填满，使劲用锹把夯实，六根杆栽到全部合格为止。验收栽杆时，要一对一对地校对。栽好一对杆以后，把杆的上部向墙内靠拢到收顶的合格尺寸，用长挑杆，把套绳套到墙杆梢部，摆正下部。墙板检验合格，开始在墙板的槽内填土。加土之前要把墙杆的木楔，垫放到杆和板的空隙之间摆好。

5.墙楔

墙楔是墙板与墙杆之间的垫衬物，用硬质木料制成大头小尾形状，是土筑墙枷紧和放松墙板的主要构件。单件叫"楔"，双件配成称"抄手楔"，是管制墙板弯直松紧的物件，主管墙板的松紧。既可以单用，也可以双用。抄手楔由两个相同的木楔组成一副，用时二楔同时并用，大头对小头相合，就是抄手楔，主要解决楔道宽的问题。在未加墙土时，把二楔合好，放在墙板与墙杆中间的空隙之中，加土以后自然夯紧。卸墙板时，打退一楔就会全松，很适合整墙板和墙杆的正斜和松紧。木楔的力量很大，是打土墙的必用之物。墙土加满以后土往外冲，闲置的木楔就自然夯紧。打夯完成以后，用木斧瞅准木楔的小头打下，可以轻而易举地退出。注意卸板时六根墙杆要轮流退打，缓慢放松。不可以过急过快地一锤打退，防止出现突然受力后墙体产生冲劲，墙体会变形，影响到墙的质量。

6.套杆索

把一副墙杆拴拽到一块的套绳，俗称“套杆索”。用它套在两根墙杆上部，管制二杆的距离。古时的套绳用麻绳结成，20世纪后期，就改为铁丝套环。根据丝梯的宽度，套在墙杆上部约50厘米处。栽好墙杆，设好丝梯和板模以后，用挑杆把套绳从顶端顺杆套入。在未打夯之前，先用抄手楔把墙杆加紧，防止套绳脱落。夯打第一板之前，把抄手楔安放到板与杆之间，与套索合力管控着墙杆。套杆索的松紧，要调到合适状态，检验墙板成直线后为合格。

7.枣木夯

枣木夯是夯土打地基的重器，是筑土墙的主要工具。专业墙队的木夯，历来很讲究，不但做夯的材质要求高，做夯工艺要求更高。木夯选材首选硬质木材。北方土筑墙的木夯，多用优质的枣木和杏木材料制成，天长日久被人们叫成了“枣木夯”。木夯制作很讲究，选长1.5米、直径26厘米粗的枣木料做原料，由木匠艺人雕制刻成。枣树木材的木纹细腻，木质坚硬异常，是一种特殊的硬杂木树种，多用于古代的战车、运输车辆车轱辘的车辐子和打土墙用的木夯，还有制土坯的木模具、木匠的刨床。它因有多变形不吃胶的缺点，任何装饰家具中无一处可以使用。

木夯是古时的一种夯土的专用工具，建筑工程的地基离不开夯打，土筑墙就更离不开木夯的筑打。古代边疆的戍边城墙，都市城墙，庄园的堡墙，古村落围墙，民居宅院住所的围墙，无不体现夯土筑墙的重要。古代只要是修建就有土筑墙，就要用到木夯。天长日久，匠艺人们对木夯总结出了一套完整的制作工艺，逐渐成为制夯的规矩。（1）选料。（2）材料加工。（3）木工制作。（4）木夯保护。（5）打夯和用夯。（木夯制作参看本集附录

8.尖石夯

尖石夯，筑墙的夯土工具，青石材料做成。尖石夯高46厘米，径15厘米，圆柱锥形，呈上大下小的造型。用时柱体平面朝上，圆尖形朝下，朝上的平面正中心，栽一根长40厘米粗4厘米供手抓的把柄。尖石夯是土筑墙往槽内加土时，用来夯打虚土、浮土的夯，在墙的四个周边和拐角处，木夯无法探到的地方，可用石夯的尖形夯实，帮助木夯解决无法夯到的部位。

(三)土筑墙工艺

筑土墙最基本的技术是找平、放线、下橛、定位和打夯。只要掌握好这五项技术,不难解决土筑墙的质量和规矩问题。北方地区土打墙,虽然是一项繁重的苦力工程,但是其中也有着相当的规矩和技巧。不懂土打墙的规矩,就很难完成这个既出智又出力,强劳动力的繁重任务。土筑墙表面看是个力气活儿,但是它的夯墙过程很复杂,要经过多道程序才能完成。

1.墙根基夯实

基础是建筑的根本,奠定根基,是建筑稳固的首要问题。土筑墙宅院的墙,分两个类型,院的围墙与房屋山墙。院围墙是封闭和拦堵宅院的墙,房屋的山墙是指房屋的后山墙和旁山墙。山墙起着承托和封闭房屋的作用。以上两种墙的根基和墙体是两种做法,它的板面、高度、厚度以及深度,分别是由两种工艺完成。首先就是地基的深度不同,山墙根基的深度要达到80厘米—100厘米之间。东、西、南三面是院的围墙,只承担墙本身的重量,根基深50厘米即可。墙根基的厚度也不相同。北房后山墙根基,坐底厚度3尺2寸(106厘米),院围墙的根基,坐底厚2尺8寸(93厘米)即可。这两种墙的高度更不相同。山墙高1丈2尺(400厘米),院围墙高300厘米左右。界线定位后,先撒白灰线,挖墙根的基础。撒白灰线挖墙壕,是夯土墙工程中的主要项目之一。墙壕是土墙下部的根基,深埋在地下,撒白灰线要计划好根基的厚度。土墙的根基厚度在原有墙厚的尺寸上,还要另加宽100厘米,墙里和墙外每面加厚50厘米,是夯墙栽杆拉板的工作走道。加宽时注意保证原有的固定界线位置不动。筑墙根基,首先保护好四个拐角的界墙木橛不动,撒白灰线从加厚的线外算起。根据计划,把深度挖成以后,把墙壕铲平,清理干净,再进行地基夯实。夯打墙根基础是一项重要的工作,有很高的要求。打墙的“点数”墙匠们很讲究,先从“打”和“槓”的点数规矩开始。夯根基的点数,最多有九打八槓完成的说法。验收基础的标准,根据木夯砸到地面,不但有响亮的回音,还要出现反弹跳的效果。再用挖坑水浸法检验。经检验合格后,用铁锹铲平墙壕,把根基打扫清理干净,进行下一程序的统一放线和下竹签。

2.放墙线下竹签

土筑墙放线是暗线,与其他工程大不相同,这种暗线道称“下竹签”。

院落的定位先找南北方向的轴线，测好以后，在南北中轴线上定点打橛。民居民宅不设南北正方向，讲究方向要略偏。土筑墙在旧宅院的宅基地上布局，要以原有的北墙根为标准来设置，但是盖房的房腔要求成90度的直角为合格。土筑墙最大特点是“放暗线”工艺。暗线是要形成擦不掉的线。把竹签钉入地下，成为擦不掉毁不了的暗签。暗签的做法只限用于土筑墙工程，土筑墙基础夯好，清理墙壕地基后，放暗线正式开始。

放暗线是解决土墙的线道问题。筑土工程淹埋性太强，露明线在土墙工程中不能施展，也没有办法掌握。通过放暗线“下竹签”的暗桩，解决土墙的直线问题。放暗线工序要求很严格，实施的每一道程序要达到准确无误，才能确保土筑墙的整体直线。放暗线由多个程序组成，每个环节都要仔细完成。宅院的围墙，均由多堵墙组合而成。墙根基线是安板的线，它是管控墙弯直的线，也担负着多堵墙的衔接任务。夯墙匠人行中有“暗桩管墙直，丝梯管墙正”的行话。墙的根基线，由下桩打签等多道工序完成。放线之前，准备竹签、细麻绳（工程线）、木工斧、墨斗等工具。土墙根底线由两道线组成，即由墙里线和墙外的界线两条线组成。备竹签首先计算出里外两道墙线四周的长度总和。竹签的数量，按80厘米栽一个签计算，要一次性削砍完成。竹签规格长20厘米×厚0.7厘米，一端成尖形。细麻绳是测量墙根直线下签的标准线，因为麻绳的收缩性较小。钉竹签需要准备木工斧和墨斗等工具。墨斗是垂吊核准直线的工具，用来检验直线的合格程度。

钉竹签是设暗线的主要程序。从院墙四个界墙拐角的木橛上拴绳，细绳要高出地面，一头拴成死结，另一头拉到尽头的木橛上勒紧。用单眼串线的检验办法，或墨斗的垂吊法，核查直线的合格程度。拐角点的第一根线是墙外的界线，即墙根的母线。以母线为标准，往院内画出墙体厚度的尺寸。围墙坐底规格厚2尺 7 寸（90厘米），房墙坐底厚3尺2寸（107厘米）。院墙四个拐角的里角，同样要栽木橛固定，用相同的方法，拉通绳索是直线标准。检验合格后，再完成钉竹签的程序。钉竹签是在地下做记号，即墙与墙相连直线上的点。墙基的线路钉竹签，行内称“下暗签”。“下暗签“是考验木匠钉的功夫，要把竹签垂直钉入地基之内，而且要准确把握好竹签位置，与绳索的直线一致，绳索不可偏离竹签。竹签插入土，不可露到地面伤人，至少要深入地下3厘米—4厘米。每一根竹签都要认真地安插，不可有任何偏差的现象。北墙是房屋的后山墙，测量放线，与东、南、西三面围墙有较大的差别,是放线时的注意事项。

3.界墙根基

建民居宅院,第一个程序是界线划定。民居宅院占地面积大小不等,小的五分,大院一亩左右,酌情而定。宅院位置确定以后,首先是分清界线。根据街道情况,决定出路走向,再确定“门宫”。街分十字街、丁字街、井字街,有多种情况。确定了宅院的位置以后,先从一家一户做起,分户划清四邻的界墙线,是和气生财做法。确定宅院界墙,从拐角测准90度方正,就是界墙边界线。有了界墙线以后,筑墙定位就有了根据。还要落实是界墙还是净墙。界墙是邻里两家共伙的墙,墙中分界,一家一半合成。净墙是以墙中线为界,往自己院中筑墙,是自己一家净有的墙。从墙外往院内划3尺厚的墙基线,还有在墙线的里外另加1尺6寸(50厘米)的栽杆线,即临时工作场地线。分界定位以后,是清理墙根挖墙壕工作,要认真去做,墙根基深度,要超过冰冻线找出原始土层。每个地区的地层不一,气候又各异,根据当地的实际情况决定墙根基的深度。墙根基是墙的下层基础,要精心地夯实做硬,要做到万无一失。土筑墙不但根基重要,墙的底三板更重要。

4.土筑墙技术

西安半坡村遗址,是五六千年前仰韶文化时期的一个村落,发掘出46座房屋遗址,是氏族公用房屋的基础,至今保存完整,从中不难看出古人对地基夯实所下的功夫,说明筑好墙根基的重要。

土是一种见水即软,风干后变坚硬的自然原材料。土墙黄土筑成,土墙的根基与地相连,地层的下部常年潮湿,永不干涸。土的最大缺点就是怕潮湿,只要潮湿就会松弛变软,水和潮湿就是土的克星。土墙的根基深埋在潮湿的地下,要想达到坚固,是一件很不容易的事情。为此土墙要达到超常的坚固,想要经得起风吹雨打和地震的天灾,就要有高超的筑墙技艺。

(1)打夯技术

地层有各种不同的情况,一种是原始土层,另一种是沉淀土层。院的墙根深度挖入地下50厘米,找见硬土层后,就可以做墙的根基。假如遇到的是虚土层,就必须再挖,到露出硬土层为止。虚土层部分要进行深加工,从最下一层起,填一次土,夯打一次,一直夯到离地面50厘米,再开始统一筑墙的基础。院墙基础质量要求,把夯打到地面以后,木夯出现了弹跳的迹象为合格。夯打墙根基础,要统一计划,分段夯打。把全长分成多段,集众人夯打。

土筑墙打夯,是个熟练工作,很有规则。土筑墙施工,首先是人员组织和分配。二个人配一对,共同使用一个木夯,一个木夯由四个人轮番调替。为了把劲能使到一块,打木夯规定喊号子,往上举喊“嗨”,往下打喊“哼”。往上举不需发大力,往下打时二人要用全身力量,并要同心协力,步调一致,出力均匀。正规打夯有“点数”,而且十分讲究,其中有打和贯的区别。什么情况怎么打,几打几贯形成了一定的规定。“打”是指排着打正行,“贯”是指打正行之间打不到的部分。圆形木夯挨着打,就要留下自然空隙,这个空隙就是“贯”的范围。山墙墙根的厚度是3尺2寸,需要6夯排着打成,称“6打”;6夯的中间留有空闲部位,打空闲部位就称“贯”,所以6打以后就有5“贯”。这“贯”是个双层意思:第一层含意是一个夯印子,分别要连续夯打6下,5贯同样要夯打5下。第二层意思就比较费劲,是每个夯坑一次要打6夯,还要轮番排着夯6遍,5贯同样是要轮番打5个来回,合25下。这种打法,天长日久就形成了打夯规矩。另外是有关墙体升高时的打法变换。正规的房基山墙,墙高20板,墙根厚3尺2寸,墙顶部厚1尺5寸,每面的收分是9寸,墙体就成上小下大。根据收分打夯,每升高三板,墙体就要变窄好多,需要减退一夯。升到第三板时,夯点就退减成“五打四贯”,再往上“四打三贯”,以此类推,逐渐减少打夯的点数。这是为了保证打上部不会震塌下部,是保护墙体不会倒塌的做法。古遗址地基,数千年不变,关键是根基和“底三板”做到了绝对坚固。底三板夯得是否合格,有两种测试方法:①有弹性,即夯打在地面自动弹起。②泼水不洇。筑成第一板后,用铁锹铲一凹形倒入水,两袋烟(10分钟)干涸为合格。要保证土筑墙的质量,其中还有土质和墙土料理的技术关系。墙体要达标,土的干湿程度,人工的技术和节气,三方合一,才能完成好一个筑墙工程,实则也是讲天时地利人和的三方合一效果。

(2)选土质

打墙选土要选立土胶泥土,其组织结构细腻而精拽,土质紧密黏重。土中含有一定的姜石(土子),俗称立土。这种黄土的结构细腻,呈柱状,是土筑墙的最佳土源。

(3)焖墙土

墙土加工分两个程序,加水洇土和翻土捣土。提前加水,俗称“焖土”。

焖土是料理墙土的最关键工序，方法有 2 种。①放水浇地焖土，是引水到“土堂”，属大型焖土法。根据所用土量，在地上分割成若干小型池畦，把水放入畦中。水干后，隔五六天即可使用。②挪土泼水。北方的农村，每村都有专门设立的“土堂”，供村民们修建使用。边运土，边翻土，边洒水，一层土一层水地集成土堆，焖 24 小时即可使用。无论用哪一种办法，要保证土不可过干和过湿。土太干成不了形，过湿又经不起夯打，过湿的土用力夯打，会出现返浆的现象。如发现这种情况，就要马上停工，重新返工，等土到合格后再筑。因为洇土过湿返工时，及时把墙上的土卸下来，重新料理再加工，改日再完成。发现问题，最好的办法是翻土堆，倒场子添加干土。把土翻到无块状的绵绵土，测试好干湿合格以后再动工。检验办法，是抓一把湿土，用力攥紧握成土团，扔到地下，看是什么结果。握成的土团表面光滑，扔到地下碎而不散，说明水分偏大。扔到地下分开两半或三块，就是合格。落地以后散成一堆，就是水分偏小。需待墙土合格以后，再开工筑墙。

（4）墙土装厢

俗话说“土翻三遍自上墙”，是指筑墙土要经过倒翻三次才能达标。墙土的料理工作完成以后，开始往墙厢内装土。筑墙队由 13 人组成，墙上六人，墙下七人。墙下人往墙上加土时，墙上由三人负责用脚踩踏墙土。槽内的墙土要用脚踩到贴近墙板，一边加土一边踩压。墙土加到一半时，墙上工人拿尖石夯，从四面夯实槽内的虚土，周围多夯，中间少夯。加土要超过墙板，高出约 16 厘米，再用尖石夯排着夯打一遍。用尖石夯，注意四面不留死角。最后把墙板小棱的浮土，用鞋底擦干净露出板面，防止打夯误伤到墙板。第一板打夯完成以后，第二板时，还用相同的筑法完成。第三板就要抽板和换板，将第一板卸下来拉出去，再叠摞到第二板的上面，加好墙楔以后继续装土。以此类推，方法相同。从第一板开始，要派专业人员，在工作的同时，照看丝梯垂直和各个方面有关的技术问题。时刻注意丝梯保持吊坠与中线相合，就不会出偏差。发现问题，下次加土时纠正，好确保土墙的质量。

宅墙收顶分两种类型，房腔山墙和宅院的围墙。房腔山墙的顶部是平行面收顶，而围墙的顶部，要筑成中间凸起，成八字坡形，带线的墙眉收顶，这是用来预防雨水的冲击和排水快。

三、土筑墙平房工程

土筑墙平房工程，是黄土高原独有的建筑，这种建筑因陋就简，源远流长。土筑墙建筑不设大座平台，是先筑山墙，再立架后垒台基。柱础石的高度就是台基的高度，只要确定了柱础石的高度，就等于决定了大座平台的高度。柱底石，又叫柱顶石或柱础石，是古建筑与地面平行的基础石。柱底石是建筑与基础的分界线，柱底石往上是建筑的主体，往下是建筑的基础。地上和地下分界线以柱础石的上平为界。

（一）檐柱础石

平房木构架是根据房腔来定位。大木构架做好以后，再开始计划立架上梁的准备工作。首先是拉线找柱础的平面。古时土筑墙盖房的柱础石，多是选天然的形状石，大部分是从山脚下或河岸旁寻找来的天然石块，选扁形有较平整的面，且直径在40厘米左右的石块做柱的础石，平面较小的石块做后柱的柱础。立架之前安装柱础石，俗称稳柱底。稳柱底从两个哨间拴线，白色线做稳石的主线。确定两哨柱的中线以后，打橛定点，从一端拉通线到另一端。再从后墙柱口的中线，拉出十字线，设后檐柱。先刨成柱口，把后柱镶嵌到墙内，以不露柱子为标准。同时根据操平线的平水拴线，用前檐的平线校正后檐柱础的平线，两根线达到双线重叠就是合格。如有不重叠现象，根据前檐线为标准，调整后柱线，到两线重叠为止。两哨山墙的土柱子，用放墨线的办法，把水平线准确地放到旁山墙上，再根据墨线，计算出柱子的高低。边山柱有起高和降低的变化，用梁的架道结合山墙的墨线，计算出边山柱的高度。最后完成前檐柱的分间“点线”工序。把檐柱线分别拴牢在两哨间的木橛上，拽紧线后固定下来，这根平线既是台基的基础高度线，又是进深的标准尺寸中线，还是前檐分间点画的中线。最后的工序叫“点线分间”，哨间的边线画准以后，根据每间面宽尺寸，从一端往另一端测量，一间一间地认真测量划分。根据排间面宽的中线，认真地排点，测准后把柱中线点画在线上。最后核对两个哨间预留的空间是否相同，如果发现两哨间的尺寸不均衡时，要及时分均纠正，直到没有误差为止。完成分间“点线”后，正式进入稳柱础石的程序。柱础石要求平正、坚固结实。观察好柱础石的特点后，选准石块的上平面，厚面朝前，找准点好的中线用多取少补的铲土办法取平后再校正，直到完成。建筑行业的挂椽、垒砖、稳柱础，全部以线为标准。要求实物的平面与线相距拉开 2—3 毫米，是行中规矩。放好石块后，仔细观察石块与线的距离是否达标。在石面低于线道时，用串土的办法提高石面，即用铁锤斜着打木板的办法，把土填到础石的下面，直到石块与线的距离合格为止。最后从后柱中线拉线，与前檐柱中线相交，确信无误差就是合格。

（二）后山柱

后山柱是后檐的持梁柱，与前檐柱共同承担着大梁与屋顶的重量。后檐柱镶嵌在后山墙的柱口中，础石比前檐柱础石的体积小。动工之前，把选好的柱础石分放到各个柱口，用工具把柱口土墙凿砍合格，石块放正以后，检验柱础的高度。从前檐柱础拉出平线，与后墙的墨线持平，检验后柱础石上平是否合格，用去高补低的办法整合到合格。柱础石的周围，用湿土填实到柱础石不动为止。完成稳柱础石以后，开始筹备立架上梁的组合工程。

（三）土筑墙的平房布局

土筑墙平房有两种做法，一高二低式与一线房。一高二低是传统做法，一线房是近代的做法。这两种做法，都在“巽门坎宅”的规范之中，在黄土高原地区广泛流传。

1.一高二低式

中间三间主房，东西两旁设耳房，中间的主房高，两旁的耳房低。从平面布局到立体构架的进深、面宽和高低，都明显地分出主次，是传统的“巽门坎宅”的正规做法。

2.平房式一线房

在院的正北规划成一排房，把几间房设计成进深、柱高、结构相同的平房，不划分高低和深浅，不分主房和耳房，这种形式的建筑出现在20世纪末，俗称“一线房”。这种一线房，东北和西北两个拐角的耳房，不符合“八门七星”的规定，但是从采光向阳的角度来比较，很有实用性。北方地区气候寒冷，这种一线房向阳，采光好。从用工用料的对比衡量，两种房的布局投资基本相同，农村就兴起了这种建法，一高二低的做法被取代。一线房不垒垛子，是用前檐柱和假梁头伪装代替，其他的构件和做法基本相同。投资不差上下，这样的建筑向阳宽广，很受欢迎。

例如一线七间房，六根房梁是正规的做法。分成三个房腔以后，在室内多了两堵山墙，但是省了两根大梁。两堵山墙和两根大梁，按理说工料的成本基本相等，但在自食其力的农民看来，筑墙的劳动力与木材木匠工资相比较，自然用山墙要比用大梁经济合算。七间的一线房，两堵墙，四根梁，可以创出三个房腔。这种做法在北方农村形成了风气，产生了一大批一线平房，尤其是新农村建设时期广泛应用。

(四)平房的木构架

土筑墙白灰房顶俗称平房。平房同样由梁、柱、檩、替、椽共同组成，但是大木构架与瓦房的构架不同，较瓦房简单。

梁是平房大木构架中的重要组成部分，是两间相交处的承重构件。大梁既是房屋的主要构件，又是众多构件的关键联络中心。房屋构架的柱、檩、替、枋，通过榫卯，与梁相互勾拽，集成一个相辅相成的构架整体。

民宅平房建设，购料是首要问题。购梁材，是工程中的头等大事。北方民宅购料，当地土生土长的树木是主要来源，另一来源是拆下来的旧房屋木料。旧时采购木材，通过木匠师傅进行交易，因此一个匠人，不仅要有高超的木匠技艺，还要有识别材料和使用材料的知识。20世纪以前，没有专门的木材市场，购木料只能买零星的单根，零购集聚而成。北方的树木品种繁多，材料的质量优劣不齐，完全是依靠匠人的眼力和经验来识别。盖房主家把有关的购料、拆房，刨树等一切有关事项，全部交给了木匠艺人承担，经过多年的实践，木行艺人总结出一套有关建民宅建筑购料的经验。匠人有“房倒不买，树倒不卖”的行话。经验告诉购料人，耸立着是旧房子，看上去完整，如有脱栈情况，拆下来会成一堆废料。“树倒不卖”，是说站着是一棵不起眼的树，连根刨倒，就可能成为一根大梁材。告诫购料者，一定要客观地分析购买对象，防止上当。

购买旧房要注意，有以下情况不可购买：①前房檐椽起伏高低不平占到10%，②室内的漏雨面积达10%，③檩替下弯变形10%，④屋顶脱栈（天花板腐烂露土）10%，⑤主梁弯曲下行3%。这些房站立时看似完整，一旦拆倒，已无任何利用价值。

陈树木材五不购（指刨倒多年的旧树身子）：①空心树材，②生蘑菇树材，③虫病树材，④刨倒多年的带树皮树材，⑤土中掩埋的树材。

1.梁材

北方生长的树木繁多，有杨、榆、柳、椿、槐、桑、松、柏等。其中的桑树、椿树是稀少树种，柳树、杨树是软性木质树，槐树和柏树属风水树，都不在家用的木材范围之中，唯独榆树、柳树、松树是北方分布最广，生长较快，实用价值最高的树木。榆树是最优质树种，衣食住行中无处不有，柳树是装修的最佳选材，所以大梁购材，榆树是最好的木材，也是交易场中最热棒的材料。

榆树材质最好，用项极大，分布也很广，遍及山梁、沟岔、丘陵、平川以及街头巷尾和宅院等地，无处不有。榆树全身是宝，抗病虫害、旱涝灾害的能力很强。榆树分夹榆树和沙榆树，虽属同一种类，但是它们的用项不同。夹榆树比沙榆树生长较慢，夹榆树枝节较少，主杆高挑，一般长到4米—5米以上才分叉。它的木质坚硬精韧，是天然做房梁和大车辕的优质材料。它多生长在硬土层地带的山沟梁岔和缺水少雨的地方，木质柔韧耐劲无木可比。沙榆树外状与夹榆树相同，树叶比夹榆树叶较黑绿，春天开的榆钱花也较少。沙榆树喜雨爱潮，树秆粗壮，长到三米左右高就要分叉，枝杆繁茂，树身直径可长到一米左右。沙榆的木材偏黑色，木性比夹榆松软，生长快，易空心，是室内制作家具的好原料，一般不做梁材使用。

购活树做梁材，是大多村民的习俗。站立着的活树，购价较便宜，缺点是当年不能使用。因此计划动工的家庭，要提前做备料的准备，等到材料齐备以后再动工。购买树材很麻烦，房主们只能依靠木匠师傅估材定价进行交易。所购的梁材，必须估量准确，长度、直径、弯度和头尾的正斜程度合格才能成交。

黄土高原北方地区的土筑墙宅院，不但外表独特，室内的屋顶构架也是别出心裁。选大梁栿的时候，多以弓形的榆木为最佳选择。因为榆木以耐潮耐寒少变形，丝纹精拽而著称。榆树的木丝纹结构精密，勾拽力极强，一根 5 米长 30 厘米粗的榆木，两头支起中间隆空，有承万斤重量百年不变形的力量。它的木质既坚硬，且颇具弹性和韧性。榆木做成的榫卯最好，有不变形，不缺棱，不裂耐断，榫卯结合后很牢固的优点。是盖房做梁檩的最优质的选材。

榆木大梁，弓形材料最佳，但要注意头尾正和表里一致。

2.弓形木材

北方民居建筑构材，多以弓形木材为合格，梁材和华架檩都可以使用。中国北方山多沟深，20 世纪前，道路崎岖，运输不方便，民宅修建所用的木材，大部分为购买旧房和当地自销之材，或自己种树供自己用。只有椽类用直形木材，从较近的小山林场购买。大件的梁材檩材，用当地产的硬杂木，形成了习惯。本地产的木材又多有弓形状，很少有大森林所产的那种气势挺拔笔直的树木。为了把不同的弓形木材用到民宅建筑中，匠艺人总结了一套巧妙的办法，即“借线工艺”，是用来专门解决弓料应用的特殊工艺。

弓形木材做梁优点，是负重力量强于直材。一根带弓形的榆木材料，长 5 米，径 30 厘米的大梁，可以承受万斤压力而百年不变形。这是民宅建筑要挑选弓形榆木材做梁的主要原因。

（五）借线工艺

借线是古建筑营造中应用广泛的一种特殊工艺，大到地形高低实测，小到建筑中的梁檩制作，无处不用。在这种特殊的民宅建筑中，借线工艺得到了广泛实践和应用，也体现了借线在古代建筑实施中的实用性。制作大梁，配制梁上构件，木行中称“装梁”。民居建筑，大部分是根据建房主人自己适用而建，建筑的档次因人而异。大部分人因为投资有限而因陋就简，所以在构材上达不到统一的要求。大梁栿选材是从当地自产的村民中购买，因此所购的梁材有直材有弯材，弯直的程度又不统一。购买梁料只要求头尾正，弓弯的程度可以不限。介于以上原因，不同程度的弓弯木材，给制作的匠艺人就增加了较大的难度。当地的梁材，弓弯的程度差距悬殊，在同一栋建筑中，要想达到大梁平衡统一，唯一的办法就是通过借线，把多根不相同的大梁统一到相同的水平线上。

借线应用最多的地方，第一数大梁，第二是架檩。什么是借线，设一根标准的固定线，根据这根线，需要上移或下移的线就是借线。通过借线，可以把同一幢建筑中粗细不一、弯曲不一的大梁平衡统一，让屋顶的梁架平横到一个平面上，这就是借线工艺产生的效果。

梁檩构架最关键的工艺，是上墨线。把墨线弹到材料上，木行称“上线”。上线师傅就是这个工程的总设计师和施工的总指挥。古建筑工程有一个不成文的规矩，一个工程，只由一个师傅掌尺，负责上线和画线。这个掌尺的师傅，不但有能砍善锛的过硬制作本领，还要具备识材用材、线道应用、门宫规划的全面知识和特殊的变通才华。借线就是大木构架中的特殊变通做法。

1.梁栿借线

大梁的朝天面，叫梁背。梁背是承檩和屋顶重量的部位，每一道檩均由瓜柱和驼峰等支撑，通过梁背上的瓜柱、驼峰，把重量传递到大梁上。每一道承檩处，要经过锛砍推刨做成平台，在平台上再安放各个类型的分件。承檩的平台，就是要统一高低的位置。要根据梁的平水线，把梁背挖低或者垫高找平，均衡到要求的高度，这种上下均衡的技术，木匠行叫借线。借线，是一种长去短补的做法，说起来简单，制作起来就比较复杂。借线在古代建筑中广为应用，古人用借线工艺，统一了无数不同的大梁，建成了无数殿台楼阁。因此借线工艺，被木行誉为特殊的实用工艺。

古建筑的大梁是构架中的主件。一栋建筑由多根大梁共同组成，大梁的径粗和弓弯程度各不相同，檩的顶部构架要求一律平行，而且要达到全房一道线的水平。把众多直径不同的大梁，统一到一个平面上，是建筑构架中的关键任务。解决大梁弓弯、粗细不同的唯一技巧，是通过借线工艺完成。大梁借线分主次线道，平水线是基础线主线，往上提高，叫“上借线”，往下压，低于平水线叫“下借线”，借线均为次线。只要把握好上借线和下借线的尺寸，任凭有多么复杂的情况，都会迎刃而解，最终会把多根弓弯不同，直径不同的大梁，统一在相同的平面上。

梁栿借线，梁的上平水线是借线的底线，无论大梁的直径和形状如何，只要把握平水线为依据，就不会出现失误。一根大梁，有两道下平水线，有两道上平水线，平水线之间的距离，就是梁的“平水”，“平水”即梁的径粗。在一幢建筑中，无论多少根大梁组成，只要梁的平水尺寸相同，大梁就会统一起来。装梁的第一任务，是统一梁的平水线，就是把同一幢建筑中的梁平水线，统一成相同的直径。在统一平水线的时候，不去管梁的直径和弯直，只要平水线尺寸相同，直径和弓弯就可以用“借线”去平衡。例如，一幢建筑设三根大梁，长度相等，直径各不相同。一号梁径 38 厘米，二号梁径 42 厘米，三号梁径 44 厘米。平水的高度，就定在 30 厘米。三根大梁的平水线相同，这样一号梁的平水，减去 30 厘米，这根大梁的上平水，线外余 8 厘米，多余的 8 厘米，就是制作放檩平台的位置。二号梁同样减去 30 厘米的平水尺寸，线外余 12 厘米。三号梁去掉 30 厘米的平水尺寸以后，线外高出 14 厘米。三根大梁的平水线统一以后，上平水线外的多余部分，各不相同。梁背上承檩的平盘，就制作在线外的多余部分。三根大梁背上制作平盘，需要统一去掉 4 厘米的弧形后，就是平盘的深度。这样一号梁的上借线（8 厘米 -4 厘米）=4 厘米（上借线的高度）。二号梁(12 厘米 -4 厘米)=8 厘米(上借线高度）。三号梁（14 厘米 -4 厘米）=10 厘米(上借线高度）。以上三根直径不同的大梁，做平盘上借线，就得出了各不相同的借线数字。这个数字，就是三根梁粗细不等的差距。梁的平盘做成以后，为了不出现下一个工序的误差，就在各自的平盘上平面，写好借线的高度，提供给制作儒柱画线时，把梁背平盘的借线，在总高度内减去。这样三根大梁就会统一在同一高度的水平面上，就会形成全房一道线的标准高度。

2.架檩借线

华架檩是指室内的檩子。架檩借线，是指室内的华架檩借线打插子和做下巴的工艺。土筑墙平房的檩替只有前檐檩、前檐柱和替木是用笔直材料构成外，构架中的大梁、花架檩、后柱和山柱等，多使用弓形的材料完成。北方农村在这种特定的情况下，借线工艺，就得到了广泛的实践和应用。

构架借线有两种，大梁借线叫“上借线”，架檩的借线叫“下借线”。这两种借线，各有不同。“下借线”主要是解决弓弯形架檩的补缺和“打插子”，即俗话所说“打补丁”工艺。这种做法全部体现在室内的花架檩上。

弓弯檩的“下借线”有多种，弓弯形材料，通过借线打插子，就可以用在室内的花架檩中，但是选料有一定原则，并不是凡弓弯料全部可用。弓形木材做架檩，首先要求头尾正，不选三面有弯的材料，俗称三圪弯材料，这种木材，头尾不正，不可使用。“三圪弯”材料最忌两端和中间的三个点不在同一条直线上，这样就力度不均，发出的力不在一个平衡面上，就不可使用。

室内弓形檩，是民宅平房建筑中的构架主材。这种弓形材料，通过借线打插子和做下巴补缺以后，才能使用。“打插子”只限在弓檩的一头，所以在上线时，首先要选择弓形大的一端加插子，另一头是檩子的上平面主体。“插子”是加在弯檩上的斜形木，起补平替面的作用。弓檩借线，有两种做法，即檩背上面打插子，檩的下替面通过下借线制成下巴，做下巴也是找檩的平衡面。

弓弯檩上线，先上十字中线和丁头线。上线先从朝天的正面开始，把架檩翻滚到背面朝上，上好十字中线，再做借线的准备工作。弓檩借线与大梁借线不同，大梁借线根据平水线上下移动即可，计算借线只在瓜柱和驼峰的平面之间；而弯檩借线，不但要找出檩的上替面平线，还要找出短缺部分补差的直线，因此弯檩借线比较麻烦，额外多了几道工序。弓檩上线，主要用“点线”和“借线”办法来弥补空缺的部位。上线前要做到心中有数。首先掌握好借线目标，做起来就清晰。先上檩丁头的十字线，丁头线完成以后，把檩料侧身放正。找两根相同的细木条做借线杆，长度超出檩径的一倍，顺着丁头的十字中线，横着钉在下弯檩子的一端的中线上，钉木杆要超出檩的弯出部分。檩的两端各钉一根借线杆，先把上平面线补平以后，其中空缺的部位就是要补的插子线。先找出檩的上替面空缺部位插子的总长度，上替面不带弯的一头叫完整面，从完整面顺着上替面，把线延伸到弯檩的分岔口，就是檩的上替面部分。拉出的墨线，延长到借线的横杆上，核对准檩的上替面以后，把墨线提高到 40 厘米，瞅准檩的上平面与线吻合后，弹好墨线。第二道线是檩的十字中线，第三道线是檩的下替面线。按顺序把上、中、下三线上完。空缺的部位是补插子的部位，先把线画在借线的横标杆上，再处理檩的下部，即弯檩下面多出来的下巴部分。下巴的大小，要根据实情来决定。下巴的标准是把拐弯部分的下平面，做成与檩相向的水平面即可。下巴的长度要超出檩长 30 厘米，好与梁上保持平行。到判檩时的下一个程序，再计划下巴与梁的关系。

（六）装梁

1.打截去荒

用锯把树的两头锯齐，木行中叫“打截”。一棵树身，满身枝节，下部有根花，中部有树杈和树皮，上部有树杈和枝节。把树皮剥光，树杈枝节用锛子锛砍去掉，把树的根花、杈花锯掉，这就叫大梁去荒。去荒后，存放在露天，用木垫衬两头待干。

2.大梁上线

古建筑的木构架第一道程序是上线。用墨斗把墨线弹到木材上，形成制作的线道，行话叫“上线”。大梁上线是古建筑构架中的首要工序。

大梁栿是古建筑中体积最大的主体构件，一个屋顶的众多构件，都与大梁榫卯相连，组成梁架结构。

大梁共有三道实用线，即中线、上平水线、下平水线。在上下左右前后的六个面中，三根线支生出了 12 根线道，其中梁平身线 6 道，丁头线同样是 6 道，分成上中线、下中线、下平水线、上平水线。以上的六道线，延续到六个面，就演变成 12 道线，完全是梁上的主要线道。这些线道各有所用，起着横平竖直，均衡和统一的作用，缺一不可。这 12 道线只要放线的工艺达标，制作的规矩到位，大木构架就自然会达到预定的标准。大梁上的每道线都是建筑中的主要依据。

（1）梁中线：中线是大梁的六主线之一，是梁的垂直中线。中线分上下两道，是梁的主要线道，专管垂直的线。大梁上线，把梁栿弓背朝上，两端放在枋木上，放正楧稳以后开始上墨线。匠艺二人相对合作，一头分中把线按在梁上，另一头分中设点后把线提高尺余，单眼瞄准点和梁中，瞅准两头和中间的三点，梁身的左右均衡以后，把线按在梁头的点上，抖起墨线弹到梁上。这是大梁的第一道墨线，即梁的标准中线。接下来是梁的丁头线，丁头线是转递的线，分别用墨斗把两端的中线在丁头垂直吊下，用画齿把丁头线重复画准。画梁的丁头线，不允许有丝毫的误差。画完丁头

中线以后,第二根墨线是下平水线,

(2)下平水线:下平水线是置放檐柱的平盘线,专管梁的平线,是水平横线。放檐柱的平盘线,把梁身侧反到平面垂直的方向,以丁头的垂直中线为标准,用丁字尺画出与垂直中线 90 度的直角线。下平水线定位,要计划好放柱平面的宽度,这个平面宽度,至少要达到与柱直径相同的尺寸。下平水线定位以后,把两端的丁头线标画清楚,再确定梁的上平水线。

(3)上平水线:上平水线是承檩的平盘线,又是梁的直径线,从梁丁头的高度确定,尺寸从檐檩径和柱径的均衡中获得。民宅平房构架,檩径和柱径最大超不过 7 寸(22 厘米),梁的"平水"宽度可以定位在 22—24 厘米之间,这样梁的小头直径要求达到 28—32 厘米。设梁的下平水线,先画梁的丁头线,再拉通线,保证前后柱的平盘宽度,要达到合理的尺寸。完成下平水线以后,再设计上平水线,上平水的高度同样设成 22 厘米左右,在丁头画线。设 22 厘米的平水线,用丁字尺准确地标画到梁丁头。梁平水高度线是夹替和下替高度的和。梁上的六道主线完成以后,要把六个面的线全部完成。先做放柱子的下平盘。把大梁侧身反倒,先弹墨线,再把梁翻滚到肚朝天背朝地,露出下平水平盘的部位,开始锛砍制作。平盘的平面要完全一致,做到前后顺畅,左右平坦。忌讳把前后平盘做成颠角形,两个平盘的面不在一个平行线上。平盘刨平后,把梁下部的中线用墨线标好,画好梁柱相交的十字中线和方口形的柱榫线。

3.夹梁头

夹梁头是制作大梁的第二步,把梁头左右勾替的平面砍准刨平,即夹梁头和平脸颊。

把大梁的前梁头做成三个方形平面,俗称"夹梁头"。锛砍刨平下平水线,叫作"下平盘",梁头的左右平面叫"左脸颊"和"右脸颊"。下平水平面,是安放檐柱的平面,脸颊是安装夹替和下替的平面。梁头的上方叫"剜口",是呈放檐檩的部位。夹梁头先从画线开始。把梁翻到背朝下肚朝天,放正以后,把梁的下中线接通,弹好墨线。梁头的宽窄根据檐柱径决定,以梁的平水中线为标准,规划出梁头宽度尺寸。梁头的长度和宽度,也是从檩径中得来,一般在一柱径或一檩径之间,可以根据柱径确定梁头宽度。梁头前后分两个部分,以十字中线为界线,分出前长和后长。前长指中线前边梁头的长度,后长指中线后边的长度。后长可以根据下替的直径定位。中线即梁头与柱子相交的十字中线。十字中线又是梁柱的榫卯线。以十字线为中心，画出柱的榫线。梁柱是正方形榫卯，以中线为标准，每面各画九分（3厘米）。柱榫是一个6厘米×6厘米的方形榫，深度7厘米左右。前梁头长度与宽度相等，均为24厘米。后梁头长12厘米，普遍较短，简称"梁脸"。梁脸与替木相交，中线正中画卯眼线。中线的两旁各划一条直线，通至剜口。替榫子与替卯眼相连，外线宽2厘米，里口线宽3厘米，深4厘米，卯眼造型是里大外小的八字形。梁头上部是放檩的剜口，画梁头的剜口注意分清样板的前后面。梁脸的剜口线要对称，用窄条的削锯锯成。梁背上檩之间的架道，根据檐椽和花架椽的长度决定。先计划出大梁的进深（指梁的前檐中线至后檐中线长度）以后，把后柱中线和柱榫同时画成。梁尾同样要画十字中线，是后檐檩和柱的中线。

梁又称梁栿，别名大柁，是古建筑大木构架中的主要构件。民居的平房建筑，由梁、柱、檩、替、椽等共同构成，梁是建筑主体中的主要大件。梁的背上配有诸多承担檩子的构件，是构架的中心系统，制作梁背上的构件，每一道工序都要精心完成。装梁主要是指装儒柱、驼墩、做梁的替卯口和梁头放檩的剜口。土筑墙平房白灰顶建筑，大梁的承重构件和梁的陡斜坡度，都影响着房屋的寿命。俗话说"平房平不漏，瓦房陡不漏"。平房屋顶大梁的陡斜度，是平房排水的主要关键。平房白灰顶的屋顶陡斜，不同地区，陡斜度各不相同。老艺人们经过多年的实践，逐渐形成了统一。平房屋顶陡斜的坡度，从10%、13%到15%，这三种坡度，曾经有过争议，但是经过年代的考验，最终得出了答案，最合格的坡度是13%。理由是白灰为平房顶传统材料，有质地坚硬的特点，但是见水以后硬度就有所软化。白灰房顶遇到倾盆大雨时，就会出现两种情况：①构架陡斜接近16%时，屋顶的白灰面就会被雨水冲刷出细小的沟渠，严重影响着屋顶的耐度。②把屋顶设成10%的坡度时，虽然在两三年内灰顶不会出现问题，但是随着年代延长，房屋逐年老化，到10年左右，毛病就会彰显出来。屋顶的灰面会有变形，产生出小坑小凹情况，造成流水不畅，天长日久会出现漏水。因此最终确定，平房的陡斜13%最合适，即梁深1尺，斜陡按1.3寸计算，是平房屋顶最合理的陡斜坡度。平房装梁，算好斜陡高度，先设后檐儒柱，加檐檩径，就是后儒柱的总高。从后儒柱拉线到檐檩上平，中间的脊背和驼橔，以线为准制成。

（七）判替

判替是大木构架上梁之前的主要工序。替分下替和夹替，合称替木，设在檩的下部，与梁相连。两件替配成一组，与檩子结构，三件合称“一楼”，在木行中称“硬三道箍”。替木既是檩的辅助构件，又是梁的支撑木，与梁相交由榫卯构成，起拉拽的作用，在房屋构架中起着至关重要的稳固作用。

判替是在房屋立架之前，解锯替木的工序。土筑墙房屋构架，在稳柱础石程序的同时要完成判替任务。替木是大木构架中的关键构件，判替一般放在立架之前进行。“判替”“判柱”是木行中的行话术语。

“判替”是画线、解卯、跌肩子的总称。是古代建筑常用的行话，又是对檩、柱、替二次制作的简称。圆形木称替檩，方形木称方替，二者都是檩的辅助材料，在房屋构架中主要起拉拽作用，单一地把替檩理解成构架中的辅助木材是误解。古建筑构架的有关榫卯结构，全部是由替木和大梁构成。只要是属于替木类型的构件，就与大梁是榫卯关系。梁与替木榫卯相连以后，形成了勾拽拉扯的牢固关系。檩柱和梁的结合，只由方寸大的栫子直卯相连，而替在大木构架中，是银锭八字榫卯，有着特殊的重要性。因此营造施工的艺人们，把判替工艺也作为一个重要的专项，安排为上梁之前的最后一道工序。

“判替”是替木制作的最后一道工序。檩、替合缝以后，上下由栫（销）子的榫卯串连在一起。判替是大木构架中最仔细和最规矩的关键工艺，特别是肩子和榫子的制作。大梁是建筑中的大构件，榫卯制作的误差，只限在“线里”和“线外”的范围之内，所以从画线、解锯榫子、跌肩子等工序，都有着非常严格的要求，还有一套专门的工艺程序。

判替，5 间房总宽度的误差，不超过 5 个毫米。判替前要做准备工作。把成套的檩替摆放到一个平坦场地，两端用方木衬离地面。把檩替号字的一面朝地下，檩就翻到了下面，替翻到了檩子的上面。检查栫子是否合格，檩和替的方向有无颠倒和错配的现象。再根据大梁的编号，把替两端的梁头宽度写在檩端。刨推一根超出面阔的长方形木杆做画线靠杆，杆的两端放在方木上。一切就绪后，开始进行判替画线工作。

线是古建筑工程中的总指挥，判替画线要求达到准确无误。把方尺靠紧线杆，先画替的肩子线，然后把替卸开，以替面的中线为根据转圈画成。画线前是点线，把各个梁头的宽度点画在檩上，在檩中线的两端均分画成。画线前核实梁头的宽度，落实每个梁头编号，是哪一间梁上的檩头和排在第几号梁头，要对号入座。梁头的尺寸点线核准后，再进行下一步的抹线。抹线就是用弯尺画齿准确画出替的肩子线。每一道肩子线都与梁头的大小有关，以梁的中线为界，替的两端要各自减去半个梁头的尺寸。第二个工序称"方线"，用方尺画出 90 度直角的肩子线。画线时把弯尺的尺身放在平杆上，尺梢靠紧替和檩子，找准点好的肩子线，准确地画下，保持木杆不动，一次性把替两端的肩子线全部画完。然后画横断面的线，叫搭横线。搭横线是完成替的单件，把夹替和檩分开来画。把替转一周叫"关线'，就是搭横线。画替肩子不需要长木杆做靠，尺身靠紧上下两个替面，就是定位标准，把点好的肩子线转一圈画成。画完后把檩替安装起来配套，检查檩替三件的肩子线，是否在同一条直线上。检查合格，最后画榫子线。榫子线是根据梁头卯眼的尺寸定位，不同之处是榫和卯的长度不同。梁头卯眼深 1 寸 1 分，替的榫子长 1 寸，一套榫卯的长度相差 1 分，这是解决榫卯相合以后，遇到天潮木涨，榫卯也不会出现顶撞合紧，影响构架的质量。

梁、替相交，由银锭榫卯勾拽组合而成。这种榫卯呈八字形状，是外小内大，拉拽力极强，会形成无穷无尽的力量，对防地震有特效功能。应县木塔古建筑，一千多年还巍然耸立，就充分地证实了这一点。

（八）判柱

柱的榫卯同样在立架前完成。柱类也是分两期制作，第一阶段劈砍去荒，滚圆，做替面，放线。第二阶段判柱，锯榫。判柱指画线和解卯、锯肩子，这些工艺程序在木行中都叫"判"。判是后期的第二阶段再制作。柱子是古建筑构架中的主要构件之一，是撑起房屋构架的关键支撑物，又是决定檐部高度的最主要大件。房屋的高低，取决于支撑大梁的柱子。柱高定位，既要照顾到屋顶构架与总高度的比例，又要根据檐部的窗台和门窗装修的实际决定。民宅建筑的檐柱高度，是结合当地的实际生活习惯来定。

北方农村对室内装修,有“尺八锅台二尺坑,三尺二寸窗台墙”的谚语。北方农村习惯盘火炕,民宅平房中8尺高的柱头,是从生活的实践中得来的。

判柱和判替都是立架上梁前最后完成的工作。持梁柱的榫子与其他构件的榫卯大不相同, 它是一个5厘米×5厘米×8厘米的特制大方形直卯。画线要从柱子的上部留出8厘米的卯长以后,再画肩子线。从肩子线往下测量好柱高的打截底线。柱子的打截线是转圈画成。用丁字尺靠紧十字中线和瓣子线,顺着柱体的圆面转一圈画成,线的头尾相合重叠就是合格。锯解柱的榫子,成井字形锯口,锯子要走外线扫线锯成。横着线锯肩子一周,木匠行叫“跌肩子”。锯柱子底部的一头叫“打截”,“跌肩子”和“打截”,全是转着圈留线锯成。锯完以后,用小推刨仔细地刨推一遍,木行中叫“净面”。净面之前,谨记把四面的十字线、替面中线和瓣子线,用画齿点画到柱的丁头,净面完成以后,重新弹好墨线,线道要清晰。解锯完成的柱子两头,用方木垫离地面,待立架时用。

(九)椽子

椽子用在房屋构架的最上层,直接担负着房屋顶层全部重量,是屋顶的主要构成。民宅建筑,椽子的布局以间为单位,是按间分配核算。讲究四、六不成材,以三、五、七、九的单数为设计计算标准。椽子与间数,均以单数为建筑配材的规则。平房前檐椽总长,以七尺为标准尺寸。室内花架椽,是根据梁的进深和多少架檩子来计算长度。椽与椽之间的距离,木匠行业中叫“椽空子”,一般为中至中22厘米—25厘米。以上两个数字的差距,就是给单数椽子计算时的活动余地。椽子是分间计算,即一间几根椽子,根据每间的尺寸计算用椽的数量。间与间的分界线,是梁的纵中线。

1.制椽

椽子制作分两种做法:①新椽制作:捡椽,砍椽,锯椽,刨椽,四道工序完成。②旧椽制作:审椽,锯椽,刨椽,三道工序完成。最后是立架时的挂椽。

购椽:采购新椽材料,要选出适合本工程的椽子。椽子材质以落叶松为佳,长度和径粗要根据工程实际选购。制椽,首先把枝节锛砍干净,再剥树皮。长度以样椽为标准。前檐椽的径粗,以檐檩径定位,标准按前檐檩径的三分之一另外加粗2厘米。出檐椽制作:用薄木板做成椽径的圆形样板,把样板的圆弧画到椽的丁头，先锛砍，再用小推刨留线推圆刨光滑。只推刨出檐部分，室内部分不需要刨推。

旧椽虽然不需刮皮锛节等工序，但是购买旧椽子一定要经过“审椽”的程序，如果产生失误，将会铸成大错。审椽要一根一根地审核，方法是双手握紧椽子的小头，把大头高高举起，猛力扔到地上，小头还握在手中，不要放掉。落到地上的时候，仔细听是否有沙哑声响。没有杂音就视为合格可用。第二道工序是锯椽，找两个长条形板凳，一个顺着墙根放好，另一个相距一椽长放在前面。把样椽顺放在长板凳上，把椽梢锯齐后，再一根一根等着样椽往短锯。锯椽把握准 90 度的方形，最忌锯成马蹄形状的斜面椽，会影响构架的美观。

2.挂椽

用铁钉把椽钉到檩上，木行中叫“挂椽”。前檐椽一分为二，露在屋外的叫出檐椽，室内部分叫花架椽。

椽是大木构架的重要组成部分，数量多，直接担负着屋顶的重量。檐椽分前后两节，后部分插入室内，前部分伸出檩外。前檐部分遮挡着房屋的门窗，使之不受风雨侵袭，起着保护门面的作用。民宅建筑出檐深浅，根据柱的高低按比例决定。平房的出檐规格，传统做法是一尺柱高，出檐三寸三分。如果是瓦房采飞，椽出檐和飞出檐的比例按六四计算，椽出六，飞出四。这种比例是根据夏季雨水淋不到门窗的实际情况而设，日久天长就形成了计算檐椽出檐的比例规矩。

挂椽是立架上梁完成以后的扫尾工程，是木构架最后的一个工序。挂椽之前，认真检查柱、檩的横平竖直情况，并要用戗杆和拉杆加固。

挂椽要根据顺序和规矩进行。先挂出檐椽，首要工作是选样椽。挑选两根粗细适中较直的檐椽，作为出檐的样椽，又叫“把边缘”。选出的样椽还要分清哪一面朝天，画“×”字做成记号。把两根样椽合并在一起，画成出檐中线，根据出檐的尺寸画横线转周一圈。再把朝天的椽上棱，钉一颗 1.5 寸长铁钉，是拴挂椽线的位置。样椽分别固定在两个哨间的尽头，注意把边椽要离开墙面半个椽空，椽尾部用 6 寸大铁钉钉在檩上。边椽卦椽线时，注意一头拴牢，另一头的线头，通过铁钉架在另一椽头，线头端拴重物拉紧檐线，重物的重量以不断线为标准。就绪以后准备“卦椽”。

挂檐椽由三个人合作，房下一人搬椽递椽，房上两人一人把椽和稳椽，另一人负责钉椽。稳椽的人坐在前檐檩的上面，两脚蹬稳檐椽，两手滚椽和稳椽，把要稳的椽翻滚到椽棱与线离开 3 毫米左右。钉椽的匠人提前把椽空子的尺寸刻画到斧把上，等量时用斧头勾住椽中线上的铁钉，等好距离以后，用五六寸大铁钉把椽尾钉在檩子的中线正中。注意掌握好大梁的分间中线，檐椽不可钉在梁的中线上，梁中线的左右，各设半个空子钉一根椽，这两根椽子叫"夹梁椽"。掌握好夹梁椽要顺畅，注意椽的一头在梁中线的东边，另一头交叉到梁中线的西边，这是挂椽的大忌，行内称"绞梁椽"。"绞梁椽"对主家不利，是木匠盖房的最大忌讳。

（十）连檐

连檐设在檐椽的上部，起连接管控和划分椽空子的作用。连檐的体积小，但是作用很大，它是古建筑大木构架中不可缺少的构件。连檐设在前檐椽端，埋在苫背之中。连檐的材质很关键，多以松木材料为合格。平房的连檐规格，宽为 9 厘米 × 厚 3—4 厘米。长度由多根短节连接而成，接口用"燕子尾"的榫卯衔接。"燕子尾"是两个长三角形状的榫卯，相互插在一起，长度为连檐厚度的 2 倍，约合 6 厘米为标准。连檐的接口，不可随意乱接，要对准椽头的中线设接口。连檐的空子，根据一间房屋的单间面宽来计算。一个单间几根椽，连檐就分成几个"空子"。制作"燕尾榫"，先从接口上面分中，顺着连檐木纹锯一锯，即从连檐上下的中间锯一锯，前面要形成一个长形方块，对准斜角线，从一个斜角锯到另一个斜角。解锯燕尾榫卯，人和锯子是固定的位置不动，只把连檐翻个滚转到背面，继续用同样角度和相同的锯法锯掉另一个斜块。锯解燕尾榫卯，无论多少根连檐，以此法从一个方向顺着锯，一直到完成，就不会出现任何错误。根据规矩做成的榫卯，松紧自如，合卯对缝。椽"空子"的大小，中线至中线 20—26 厘米之间是正常尺寸，根据檐椽的直径和用椽根数决定椽的空子，掌握好以单数为吉庆尺寸后可以自行调配。画连檐线，首先要计算好一间房子用几根檐椽。计算椽的空子，要一间管一间计算，禁忌把多间合成后再统一分空子。例如一间房子计划用 11 根檐椽，连檐上就要分成 11 个空子，每个空子的中线就是稳椽的标志。但是假如分 11 个空子，从梁中线到梁中线分成整数，那就是错误，就犯了最大的忌讳。檐椽不压梁中线，是木匠行中的大规矩。正确做法是：把梁中线的两旁，各画半个空子，即梁中线和哨间的把边线相同，两个边各画出半个空子，二者合起来就合成一个整空子，正还原了一个整“空子”。一半在梁的中线旁，一半在哨间边线旁，二者合成一个空子，是正确做法。燕窝，卡在檐椽空隙之间的薄木板，木行称燕窝，是封堵檐部露洞的构件。可参看另一拙作《古建筑营造做法》。

（十一）立架准备工作

土筑墙平房在立架之前，要清理房腔，夯打檐柱的基础。北正房的台基比院的基础高出好多，檐台的高度，在院基操平时已经确定，土打墙建筑，在立架之前，后山墙和旁山墙已经筑成，只有前檐柱柱础和地面需要完成。檐柱础完成以后，房腔内的地面就形成了高低不平的大凹面。立架之前，要把房腔的地基，回填到与柱础平行。回填房腔，注意把稳好的前檐柱底（顶）石，淹埋在土内保护起来并夯实，防止立架的时候，遇到撞动把柱础变形挪位。立架前还要核实检查后山墙的后檐柱，是否准确地放入柱口内，吊线检查，立直放正。发现后柱没有活动范围时，提前进行凿砍修整。以上做法行内叫“套柱子”。捆绑小鬼腿，准备立架用的双戗杆。

土打墙平房立架比较简单，因为房腔三面已经有了墙的依靠，立架只需在前檐的空口部位，搭成一面长架即可。搭长架的做法，是把成双配对的平杆，躺放到房腔内的前檐部位，在房腔内分配好栽立杆的距离。注意立杆不可对正檐柱，以檐柱为中心，两旁离开 50 厘米，再栽立杆。立杆之间相距 1 米左右，平架的高度以 1.5 米左右为宜。用麻绳把平杆捆在立杆的里外，再用较短的成对立杆，插入平杆之间的空隙下部，用力往里外扠开，形成人字形状。架的两端分别各戗一根短杆，下部插入地下。明间的檐柱正中，分左右设两根栏门戗杆。后墙的柱旁备大木梯子，准备上梁的时候使用。一切就绪后，等待立架上梁。

（十二）立架上梁

古建筑立架上梁，分三阶段：前期准备，辅助实施，后期工程收尾。

立架上梁，是房屋构架组合工程。大木构件，全部由榫卯组成，每一道工序都精准复杂。构架制作接近完成的时候，就要为下一程序的立架做准备，如稳柱础、判柱、判替、搭架等工作。

民居古建筑的立架上梁，分两个类型，一种是平房土打墙有依靠的立架上梁，一种是四合院瓦房的立架上梁。后者是先筑地基大平台，然后立架上梁，是四合院的砖瓦工程，立架的时候无依无靠，全凭搭架扶助完成。这两种做法，有着很大的区别，前者简便，后者复杂。

立架上梁的程序，由立柱、放梁、勾替、安装梁瓜柱驼峰等构件、勾檩、校正、木杆拉拽、挂椽、钉连檐、上燕窝、钉望板 11 个程序完成。立架上梁和燕窝的具体做法，见拙作《古建筑营造做法》中的“立架上梁”篇。

四、平房的泥匠工程

（一）苫背泥

木匠大木构架完工以后，进入泥匠工程，第一任务是房顶的苫背泥。房顶抹苫背泥，是民宅建筑屋顶的第一层泥，是用苒泥把屋顶的望板压住。北方人称望板为“栈板子”，故称抹苫背泥为“按栈”。望板横铺在椽上，是屋顶的第一道保护层。民宅房屋档次各不相同，较高档次的是用木板做望板，大多数户主多是因陋就简地使用材料，用碎木条做望板。木条经劈砍而成，叫劈栈。用双把刀顺着木纹破成薄片，叫揭栈。用锯子锯成，叫解栈。用当地柴禾，即高粱秆和芦苇杆结成簾子，叫草簾栈。无论用何种材料做望板，在上泥之前，都要先将望板铺好，然后加苫背泥。

按栈是泥匠参与的第一道工序。房顶的苫背泥，北方地区称按栈泥，是铺在房顶的第一层泥。苫背泥干透以后，还要补一道二次泥，到白灰筑房顶的时候，还要上一道铺底泥，前后一共要抹三道苒泥，才是合格。抹苫背泥，由多人完成，地面和泥，倒泥，往房顶搭泥，房上运泥，铺望板，抹泥，都须分配充裕的人员。房上抹泥，要均匀地分摊到每一个部位，从前方的东南角开始，一条一条地往后铺泥，从前房檐往后房檐排着铺。

第一道苫背泥，做法比较麻烦，要通过“踩房”的程序完成。蓑草泥的含水量很大，第二天中午，稀泥经过一夜半天排水，逐渐变硬，就要进行“踩房”，就是踩压房顶，以进一步排水和压实苫背泥。踩房是一项有序的工作，每间房着 2—3 人，既可以分块进行，又可以众人排行踩踏。无论用哪一种方法，都是有次序地排着踩。踩踏的姿势，两脚成人字形，左右脚调换着向前，脚印不要相距太远，一个紧挨一个地前进。先从南北的纵面踩，再从东西横面踩，直到排完。经过踩压做成的房顶，抗雨性能极强，三年不做白灰房顶，也不会出现漏雨现象。

土筑墙的平房工程，先封后山再装修。房屋檐下和房腔室内的装饰工程，由木匠、泥匠、纸匠三家共同完成。室内装修，大部分属泥水匠工程。木匠师傅把檐柱之间的大槛框架安装完成以后，泥匠就进行筹划檐下和室内的装修。“木匠的骨头，泥匠的肉”，木匠做好构架形成尺寸根据以后，泥匠围绕木构架，开始完成室内的装修。泥匠的装修工程，分垒檐台、垛子、窗台墙、滔间砖、隔间墙、炕沿墙、土炕、锅台、烟囱、铺地、白灰亮家等项目。

建筑施工，都在横平竖直的规矩之内，泥匠的檐部和室内装修，同样要按规矩进行。墀头挂线从房上的连檐定位开始，地下的平线以柱底石上平为标准，把握好这两道横平竖直的线道，就是泥匠装修的规矩。

建设施工讲究施工的季节，民宅建筑动工多选在“三月里盖房，七月里筑墙”，是最好季节。三月里天干物燥，筑成的房屋聚阳气于室中，有冬季暖和夏季凉爽的效果。七月里筑墙天气潮湿，水土湿润，泥水协调，筑成的墙不裂不掉。根据老辈经验，北方农村盖房先计划确定动工的时间，三月筑房顶，七月多雨天，室内装修抹墙面，是动工的总时间表。

民居宅院土筑墙平房建筑，由木匠、泥匠和纸匠三家共同完成。俗话有“木匠骨头泥匠肉，纸匠跟在后”。民居平顶房的完成，分三期，第一期木匠构架，第二期泥匠装饰，第三期是纸匠的油漆粉刷收尾。木匠做屋顶构架和装修中的大木槛框构架，泥匠装修是房檐下和室内部分，包括门窗、檐台和室内的窗台、锅台、土炕、铺地、亮家等一切工程。

房顶构架完成以后，工程就转入了第二阶段泥匠的封山花。根据建筑总量计算，屋顶用工十分之四，装修用工十分之六。房屋构架立起来了，后期的装修还要投入很大的工作量。行话所谓“七上八下”，就是说构架要用工七成，装修要用工八成（指匠人技工，不包括小工）。室内装修很麻烦，程序多到 17 项。其顺序是：第一木匠装修：①大木槛框，②门、窗扇，③风箱。第二泥匠装修：①檐台，②垛子，③窗台，④挖收分平墙，⑤隔间墙，⑥土炕，⑦锅台，⑧搯间，⑨铺地，⑩亮家。第三纸匠：①打顶棚，②裱糊，③粉刷，④油漆保护（参看本文四合院纸顶棚）。建筑工程的后期琐碎杂事，全部包括在装修的收尾之中。

（二）土坯封山

封山是泥匠的任务，也是泥匠工程的开端，是把土筑墙加高到与房屋相同高度的工序。屋顶的苫背泥彻底干透以后，再完成封山，是用土坯把山墙所短缺的部分加高补齐。土筑墙的平房顶封山，做法有纯土坯封山、砖腿掏芯儿封山和单包砖封山。

1.纯土坯封山

纯土坯封山，是用土坯把山墙补垒到与房顶平齐的工程。封山前，先作墙眉修整，把后山的墙眉，拉通线凿砍取平，抹一层茾泥。纯土坯封山用料简单，主材是土坯，副材用素泥。素泥不加任何配料，用粘土加水和合成稀泥即可。素泥要求稠稀适中，最好的方法是提前焖泥，最忌水和土未搅和成泥巴就上墙。后山墙封山的厚度，以墙眉的厚度为标准。如土墙眉厚50厘米，可顺着放四个土坯，再横着单立一个，这种做法叫“一丁一碰”。单裱的土坯和顺垒的土坯，要相间替换着完成，垒时要里一下外一下地调换着垒砌，形成相互勾拽的结构。山墙的高度，要垒到超出椽尾，与苫背泥持平。注意交叉的接口不留空当，填垒结实。先封后山，再完成两个旁山花。旁山花的墙眉与后山的墙眉要整合到同一个平面上，抹一层茾泥后再开垒。

旁山墙后高前低有坡度，收顶时，顺着椽子的斜度垒砌土坯，要垒填结实，把望板和土坯的接口填补到不露空隙为合格。墙的表面用茾泥和茾灰抹成，总厚度在2.5厘米左右。

2.掏芯儿山墙

后山墙用多个青砖腿子隔开，每间一个芯墙空间，中间的芯墙抹白灰面完成。这是青砖和土坯混合垒成的山墙，青砖做边框，土坯做墙芯儿。

无论是哪一种封山法，首先要整平山墙的墙眉。大梁尾部的下平水线，是修整的标准，拉通线操平后凿砍修平。掏芯山墙的砖腿子是后山的边框，中间芯的部分由土坯垒砌。砖腿子数量根据间数划分，两端的把边砖腿子定位以后，中间的砖腿子以梁中线为准，对正中线垒成。

垒前首先取平墙眉的顶部，拉通线抹一层麻刀泥，最下层铺一层青砖，行内称过河砖。过河砖既是土墙和山花的分界，又是水平线的象征。过河砖往墙外垒出一寸的檐子，与砖腿子平行。过河砖只垒外墙，室内由土坯完成。砖腿子高度超过屋顶苫背，宽广以一砖半为标准，用上搭白灰缝清水墙工艺完成。

旁山墙的前檐，有墀头可以代替，不需另设砖腿子。后山的砖腿子分间完成以后，再开始填补中间土坯芯部分。土坯芯墙与土墙平行，3厘米是芯的边框，退入部分是墙芯和边框的区分。凹进去的3厘米，是泥皮和白灰抹面的尺寸。上层沿砖的高度与苫背泥平行，超高部分用沿子砖盖顶收边。每层沿子砖，外出3厘米，叠出的三层沿子砖，最上层以纫砖的垒砌法收边。

3.单裱砖封山

单裱砖封山，是墙的表面多了一层单裱的青砖，把土坯墙芯换成裱砖墙芯，这种做法，历来虽有，但是数量较少。单裱砖，是把砖的宽面朝外立起来，裱砖的厚度只有6—7厘米，即一砖厚。

单裱砖封山，掏芯封山，虽有相似之处，但是这两种做法有着根本性的区别。封山之前修整墙眉的工序相同，单裱砖掏心山墙的底层，同样铺过行砖。以后山墙和旁山墙的拐角为标准，两端先垒一砖半的把边砖腿子，中间同样是梁的中线均分。砖腿子完成以后，再垒砌单裱墙面。单裱砖墙，是把砖的宽面朝外立起来，以一丁一碰的做法，一行一行地完成。垒砌单裱砖山墙，从第一层过河砖开垒由两批人完成，墙里一批人垒土坯带填馅，墙外一批垒砖，这样就会保持进度平衡和山墙的质量。这种做法，可以让参与人员，认真地摆放好每一个土坯和青砖。垒砖的人员只负责青砖部分，剩余工作由填馅的人员完成。

单裱砖山墙，有两种样式，有“一丁一碰”和“一丁二碰”垒法。一丁一碰，是把青砖的宽面立起来，横放在墙上，再用小半块砖头立起来，小面朝外，紧靠整块砖的旁边。这种垒法叫“一丁一碰”。靠着连垒两个小砖头，叫一丁两碰。单裱砖山墙填馅，用土坯加破灰泥填实垒成，在空隙内多灌一些破灰泥的稀泥浆。虽然完成起来比较误工，墙的结实程度，也不一定超过纯土坯封山的耐度，但是这种单砖包面的做法，防雨水的性能较强，起耐雨淋和美观的效果。

(三)平房白灰筑顶

1.材料

白灰屋顶，是一种最古老的建筑型制。20世纪80年代以前，流行最广。土筑墙，平房构架，本地木材，土坯封山，白灰筑顶，完全是原生态材料，有省钱方便、冬暖夏凉的优点，是北方广大农村最受欢迎的传统民宅建筑。

白灰屋顶，是用白石灰浆和“锅炉刺”筑成的屋顶。“锅炉刺”是当地人的俗称，实际就是炉渣灰，经过高温烧化成的硬质灰渣。北方农村，炉灶分两种，火炉锅台式灶与大锅台风箱灶。这两种锅灶，烧出的炉渣灰是两种类型。第二种风箱灶烧的“锅炉刺”就是筑房顶的最佳原料。火炉式锅台灶是产煤区的灶火，是常年不灭的大肚子纯火炉式的锅灶。这种灶火烧不成合格的“锅炉刺”。大锅台风箱灶是锅台上只安装一口大锅，侧面配制风箱。这种灶火用风箱吹火，火点儿上的火烧到最高温度时就变成白色，烧成的“锅炉刺”，是筑平房灰顶的最佳材料。

“锅炉刺”，灰蓝色彩，是不定型的多尖形硬块，形状与蜂窝相似，坚硬无比，酷似铁渣。它不怕水浸和潮湿，与白灰经过加工合成后，白灰钻入“锅炉刺”孔中，形成自然的榫卯结构，坚硬无比。

2.材料加工

筑5—7间平房屋顶，要集齐7立方米到10立方米加工合格的锅炉刺。加工锅炉刺，是一项详细的工序。需要专人投入，经过细心加工，才能达到质量要求。加工成的锅炉刺分三种类型：①大块形。每块直径约2.5厘米，占总量的三分之一。②中块形。直径为1.5厘米到2厘米，数量占三分之一。③小型号。1厘米左右的小颗粒，占三分之一。加工后剩余的粉末也不扔掉，可以在房的周边做光滑面使用。

加工锅炉刺，要选一片平坦场地，准备一块40厘米×50厘米的厚石板。把石板衬高到20厘米左右，石板周围筑成坡形，石板用来做粉碎锅炉刺的垫底石。再准备一个夯土坯用的方形石夯、铁锹和扫帚，即可加工。场地周围分别支撑起不同型号的铁丝网筛子准备过滤。先筛最小的颗粒，再筛中型颗粒，最后过大颗粒。做光滑面用的最细粉末，从小颗粒中再筛。加工时注意不要把土带入锅炉刺中，一旦带入黄土，必须用水淘洗干净，否则会造成房顶裂纹现象。

3.筑房顶

平房灰房顶工程，是一件较隆重的大事。什么时候确定筑房顶，要看白灰和锅炉刺准备的情况。日期选定以后，通知亲朋好友前来助力。凡是来参加的人，既是前来祝贺，又是无偿帮忙，只有泥匠师傅需支付工资。老百姓诙谐地说：“管饭没工钱，打了碗不赔钱。”这种无私奉献的自嘲语，成为当地人的"顺口溜"。

打造白灰平房顶，需要很多设备，大部分是来者自带，需要借的部分，都要提前借齐备。工程主材，水淋灰提前半月完成，苫背用的衰草苒泥，也要提前一天焖好，锅炉刺要提前准备好。开工前一天，还要搭架清场。灰房顶的顺序，是第一层先抹引泥，再铺白灰和锅炉刺。因为是两种不同的材料，人员也要随材料划分成两个组，第一组是苫背引泥组，第二组是白灰锅炉刺组。引泥组人员分配，地下 3 人，二架 2 人，房上 3 人，共 8 人组成。白灰锅炉刺组，由 14 人组成。上泥组把泥运送到房上，泥匠师傅负责抹平，同时还要兼灰浆锅炉刺的铺平工作。两组队伍的两种材料，必须高度注意，要分清，互相不可有一点混淆。特别是白灰锅炉刺中，忌讳不可掺入一点泥污。第一层蓑草泥的厚度，是根据第二层白灰锅炉刺的厚度决定。如白灰锅炉刺厚度 8 厘米，泥的厚度是白灰厚度的二分之一，即 4—5 厘米。蓑草泥既是白灰的衬泥，又是房顶苫背泥的加厚泥。衬泥又叫引泥，对白灰的作用很大，如果不加引泥，把白灰锅炉刺直接放到干苫背泥上，就无法结合，白灰浆就会全部从干巴泥皮上渗掉，会促使白灰锅炉刺在几分钟内凝固，形成蜂窝煤一样的硬块形状。铺好蓑草泥以后，再把白灰锅炉刺放到湿泥上，不但可以保持灰浆不被干泥吸收，也为白灰保存了水分，泥与灰接触，会起到互潮的作用，形成相辅相成紧密结合的状况。锅炉刺与白灰的比例是 2 比 1，即锅炉刺是白灰浆的二倍。检验配料是否合格的办法，是用大铲在铺好的白灰平面上拍打，经拍打锅炉刺上面露出白灰浆，就是合格，这种办法称"叫浆"。注意两种材料要配制到恰到好处。白灰浆过少，做不好房的表面，锅炉刺会出现黑色的蜂窝眼现象；白灰浆太大时，还未把锅炉刺打开做硬，白灰浆就流淌出来，会影响屋顶面部的光滑。

这项工程最重要的是掌握好时间，从天刚亮开始运作，到中午的 11 点之前，必须全部铺完。既要有条不紊地进行，还要掌握好进度，越快越好。特别是天气晴朗的日子，在太阳的暴晒下白灰很容易干涸，施工人员要大家配合，赶时间尽快铺完。最后用小颗粒的锅炉刺灰浆，在房顶四周边缘铺 1 厘米厚的一层。房顶的面积较大，新铺的灰层不可直接踩踏，每铺好一段，就摆放几块木板，准备捶房作业时站人。无论天气是阴还是晴，在未全部铺完之前，队伍不可停留和休息。闲下来的人员，每人拿一个捶房板，排成行分块捶打房面。铺面工作完成以后，所有的人员要全部参加捶房。

捶房有一定的规矩和技巧，捶第一遍主要任务是“找平”，把高出部分敲打到平坦。要分出次序，不可在一个方向乱捶乱打。第一遍从东往西顺打，第二遍要掉转头南北排列横着打，经过横顺拍打以后，房面逐步平衡，第三遍再顺打。要三番五次地排着赶平，直到把白灰浆敲打均匀，房面修整到平行后，可以告一段落，开中午饭，吃饭兼休息。午饭要节约时间，休息一小会儿继续捶房，直到太阳落山有了凉意，才可休工。捶房的作用是夯实和找平，经过捶房板子的硬敲硬打，锅炉刺和白灰浆搅和成了一个整体，被打碎的锅炉刺与白灰融成一体，房的表面也结成了特殊的硬壳，形成了抵抗雨水的光滑表面。

筑房顶需要三天完成，第一天，准备工作，第二天，上料捶房，第三天是扫尾工作。房上最后表面工作还很重要，这个程序叫瓷瓶滑面。参与者手中握一个瓷瓶，用来在房面滑动抛光。摩擦房面要分块进行，直到把表面磨滑到黑油锃亮为止。最后把细沙筛到房顶上，厚度1—2厘米，是房屋未干前的保护层，防止太阳暴晒和风吹出小裂纹。这些细沙不用清理，可让夏季的雨水慢慢冲洗干净。北方白灰锅炉刺筑成的平房顶非常坚固。20世纪日寇侵华期间，原平县下西岗村民舍被日本兵放火烧毁，大火熄灭后平房的木构架全部烧尽，只有房顶的锅炉刺白灰屋顶剩一空壳，又经数年风吹雨淋也纹丝未动，这对建房者不无启迪。

（四）泥匠装修

1.筑檐台

筑完房顶，进入装修阶段，木匠的装修，参看四合院的木匠装修部分。

土筑墙建筑的檐台，属装修范围的工程。而四合院瓦房建筑的檐台，是在建筑的基础部分，二者的台基做法有很大的区别。平房檐台设在建筑的最前面，是土筑墙建筑装修中的第一道工序。平房装修是从木到泥，从外到里按步骤进行。檐台是房屋的门面部分，又在檐下，是泥匠装修中最先完成的部位。土筑墙平房的檐台，垒在檐柱正前方，与柱础平行。檐台不是建筑的基础，而是檐柱的保护台，起着防雨和美观的作用。平房的檐台，由青砖垒砌完成。筑台基首找檐台的根基，然后挖基础，檐台基础的深度是50厘米。找准檐台的位置以后，从两端哨柱础拉线，把根基铲平。先夯实根基，再填入三七灰土，分两次夯实。檐台的坐底高度，要深入院的下平 10 厘米，先垒土衬砖。檐台的规格尺寸，以柱底的上平面为高度标准，宽度从屋顶的连檐计算。具体做法，根据匠人规矩，即从檐椽往外的半空子，作为垛子的里墙皮，里墙皮往外另加一砖半 50 厘米，是檐台的纵向收边线，也是垛子的外墙皮，另加 10 厘米，是檐台的侧面边线。

檐台的深度同样以连檐为依据确定。从连檐的前面找出垂直线，往檐里退回八寸，是檐台前棱的收边线。筑檐台首先要考虑房上的出水，房上的水滴在檐台上，在农村是大忌。行话说滴七不滴八，就是指房上的出水要超过檐台八寸。从连檐前往檐内借回 8 寸合 26 厘米，就是檐台基座的边棱线，雨水就不会滴在台上。墀头是左右山墙的把边，它与把边椽相距半个椽空子，半个椽空子约 10 厘米，合 3 寸。从把边椽往外量出 10 厘米，就是山墙的内边线。再从内边线往外量出 40 厘米，是外边线，即垛子的厚度。拴垂直线吊到檐台的地面，打橛做成标记。接下来再测檐台的高度。檐部台基的高度不需要另测，从檐柱础石上平面定位，就是檐台的高度标准。拉通平线后，通线就是台基的高度。筑檐台要从旁山的哨间，往外垒出 10 厘米，是旁山墙檐台沿子砖的收边线。

土打墙建筑檐台，不设压檐的条石，而是以青砖垒虎头砖加灌浆的工艺完成。这种檐台与瓦房四合院建筑是两种不同的工艺，土筑墙檐台，用下搭灰与灌浆工艺合成，而瓦房砖墙的台基是整体构筑。平房的檐台是建筑的门面，是常被人们踩压的地方，首先要求坚固，更讲究整齐美观。檐台根基的最下一层，设“土衬砖”。土衬砖之上，全部用跑砖的工艺垒砌，层与层之间的上下结构是工字形的缝子。12 厘米的单跑砖，是为了节约材料。最上层设 15 厘米高的虎头砖收边。跑砖的背后，全部用碎砖头加破灰泥回填。高度垒到差一卧砖的时候，留好放虎头砖的位置。把青砖的宽面立起来排着垒一行，叫“虎头砖”，小面朝外做看面，一个紧挨一个地靠着垒成。这种垒虎头砖的做法，是用来替代压檐石，是节约省钱的办法。虎头砖的质量，主要在灌浆的工艺上。垒虎头砖工艺，只有在土墙平房建筑的筑檐台中使用，做工非常精细。垒虎头砖要求很严格，从左往右面进行。垒之前首先拉线整平檐台基础，要垒成前低后高斜度，是台面上的“泛水”，防止雨水向内倒流。垒砌虎头砖要求立直放正，砖缝要求始终如一，檐台面上的泛水要留成统一坡度，每放一块砖都要做检验。垒檐台的手法与垒清水砖的做法相似，用下搭白灰的工艺完成，注意砖缝比一般白灰缝宽，中间留着空缝，灰缝控制在0.8厘米—1厘米之间。往砖上抹白灰时只抹三个边。砖的下部小棱要满挂灰，前后两个侧面的旁边也抹白灰，唯有在两砖的大面之间成全空心状态，这是留给下一个程序灌灰浆的灰路，砖缝太窄，就会影响到灌灰浆工艺。檐台的空缝子通过灌浆填满，用水淋灰的梢灰做成灰浆。灌浆是把水淋白灰调成糨糊状，灌入到虎头砖预留的砖缝空隙内。灰浆做法是用捣灰拐子把白灰调成糊浆，一边加水，一边调和，直到调配成稠稀合适的程度。白灰浆既不能太稀又不可太稠，太稀会冲开灰缝跑洒掉，太稠又会出现浇灌不进缝内。在灌浆时一边往缝内灌，一边用瓦刀往砖缝内刮。灌浆分成多段进行，中间可以停一会儿，等把水分吸收后再灌，直到把白灰浆灌满，形成一个整体，最后用大铲等泥匠工具把白灰浆刮入缝中。现浇的檐台，保持半个月不要上人踩压。

2.垛子

垛子，垒在旁山墙前面的堵头，俗称垛子，属门面的装修部分。土墙平房垛子，与砖瓦房的垛子大不相同，俗称穿靴戴帽垛，即下面的垛靴、上面的墀头由青砖垒砌，中间垛身是土坯完成。土坯部分，苒泥抹墙，白灰抹面，别有风味。垛靴的位置以檐台为标准，从檐台的边棱往后三寸垒垛靴，左右的尺寸从连檐中线往外12厘米是里墙皮。垛靴和墀头的宽度用顶尺砖垒成，一丁一碰格式。墀头部位设滚棱凹面砖，拉斜线与连檐相交。上下的穿靴戴帽青砖部分，用下搭白灰清水缝工艺完成。

垛子的厚度是一个半砖，垛靴下部垒青砖高度由11层砖垒成。垛靴的深度，从檐台的前棱退后10厘米，就是垛座的边沿。墀头下棱砌一平砖，中间滚棱凹面砖两层为一副，共三副六层砖，最上部垒两层压面砖。垛子的墀头总高九层砖，与连檐的下平面相连。墀头部位的滚棱凹面砖，要预先凿砍磨成，即俗话说的干摆细磨部分。垒砌靴座和垛身，从下往上垒，前后以檐台为标准。垒到垛身的上部时，要预留九层砖的位置。从连檐至垛身的上层砖，拉斜线，再安装砍磨的墀头砖。垛身和连檐的斜度相差30厘米左右，因此砖腿到墀头的斜度是30厘米左右。墀头的做法有两种，一种是加设挑檐木。挑檐木的长度与檐深相等，宽与墀头的宽度相同，木板厚两层砖，墀头就垒在挑檐木上。另一种是不设挑檐木的墀头，从第一层砖开始，一层一层斜送到连檐下，砖垒成花插样，即一跑砖，一纫砖，一层压一层，砖与砖形成榫卯结构，让主层砖承担重量。墀头上方，是房顶的收边，再往上就是屋顶工程范围，筑灰顶时再收边。

3.窗台墙

窗台墙是木构槛框的保护墙，设在房屋的最前方。窗台墙垒在前檐部位的檐柱之间，它与木结构的大槛框架，共同组成了前檐部位的装修，起着遮风挡雨的作用。窗台墙是房屋檐部的屏障，下部筑在檐台上，上部与下槛相连，是房屋门面的保护墙。土筑墙平房窗台墙，由青砖和土坯混合垒成，下部垒五层青砖，左右两端各设两个砖腿，一端与垛子相接，另一端与家门的大立槛相接。窗台墙上部垒两行压面青砖，上层的压面砖与下槛持平，中间部分用土坯插实。窗台墙室内的下部露出部分，单裱砖垒成墙裙。墙裙砖的中间用土坯插实，墙芯表面抹苒泥，最后白灰抹面。

4.挖稍峰

土筑墙平房建筑，山墙由三面土墙围成。土筑墙的造型是上小下大，两面均有收分，俗称稍峰。下部厚出的部分，室外的稍峰起稳固作用，室内就是多余部分，装家之前，首先要把墙面修整到平行。山墙的多出部分就是修整的范围，俗称“挖稍峰”。风干到位的土筑墙，非常坚硬。立架之前未经过加工的土墙，干透以后再修整非常困难。最有效的修整方法，用洒水洇土法进行。在洒水动工之前，先画线分块后再修整。墙面做统一规划，留好火炕、墙裙的位置，分块确定后，分段定位画成墨线，再进行墙壁修整。用洒一次水挖一层土，零取的办法完成。作业时注意把握好拐角的直线，然后一层一层地完成，最终达到平整的效果。取平后，用麦糠苒泥平抹一次，把墙面修整成横平竖直，全墙一道线为标准。

5.隔间墙

隔间墙是临时垒砌的墙，是主房和里间的分隔墙，设在拉尾巴梁下，用干土坯站立垒成。隔间墙立架后垒，属装修中工程，下部设掏间砖，与主墙相连。

隔间墙中间要安装一个门框，是通往里间的出入口。民宅的隔墙，多由站立起来的土坯垒成，墙的里外抹苒泥和白灰完成。

因为隔间墙设在拉尾巴大梁的下面，分担房顶的重量较少，因而隔间墙多用土坯立起来垒砌，这种垒法叫一“夺墼”。站立的土坯墙只有16厘米厚，在隔间墙的根部垒单裱的条砖，高度与“滔间砖”相等，是隔间墙的墙裙。垒土坯墙，拉线掌握好横平竖直。垒土坯用稀素泥粘合，每垒一层土坯，就用木楔在缝隙间加固，墙的两面同时用木楔加紧，要保证墙体牢固。在土坯与梁的交接处，注意紧密结合，必须形成互相依靠的实体。最后在墙壁的两面，抹一层苒泥，厚度在2厘米左右，这层泥皮是土墙表面的关键程序。谚语说“人活脸面树活皮，土墙只活一把泥”，说明抹泥皮对土坯墙保护的重要性。

6.锅台和土炕

北方民宅室内，家家有土炕和大锅台。土炕和大锅台，是配套组合，是民宅建筑中不可缺少的设置。

土炕与锅台、炕洞、烟囱相互连通，其中任何一项都不能缺少。北方土炕技术非常独特，因为它有立竿见影的效果，泥瓦匠人技术的高低当时就能得到验证。北方土炕，不同地区有不同的技艺，主要分产煤区和无煤区两种。产煤区多是山区，缺煤地区多在平川。山区产煤，烧烤充足，灶火锅台是一种做法。而平川缺煤地区的锅台土炕又是另一种做法，它们都各有自己的讲究。无煤地区的做法，既要省钱，又要暖和舒服，因而有关“灶火”技术，就成为室内装修的主要大事。“尺八锅台二尺炕，圪扭放在窗台上”这种民谣，在北方大部分地区妇孺皆知。“炕沿墙”和锅台的关系非常密切。

垒砌前先确定锅台的位置，有两种方案，即前锅台和后锅台。前锅台是向阳面，后锅台是背阴的一面。前锅台采光好，受热度高，是最受欢迎的方案，但是它有一定的条件。两间主房的面宽够八尺，才能有垒前锅台的条件，否则只能垒后锅台。前锅台的灶火与家门在同一个方向上，冬季烧火做饭，前锅台的炕头暖和舒服。天气晴朗，阳光照射室内，妇女们坐在窗前做针线活，采光好，不受冷冻。这种锅台是指平川地带的大锅台而言。这种大锅台的口面直径2尺2寸，一锅饭可以供10口人家庭一顿食用。这种类型的锅灶都配着助火的风箱，既省烧烤，又快捷方便。垒大锅台灶火，火口留在锅台的正前方，火口朝前，口高18厘米×宽15厘米。做饭时坐在地下，一手拉风箱，一手用火铲挑拨火点儿，上炭看火。锅台的内部是根据铁锅的形状，削砍成圆弧形，叫“锅刻罗”。“锅刻罗”的平台正中，设平盘火点儿，平盘的中心，是一个直径22厘米的小圆弧形状，称“燎盘”。“燎盘”略低于平台，燎盘上方设生铁铸成的炉齿，“燎盘”的下面是一个空着的放灰池，封闭后兼吹风口。锅台与土炕相交的进烟口，叫“双桶窝”。土炕、双桶窝和烟囱三者相通，所以在垒制这三个部位时要有总体计划，其中只要一处有问题，灶火的总体就会受到影响。因此锅灶的燎盘高度，双桶窝进烟高度，炕间子高度，出烟的狗窝高度，这四个高度的结构是层层高出。灶火的燎盘最低，出烟口的狗窝口最高。从炕和锅台的外部观察，一尺 8 寸锅台，2 尺高的炕，二者相差 2 寸，这是外部结构。但是它们内部的结构非常规矩，因而形成了四位一体相辅相成的一体结构。炕间子是炕的内部结构布局，复杂多变，又是根据实际构成。先完成炕沿墙和锅台以后，就转入了炕间子的内部。土炕内部布局，才是盘土炕的真正关键，必须按规矩和顺序进行，先铺平炕厢内的回填土，回填土不需要水平操平，从进烟处的双桶窝到出烟口的“狗窝”，要逐步高起。盘锅灶、燎盘的平台从地面算起，垒一卧砖，另加一平扁砖高度，合 22 厘米，是火点儿平盘的总高。一尺八寸高度减 6 寸 6 分，余 1 尺 1 寸 4 分，是安装铁锅内循环的圆形锅槽。火口的“双桶窝”高 6 寸 6 分，是土炕的最低点。确定狗窝的出烟口高度，是根据炕沿的高度决定。炕沿的最高平面是二尺，即 66.6 厘米，减去平铺的炕板子 8 厘米和泥皮 2 厘米，余 56.6 厘米，这就是狗窝上口离地面的高度。炕洞的高度是 24 厘米，这样 24 厘米减去 20 厘米，净余 4 厘米是高出部分，狗窝提高 3 厘米，这样狗窝的出烟处比双桶窝的进烟处，高出了 7 厘米。炕间的尺寸确定以后，四面墙壁放好墨线，根据墨线高低，加回填土。回填土很讲究，用纯干的好土打压成面粉状，晒干后垫入炕间子中。垫好后，再筹划炕洞中的土坯通道。垒炕间子用站立的双土坯成排完成，炕洞中不抹湿泥。盘土炕首先确定烟囱的位置。无论是什么样的炕洞，烟囱要与锅台对正。以锅台火点儿的中线为标准，对正山墙的烟囱，成 90 度直角。垒砌炕间子俗称盘炕洞。盘炕洞有三种盘法：①一洞子，②回洞子，③乱洞子。盘什么样的炕洞子，要根据宅院主人的家庭情况而定。①一洞子炕间，人少家大的情况下用，灶烟不绕行，从火口直接通到狗窝进入烟囱。全炕的炕间都不通烟，只是个摆设。晚上睡觉前往双桶窝填几把柴火，就够一个人睡觉。这样盘炕的情况很少。②回洞子炕：炕间子从锅头转出去拐回来，这种盘法，每行炕洞到头时留烟口再拐弯，经过多个拐弯，烟才能够绕回到烟囱。它有排烟慢的弊病，遇到阴天就会出现剪烟现象。③乱洞子盘法：炕间子中要排成好多个通烟走道，每行的烟道都要留下两个活口通烟，排成两行，烟口要形成错位。这种炕洞把灶火中的热量可以传遍全炕，而且烟口之间互不影响，是盘土炕最受欢迎的做法，被广泛应用。北方土炕的标准是：①烟囱的烟道顺畅 。②进烟口和出烟口的大小比例合格。③烟囱的高度适中。④盘炕间和锅台内腔符合规矩。烟囱是走烟的通道，土筑墙的厚度是最好的条件。37 标准墙就达不到要求，只能在山墙的外部另设烟囱排烟。土炕烟囱内部造型，成上小下大。上部的出烟口直径 25 厘米，下部的直径要达到 50 厘米—60 厘米，其造型酷似白酒瓶一般。底阔肚大，口子小加垂直，才能产生吸力。烟囱的底部是狗窝，与炕间子相通。狗窝是第一出烟口，直径 30 厘米左右，并在烟囱的底部挖一个深坑，低于炕间子 30 厘米，是狗窝的回烟处。烟囱不但要凿砍顺畅，还要抹一层麻刀泥找平。房顶的烟囱要求超出屋面 70 厘米左右，这样才能顺畅地出烟。在出烟口加一个能活动的烟囱盖子，可以全天保暖。土炕从灶火门到烟囱共七处关口，这七个口无论哪一个地方出了问题，都会影响到整体。垒成一个好灶火，是民宅中重要的项目，历来被人们普遍重视。风箱是灶火的帮手，是灶火的组成部分。（参看本集附录中的风箱制作）

7.掏间砖

掏间砖是镶嵌在房腔内山墙根部的条砖，又称墙裙。土筑墙室内下部镶嵌掏间砖，第一层砖的高度以柱础石平面为标准，根据柱础的平面拉出平线，而且要在墙上放成墨线。并要测量出五层条砖的高度，就是掏间砖的总高度。在墙表面挖成嵌砖的墙壕，深度根据条砖的宽度决定。把握准墙裙砖的宽度，要突出墙面 4 厘米后，镶嵌在土墙的下部。从土衬砖到墙裙，全部用清水墙下搭白灰工艺垒成。土墙与墙裙砖之间的空隙，用碎砖碎瓦片填充加素泥灌实。把掏间砖的四面连通，要起到防鼠、防潮和美观的作用。

8.铺地

铺地又名“砖墁地”。方砖铺成的地面，吃水快，透气好，不打滑。民宅古建筑铺地，由青色方砖，下衬破灰泥铺平，最后用白灰浆灌缝完成。这种手工类青砖，有接地气和吸水性能好的优点。

铺地是泥匠装修工程中的收尾项目。铺地前先平整地下基础，铲平以后用夯夯实再整平。地平的高度以柱础石上平为标准，拉线找准水平线。拉线时，留好平面 3 厘米厚度的铺泥空间。铺方砖以工字缝的样式为标准。砖与砖相交的拉缝，限制在 0.8 厘米—1 厘米之间。铺砖先从前檐部开始，排成行往后铺。底泥以破灰泥为主。每一块方砖都要精心铺作，摆正方砖，留好接缝后再夯实，最后用稀石灰浆灌入缝中，翻来覆去地灌几次完成。收尾用铁泥叶或铁大铲之类的工具，把多余的白灰浆抹入缝中，到无空隙为止。

9.白灰抹墙

白灰抹墙，俗称“亮家”，是泥匠装修工程中的重要项目之一。白灰墙皮有保护墙体的功能，有保温、光明、坚固、美观的优点。白灰抹墙原料，由水淋白灰和麻刀调制而成的苒灰，有防潮、不裂、不变形、拉力强的特性，是抹墙的最佳原料。

（1）苒泥和苒灰：墙皮由二层形成，第一层苒泥，是铲平稍峰的初抹泥，又称“引泥”，起与土墙粘连结合和找平的作用。第二层苒灰，就是亮家，与泥皮共同合成墙皮。调制苒灰是亮家的主要工作。

抹灰之前，先做墙面修整，用苒泥再平整一次。抹灰的当天，抹两层先抹苒泥是引泥，再抹白灰。亮家的第一层是铺底苒泥，第二层是由苒白灰完成。古建筑中的苒泥分多种，一种是房顶的苫背苒泥，这种苒泥是蓑草大渣泥。亮家抹墙的苒泥，是细苒泥，用无姜石干净土层的胶泥土，配稻糠、糜糠、谷糠等细糠类和成，是白灰的铺底衬泥。第一层先抹苒泥，泥的上面再抹苒白灰。这两种抹墙的材料质地不同，和合制作的工艺也不同。亮家是墙表面工艺，非常讲究细腻，泥和灰材料制作也很讲究。①制苒泥法：要求用立土层的粘土做原料，选谷糠、糜糠、稻糠、麦糠其中的一种做苒料，加水合成。糠苒和土的比例为土 1 苒 2，标准以泥不粘工具为合格。②苒灰是麻刀和白灰做成，讲究干净。把麻刀用竹条抽打成绒毛状，调苒灰。选一个环境宽阔干净的场地，把抽好的麻刀，平铺到白灰浆上，把麻刀绒毛按入灰中，用铁件工具排列剁砍翻腾，把白灰浆与麻刀和合成一体，灰与工具不粘为合格。苒泥和苒灰材料准备齐全以后，就可以开始抹墙。亮家之前，还要做一次墙面的补修，半干后再施工。

（2）亮家：是抹墙面的别称，抹两层完成。第一层抹苒泥，苒泥是引泥，第二层抹苒灰，苒灰是墙皮的表面。苒泥和苒灰是配套工序，第一层苒泥，起连接和过渡的作用，厚度以 8 毫米为标准。抹泥前，先洇水，洇水要做到充足均匀，否则会出现底泥利皮的情况。抹墙皮分先后，先抹苒泥，再抹苒灰。泥皮和灰皮要配合紧密，其中只要有一项缓慢延误，就会出现不平整和利皮的现象。因此抹泥和抹灰的匠艺人要把速度掌握在恰到好处，二者在运作中都不可有怠慢的现象。亮家的平整度，关键要把握准两墙相交的拐角线道。无论抹泥还是抹灰，都要把拐角线整平抹直。白灰抹面是工程的关键，抹白灰的艺人要与抹苒泥的艺人配合紧密，二者是一前一后紧密相跟的作业，快慢差距不可太大。苒泥厚8厘米左右，白灰厚度只有5—6毫米。再经过压光做面，只能保持在4毫米左右，这是合格标准。苒白灰的特点是干固快，抹到墙上马上会凝固，因此抹白灰面的后面，专门要配一个压平面的匠艺人。重点掌握好抹白灰墙的顺序，前后由三人完成抹完一堵再开始一堵，不要多堵墙面同时开抹。在人员不够的情况下，全面开工，会延误时机，影响到墙面的质量。压墙面是抹灰工艺的最后工序，也是必不可少的工序，又是一项精细工艺，必须把握好手中泥叶子的力度。配合不妥就会出现利皮，不是泥皮与土墙不粘连，就是泥皮和灰皮成两张皮。压墙面，要在湿度充足的状态下进行，掌握不准时机挤压过度，也容易出现利皮。只要有墙皮发硬的半干状态，就不可以再进行压面。刚完成的新墙面注意保护，在墙面未干透之前，48小时之内，不可大开门窗，不可任意让风吹入，造成墙皮开裂。让墙面自然阴干是最好的办法。墙面彻底干透，才可以粉刷。过早的粉刷也会损坏墙面，或出现发黄、掉皮现象。满一个月，白灰墙面才能彻底干固。

平房的收尾工程，是油漆裱糊筑顶棚工程，与平房建筑是配套工程。（请参看四合院纸顶棚工程）

附录一　建筑实例

定襄县宏道镇宅院（以下简称宏道四合院）

（一）宏道四合院工程总述

本宅院，是传统民宅标准古建筑四合院。这种民居四合院，是根据“八门七星门宫”规则，结合周围的大小环境构成。宅院布局是根据“巽门坎宅”中的八卦确定方向，七星分辨吉凶而形成的。这种宅院建筑，以南北中轴线为主线，一高二低划吉凶，东西对称为格局，水走巽门为风水构成。宅中建筑的面阔、进深、台高、柱高等结构细节，均以鲁班尺中吉祥数字为标准合成，在石、木、砖雕等图案内容的筛选上，全部以“福”“禄”“寿”“吉”“财”为雕刻主题。在营造结构上，设置了堪称国粹的“斗栱”与“大额枋（卧栏）”“小额枋（立栏）”“采飞”“露半柱”“细磨砖”“针次缝”“五脊六兽”“排山瓦”的硬山博风式。这些颇上讲究的做法相辅相成，并以房座的石根基为永固基础，共同形成了一个完整、传统的民居四合院。

（二）规划设计

四合院是传统的民宅建筑，以石、木、砖、瓦结构完成，院的四面都有建筑。四合院建筑，从宅院门宫定位、材料配合、房屋布局、结构、造型，到制作的工艺，都很讲究。

1.平面布局和形制

宏道四合院，平面布局是竖写 1 字长条形状，南北长，东西窄。

南北长 33.79 米，东西宽 26.28 米，另加水路的 3.62 米，形成长方形宅院，总占地面积 1014 平方米。减去宅东的滴水路面积 165.42 平方米外，四合院的实用面积848.58平方米。其中建筑面积551.74平方米，院的总面积合计296.84平方米。

建筑排列如下：主房（宫）北正厅五间，东北、西北耳房各两间，南对厅五间，东南方院门一间，西南厕所两间，东厢房三间，西厢房三间，总计房屋19间。北正厅和南对厅（倒座）均设前廊，檐部设三踩斗栱。东、西厢房的檐部设大小额枋，俗称“实垫枋”结构。院内的19间房屋，全部是前后采飞，硬山博缝排山瓦卷边，哨间统一用露半柱做法。房屋的基座，由连堡磉墩组成地下暗梁，凡露出地面的基础，全部用大青石的条石工字缝垒砌而成。山墙清一色蓝砖，细磨砖针次缝工艺垒成，屋顶筒瓪瓦盖顶。墙壁的里子红砖水泥拣缝，与墙外壁的“针次缝”勾拽连接成整体。屋顶设五脊六兽，即正脊、垂脊、戗脊和正脊兽、垂脊兽。每幢房哨间山墙的垛子完整，靴座配迎风、压面，墀头部位设滚棱凹面砖，戗檐部分雕刻吉祥图案。北房和南对厅的廊檐柱，设莲花座式的柱鼓石。廊柱之间分别设“雀替”“券口”，用木雕刻工艺完成。全院建筑的斗口统一为8厘米，因此替面和槛框的厚度全部统一成8厘米。窗框的小面里口、外口全部裁口，门框是里面单裁口的工艺完成。

2.基础

（1）宅院基础

宅院基础指没有建筑的空旷部位。宅院基础深度以冰冻线为界线，冰冻线以上加高的部分属台基部位，全部用夯打硬。

（2）建筑基础

建筑基础，指有建筑部分的地下主要基础，即墙根基。根基的下挖深度，超过冰冻线，往下又深挖一米左右，一直找到原始土层的硬土层为止。挖好墙和柱下的壕沟以后，用夯夯实最下层。一方面夯实根基，一方面根据打夯的声音，审基础。在审过合格的硬土层上，垫30厘米厚的垫底土，用三七灰土，夯实到20厘米厚。建筑基础中的房腔部位，深度与院中的基础相同。承重墙和持梁柱础石的下部基础，采用挖壕沟的做法完成。壕沟深度，挖到原始土层，见到硬土层。先把挖成的地基用夯夯实，再垫30厘米厚的三七灰土做衬底土，用夯夯实到20厘米厚。在夯实的灰土层上，支模型做地梁。地梁宽56厘米×高度20厘米，用钢筋混凝土制成。地梁以上垒砌连堡磉墩，把每根柱础的基础用石块垒砌完成。房基四周檐台外露部分石条的小面，人工凿砍成一寸五錾道的直纹。檐台基座垒到最上层的压檐石时，前檐台的出水部位留出1%的泛水。每幢房屋垂带和踏步的地下基础，与柱础石下磉墩的做法相同。檐台四周石条的灰缝，控制在6毫米—8毫米之间。垒砌柱基础的磉墩，统一测准地面线，垒到接近地面时预留20厘米柱础石厚度尺寸。建筑基础的磉墩垒完以后，回填房腔。回填土的土质为胶泥性质的"立土"，院中的基础也同时回填。回填前安装上、下水管道，铺设好电路、暖气等预埋管道，并与室内连接。

（三）四合院建设仪式说明

民宅建筑有行业的建设规矩：创建宅院，未设厕所和烧火起灶之前，院内无值日的星宿，可以任意动工建设。起灶做饭和安定厕所以后，就属于旧宅动工，这时就有了三煞、太岁、小儿煞星宿值日，在动工之前就要看偷修日防灾。

奠基仪式：①镌刻奠基石。②奠基破土仪式。③大木构架上梁仪式。④泥瓦匠宬房合垄口仪式。⑤喜迁新居庆贺仪式。⑥营造工程完成以后的谢土竣工仪式。

1.北正厅

北正厅是本宅院的主房，在正北的"坎"字位上。七星中的"生"字位，即本院的"宫"位，与街门的"巽"字相配合成"巽门坎宅"门宫。

面阔五间。①基座（檐台）：高0.68米，宽15.04米，深7.82米（边至边）。②平面布局：间宽2.82米，进深5.2米，廊深1.26米，总进深6.46米（中线至中线）。③高度：台高0.68米，柱高3.2米，总高8.68米（至脊上平）。占地面积117.6平方米。

进深分前廊后厅，正中设客厅三间，左右分别设卧室各一间。室内的东山墙和西山墙与东、西耳房相通，是连通的"通九间"格局。檐柱下设带莲花的雕花柱鼓石。前檐设三踩斗栱，柱之间分别设计"券口"和雀替等木雕。后山墙和旁山墙，用细磨砖的针次缝工艺垒成，墙体统厚370毫米。东西两山设硬山博缝方砖，五脊六兽排山瓦卷边。檐台基座四周清一色的大青石条垒砌，工字形水泥缝，缝宽0.8毫米—10毫米之间。两山的垛子靴座部分设迎风石和压面石，石雕刻成，细磨砖针刺缝垛身，设挑檐石，墀头由滚棱凹面砖和雕花戗檐砖组成。

前檐廊部由大额枋(立栏)、小额枋(卧栏)斗栱共同组成。室内隔墙全由木雕的隔扇门组装集成。隔扇的上部装顶窗,前廊的顶部设木顶棚,成棋盘式芯板,隔扇门上的窗户名"套角灯笼式"。隔扇下部的装板刻雕花图案。檐部三踩斗栱,后尾设偷心造的秤杆挑出。前檐檩下的方替由足材的整料雕成,形成连身裙式华栱,通间相连,并与多组斗栱集成一体,既是斗栱的花栱,又是前檐檩的方替,是一物二用的做法。檐部的廊间,檐柱和金柱(老檐柱)之间,由扒栿梁和挑尖梁拉拽结成一体。扒栿梁和挑尖梁的头部,分别雕"夔龙头""大象头",取飞黄腾达和太平有象的寓意。

斗栱部分

斗栱共三处,北正厅、南对厅和院门部位。(参看本院门部位斗栱规格)

斗栱规格:

座斗:24 厘米 × 24 厘米 × 16 厘米　斗口:8 厘米　拽架:30 厘米

足材:16 厘米 × 8 厘米　单材:11 厘米 × 8 厘米

十八斗:13 厘米 × 13 厘米 × 7 厘米　契高:5 厘米　总高:7 厘米

三才升:长 13 厘米 × 宽 13 厘米　契高:5 厘米　总高:7 厘米

前架驼墩:长 80 厘米 × 高 54 厘米 × 厚 20 厘米。

后架驼墩:长 80 厘米 × 高 16 厘米 × 厚 20 厘米。

本宅院所有斗栱部分,不分位置,其规格尺寸完全相同。南对厅檩、替、枋的替面也相同。本院中斗口全部统一为 80 厘米。所以大槛框装修厚度同样是 80 厘米,大梁栿的平水高度与前檐的檩径相等,梁头的宽度与儒柱厚度相同。本工程梁栿制作规格以此为准,不再另行解释。

北房廊部前檐设大额枋(立栏)、小额枋(卧栏),室内不设隔墙,檐部设三踩斗栱跳一步檩,室内后尾属偷心造挑出秤杆;前檐檩下的随檩方替是用整木连成的"华栱",贯穿了多组斗栱。

2.南对厅

本宅中的南房与北房相对,称"南对厅",是本宅院中的第二高点"离"字位上的吉星。南对厅的檐台基座面宽五间,①台基座:高 0.6 米,面宽 15.04 米,进深 6.87 米(边至边)。②平面布局:间宽 2.82 米,进深 4.25 米,廊深 1.26 米,总进深 6.46 米(中线至中线)。③高度:台高 0.6 米,柱高

3.01 米，总高 7.99 米（至脊上平）。屋顶的梁架结构造型，除局部的尺寸有少许变化外，大格局的结构与北正厅完全相同。

3.院门

别称街门，在东南拐角“巽”字吉星位。院门与北正厅共同组成了“巽门坎宅”门宫。院门的檐台内高 44 厘米，檐台外高 86 厘米，院基高出街心 42 厘米。柱高 300 厘米，外檐檐部的五踩斗栱总高 84 厘米，屋顶构架高 210 厘米，屋脊高 100 厘米，总高 780 厘米。院门基座面宽 414 厘米，进深 585 厘米，是标准的传统四合院走马大门。屋顶构架，单层五檩四椽踩飞，五脊六兽排山瓦，硬山博缝式。柱头部分露半柱实垫，柱间券口雕孔雀牡丹。前后檐的柱础石，雕莲花形石鼓，高出檐台的平面，门墩与石鼓相连，雕少狮太保，成一对。

本设计方案中的大门，俗称走马大门，总高度仅次于北主厅的“宫”，是本宅中的第三高点。本院门设在东南“巽”字位上，硬山式砖木结构。外檐的檐部设五踩两跳檩斗栱，朝院里的一面，设三踩斗栱跳一步檩，柱下设莲花座式雕花柱鼓石。临街檐柱的两柱之间，设孔雀牡丹木雕券口，院内另一面柱间，设夔龙雀替。中间的通天脊柱的街门两旁，分别装余塞板，立槛的上部设横皮板。门的“额脑”与勾扇共同合成，装榆木串板式大门。院门上方的横皮板上设匾额，用阴抱阳雕刻出“厚德载物”，真金箔贴成。两山墙前后垛子的靴座上装迎风、压面雕花石，垛子上部设挑檐石和墀头雕花的戗檐。

院门的总尺寸：

基座：高 0.86 米，台宽 4.14 米，进深 5.85 米（边至边）。②建筑：间宽 3.2 米，进深 4.1 米，前廊深 1.9 米，后廊深 2.2 米（中线至中线）。③高度：外台 0.86 米，内台 0.42 米，柱高 3 米，总高 7.8 米（至脊上平）。街门的门口大小，根据宅院大小按比例设成。相传有“嘴小肚大不进财，嘴大肚小不聚财”的讲究，为此门口的高、宽根据宅院面积，经过精确计算，以鲁班尺为依据设成。

院门的木构架施工尺寸：

檐柱高：300 厘米　柱径：28 厘米　柱鼓石：高 22 厘米 × 径 46 厘米

中间脊柱（金柱）净高：523 厘米　柱径：32 厘米

脊檩长：360 厘米　间宽：320 厘米　檩径：32 厘米

大额枋:24 厘米×16 厘米×320 厘米　小额枋:16 厘米×24 厘米×320 厘米

座斗:24 厘米×24 厘米×16 厘米　斗口:8 厘米

三才升:13 厘米×13 厘米×契高 5 厘米　总高 7 厘米

拽架:30 厘米　足材:16 厘米　单材:11 厘米

契:5 厘米　十八斗:13 厘米×13 厘米×5 厘米　总高:7 厘米

爪栱:长 48 厘米×高 11 厘米×厚 8 厘米

万栱:长 68 厘米×高 11 厘米×厚 8 厘米

边十八斗:横 25 厘米×纵 13 厘米×厚 5 厘米　总高 7 厘米(根据挑尖梁的厚度确定)

儒柱:高 64 厘米×方形 20 厘米×20 厘米(本院工程儒柱径统一尺寸)

院门门口高 254 厘米,院门门口宽 195 厘米

石鼓形门墩:长 110 厘米×宽 24 厘米×高 86 厘米(见详图)

替面宽:8 厘米。全宅院檩、柱、枋替的替面统一,尺寸与斗口相同,装修槛框厚度统一为 8 厘米,宽度按需所配。

门簪:总长 75 厘米×径 20 厘米

勾扇:长与面宽相等,宽 30 厘米×厚 8 厘米

扒栿:长 230 厘米×宽 25 厘米×厚 16 厘米

方形夹替:随檩长 365 厘米×高 12 厘米×厚 8 厘米

下替:随檩长 365 厘米×径 18 厘米(断面呈圆形)

檩:长 365 厘米×径 30 厘米(统一尺寸)

挑尖梁:长 300 厘米×高 24 厘米×厚 16 厘米

门簪:(门头)径 20 厘米(圆形梅花形状)　前头长:26 厘米　卯长:35 厘米　卯厚 2 厘米(详图另附)

下门槛:宽(高)20 厘米×厚 16 厘米　长随面阔(提前完成以后,与石雕门墩、石鼓在立架院门构架的同时安装)

立槛:(抱柱槛)长与金柱同,宽 15 厘米×厚 8 厘米

额脑:宽 24 厘米×厚 8 厘米,长随面宽

勾扇:宽 24 厘米×厚 8 厘米,长随面宽

门扇:纯榆木做成。

官扇:长 280 厘米×厚 8 厘米×宽 16 厘米

门板：厚6厘米，每扇门宽100厘米

门带：厚6厘米×宽8厘米×长与门宽相同110厘米

注：下门槛和石门墩、石鼓，在立架之前与金柱预先装好，同时立架。

4.东厢房

正东的震字位上，坐东面西“缘”字吉星位。平面布局面阔三间，940厘米，进深592厘米，面积55.65平方米。檐台基座高48厘米，柱高300厘米，梁架高262厘米，脊高100厘米。建筑总高710厘米，较南房低89.1厘米，是院中的第四吉星。由五檩四椽实垫额枋，两出水屋顶前后檐踩飞，硬山博缝排山瓦卷边，屋顶设五脊六兽，筒瓪瓦盖顶完成。较西房高出36厘米，是院内的第四高点。

5.西厢房

在宅院正西的“兑”字位上，坐西朝东，面阔三间。房基座面宽940厘米，进深592厘米，面积55.65平方米。檐台基座高42厘米，柱高282厘米，梁架高260厘米。脊高90厘米。总高674厘米，较东厢房低36厘米，是“六煞”位凶星中第四低位，宅院中正方向上的最低点。西厢房与东厢房相比较，除高低有别外，其他结构造型等工艺与东房相同，二者形成对称格局。

6.东耳房

北大厅东北拐角“艮”字位，“绝”字凶星。耳房的后墙与北大厅后墙成一线，室内与北正房相通。耳房面阔2间，580厘米，进深578厘米，台基面积33.6平方米。耳房台基高40厘米，柱高280厘米，梁架高226厘米，脊高100厘米，建筑总高646厘米，是院中的低点之一。东山墙既是房墙又是围墙，厚37厘米，与主房墙相同。垛子下部的垛靴，设迎风压面雕花石，上部的墀头设滚棱凹面砖，墀头的戗檐，雕刻花、鸟、鱼、虫等图案。西山墙紧贴在北正房的东山墙上，厚24厘米，上下的形式与东山墙相同。出檐部位设1%的泛水，檐部硬三道箍替木，前后檐踩飞。屋顶排山瓦卷边，硬山博风式，正脊和东哨间设垂脊。与西耳房相对，二者成对称格局。

7.西耳房

后墙与北正厅相连，坐北朝南，在西北拐角“乾”字的祸字位，不宜起高，是宅院中的第三凶星。西耳房的山墙邻街，既是院墙，又是耳房的山墙。房基座的下部是外墙，用形状石垒成石根基，埋入地下，土中埋入一层，内墙是台基。西耳房基座、柱头、构架和屋顶等部分的尺寸、结构、造型完全与东耳房相同。西耳房、东耳房、厕所的星位是本宅的三大凶星，是宅院中的三大低点。

8.厕所

院西南拐角的坤字位，七星中的“五鬼”凶星所在，是本宅院建筑中的第一低点。①基座：台高0.4米，台宽5.82米，进深5.78米(边至边)。②建筑：间面宽2.55米，进深4.6米，檐台深0.88米(中线至中线)。③高度：座高0.4米，柱高2.8米，总高6.46米。西南拐角的两面临街，石根基基础全部用大青石形状石垒成。室内的结构和装饰，根据现代的洗手间装饰完成。

(四)工程的技术要求

1.石匠工艺

本建筑石根基垒石，是为了防止雨水常年对基座的浸泡和地下潮湿，天长日久会使外皮驳落，影响到建筑的寿命。本宅院的方案，每幢建筑四周的根基，全部用大青石条垒砌。青石条不但坚固，还起着隔潮的作用，会确保永久的坚固和美观。垒石是石匠的任务，垒砌台基的条石要求：①埋在地下看不见的条石，可以用机器切割成的平石面垒成。②露出台基外的看面，要求用人工加工有錾道的石条垒成。分院里和院外两个档次，院内垒石是宅院的看面，要求一寸五錾道凿成，院外可以用一寸三錾道工艺凿成。

石工垒石，灰缝要求在6毫米—8毫米之间，铺院石缝宽10毫米左右。凡是檐下的檐台石，平面全部做成有泛水的排水坡度，铺院时表面凿砍的石面，要达到标准的凿砍水平。把握好铺院的泛水，铺院完成以后，保证院中的出水通顺，遇暴雨达到雨停15分钟后院中水排完。垒垂带踏步时，垂带基础同样填垒结实。稳柱础石的时候，础石上平面、面阔、进深的十字线要求达到分毫不差。如有用“大力士”胶粘的地方，要粘焊结实，达到一劳永逸的效果。

2.木匠购料与工艺

宅院古建筑工程的用材，分四个类型六种木材。本方案中的木材，要求购买东北大山林的木材。①椽子、飞子可用落叶松材。②梁、柱、檩、枋、替、斗栱，统一用樟子松为主材，材长和材径要达到1:10的比例。③装修的大木槛框松木优先。④门扇类统一选优质榆木材做原料。⑤窗扇用柳木材，雀替和券口雕刻部分用椴木。装修备料，以自然的陈干木材为合格。制作工艺要求，构架中除椽子、飞子、连檐、瓦口等可以使用铁钉外，一切结构全部用榫卯完成，不允许用铁钉替代榫卯。在盖房的营造工程中，木匠工艺是最关键的，从测量到打橛放线、确定等高线等，一系列定位工作均由木匠掌握完成。这些程序都很关键，因此木匠是全盘工程中的指挥者，所以对木匠工艺要求更为严格。本工程中要求木匠房屋的构架达到：①横平竖直，全房一道线。②檩架要求树梢子朝东或朝南，树根部朝西或朝北。画线制作统一在根部开卯眼，梢部做榫子。③檩、替的榫卯，要求达到用夯夯入的标准。④凡柱都要求垂直，杜绝因柱不垂直，窗扇、门扇完工后"走扇"的现象。⑤注意颠梁、倒柱、绞梁椽的大忌。⑥用料时既不小材大用，也不大材小用。⑦配备椽飞，每间以单数为规矩，不可配双数完成。

装修部分：门窗的大槛框架，误差允许在2—3毫米的范围之间，要保证尺寸的精确度。防止从外地定购的门窗与框架安装时不合。

本工程与众不同之处是：室内的隔墙不垒砖，全部装"木隔扇"，均由木工完成。所以要注意在老檐柱、前后檐柱和大梁的下平水部位，立架前均做成直线平面（后柱可以是方柱），并要求中线垂直到准确无误，主要为装修留好槛框安装的条件。

3.泥瓦匠工艺

泥匠以"干摆细磨砖针刺缝"的工艺为主，下搭白灰，留2—3毫米的灰缝，缝的误差在1毫米之间。针次缝灰缝杜绝留下类似蜂窝眼的空缝子，把面上用的蓝砖和里子红砖勾拽牢固，防止出现两层皮现象。泥瓦匠的垒砖工程和盖顶，统一用"水淋白灰"，杜绝用干筛灰施工（防止石子膨胀）。垒砖前把要垒的砖，洇湿到恰到好处。上脊筒时，脊檩正中要插铁类构件加固，在正脊和兽下设8# 铁丝通入地下，起导电作用。硬山博风工艺要达到和谐自然，与木、石结合处，三家要做到配合密切。

4.大木构架制作说明

本宅院建筑中的斗栱部分，不分座次和位置，其规格尺寸完全相同。南对厅的檩、替、梁、枋的替面，与北正厅相同，统一为8厘米。大梁的梁头平水线高度与前檐檩径相同，宽与檐柱径相同，设在儒柱双步梁头的平水线高度，与檩径相同，宽度与儒柱径相等。本工程的梁栿制作规格，以此说明为准，营造的做法按木行的制作规矩实施，不再另行解释。

（五）施工顺序

1.深挖院基，找到原始硬土层。

2.夯实硬土层以后，回填三七灰土后再夯实。

3.用打撅放线的程序，确定各个房基座的位置。根据图纸，找出柱的中线，用“连堡磉墩”的做法垒成柱的基础。在基础上平留出25厘米高度，是柱础石的尺寸。地基内的地梁，钢筋水泥材料免用小号水泥。古建筑工程，先放线做成檐台基座，再进行立架上梁。构建台基先完成地下磉礅，磉礅之上构筑地梁，从地梁开垒形状石，到完成。

4.柱础和承重墙以外的空间与院间的回填土，土质要求用立土类的粘土。

5.做院基础的同时，要把上下水、电路等管道线路埋好并通入室内，免得装修室内时刨地破墙。

6.院基动工的同时，木匠购料开工，从大木构架施工，就要订购有关石作的后柱础石。砖包墙工程，是先做基座后做木构架，再垒山墙，最后宬房。立架上梁注意码好戗杆。垒砌山墙之前，要仔细审查好梁的架道，是否达到全房一道线，横平竖直的规矩。经过认真审查，合格以后再垒山墙。檐部平身山墙全部完工合格后，再计划屋顶的苫背泥。

7.营造砖瓦房建筑四合院工程分批开工，三个阶段完成。第一期完成北、南、东、西四面正方向的房屋，第二期完成耳房、厕所。街门是最后的第三期工程。之后是诸多房屋的室内装修和油漆保护工程。最后再完成铺院工程。

（六）图纸设计

木雕刻装饰方案：本宅院是民居建筑，宅中雕刻忌出现寺庙之类别的内容。民居民宅自古讲究不雕龙的图案。

1.三副券口雕刻:①院门券口:孔雀牡丹。②北正厅二十四孝图。③南对厅,松鼠葡萄。

2.九副雀替:①街门内一副:夔龙成对。②北正厅四副:喜鹊登梅、白鹭戏莲、金凤采菊、鲤鱼跳龙门。③南对厅四副:吉祥如意、满堂富贵、并蒂同心、松鹤长春。

工艺要求:①边框装饰要与内容相辅相成。②雕刻的层次要求分4层—5层雕成。③原材料规格要中间高起凸出,边框可以适当低于中间。

第一阶段大构架告一段落以后,再进行第二阶段的设计任务:(1)斗栱雕刻图案。(2)木雕券口、雀替、梁头、扒栿等多处的雕刻图样放大。(3)室内木隔段的门扇、窗扇等图案,室外老檐部位的门窗装修等雕刻图案。(4)石雕的柱鼓石、迎风石、压面石、挑檐石、石狮、门墩石、砖雕照壁等诸多部位的雕刻图案的放大样工作。

二〇〇四年开工

定襄县宏道镇四合院工程施工图及照片

二〇〇六年完工

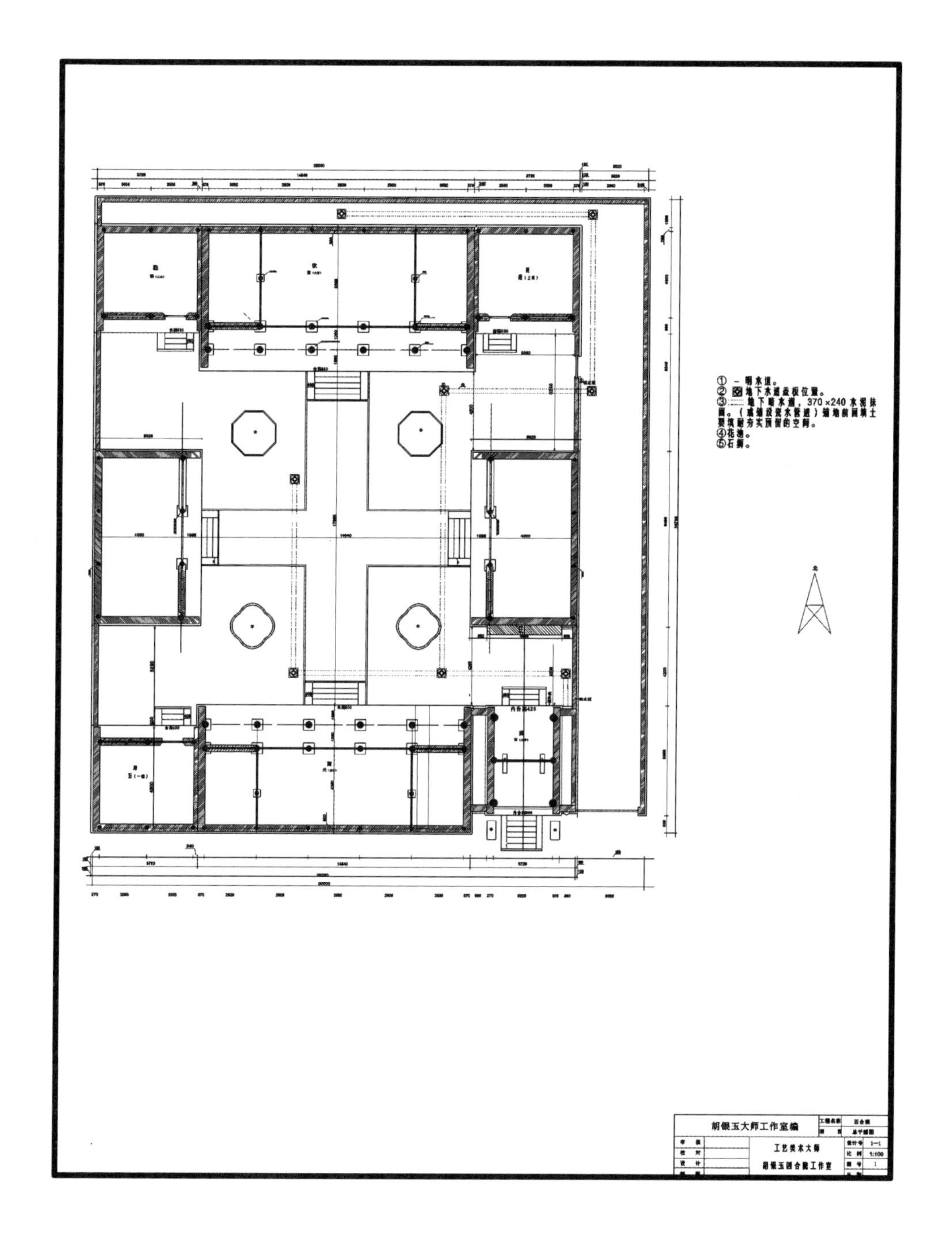
①－明水道。
②地下水道盖板位置。
③地下暗水道，370×240水泥抹面。（或铺设泥水管道）铺地前回填土要填耐夯实预留的空间。
④花池。
⑤石狮。
胡银玉大师工作室编
工艺美术大师
胡银玉四合院工作室
设计号 1—1
比例 1:100
图号 1

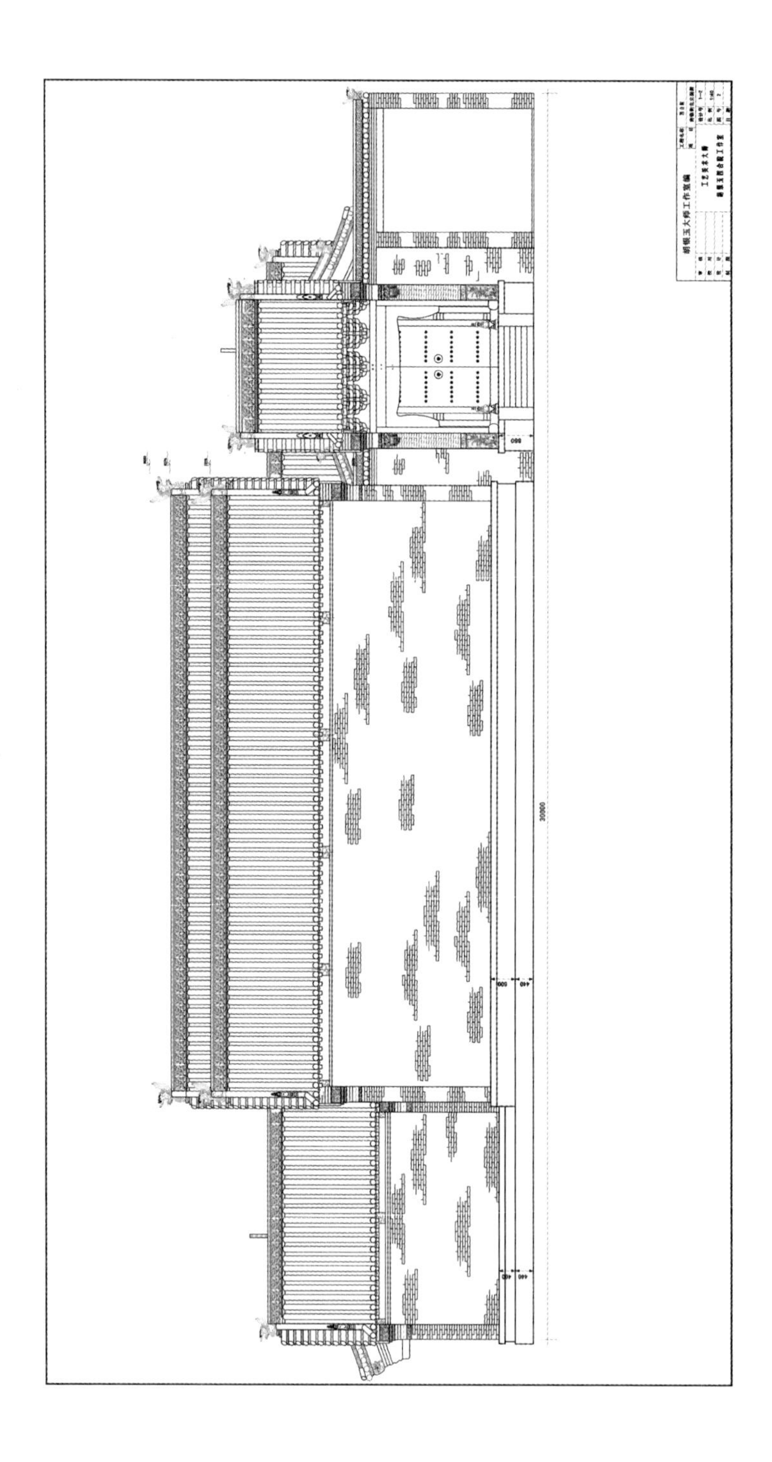

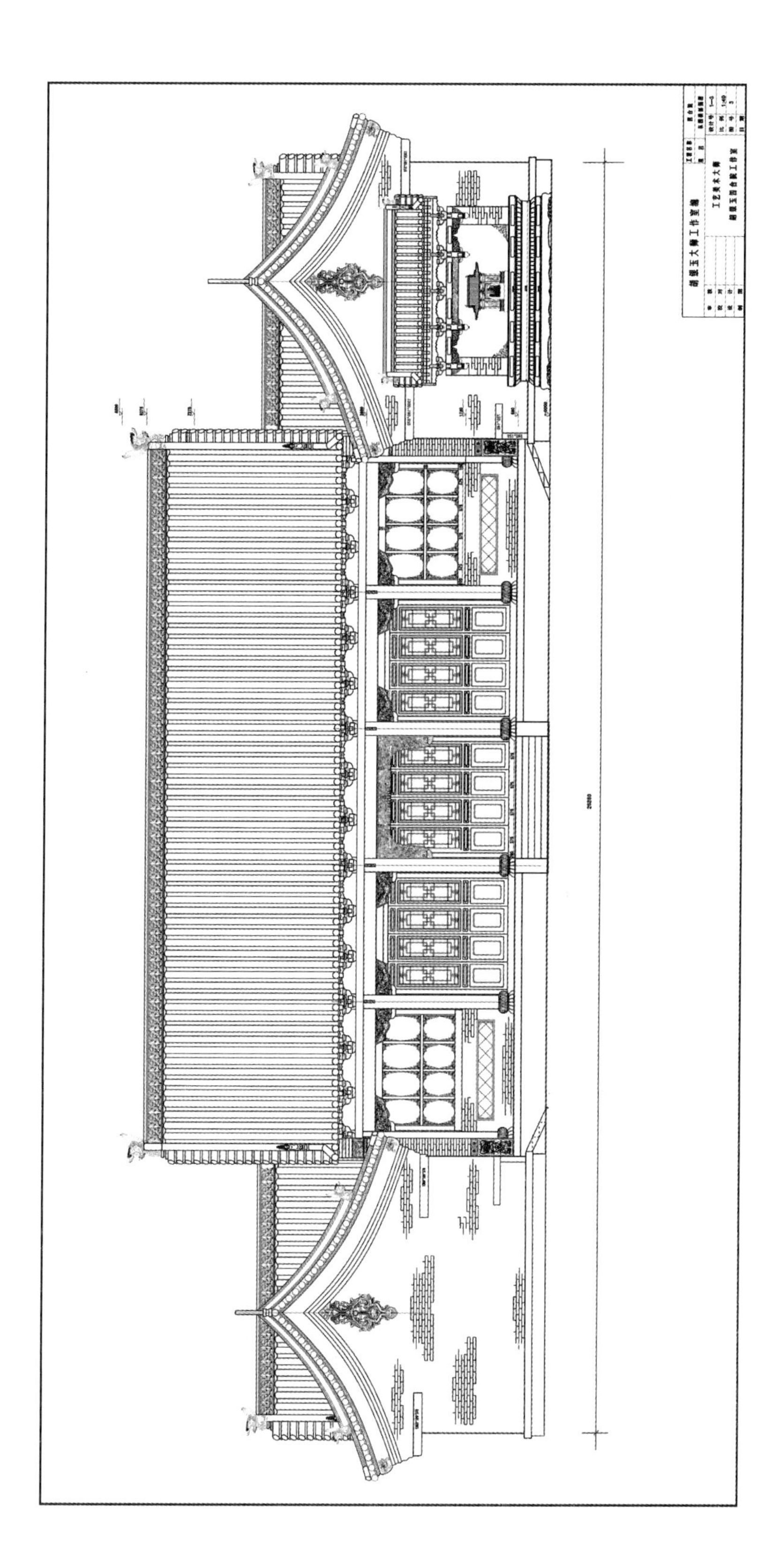

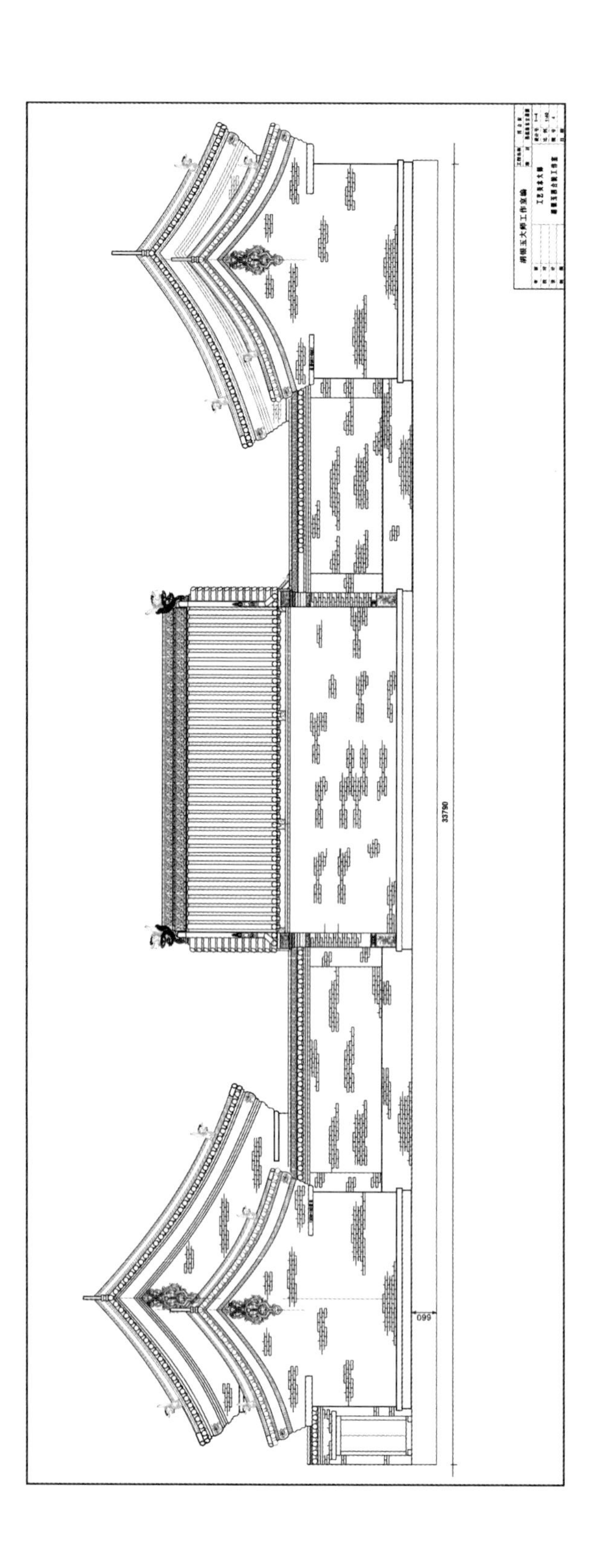
33790

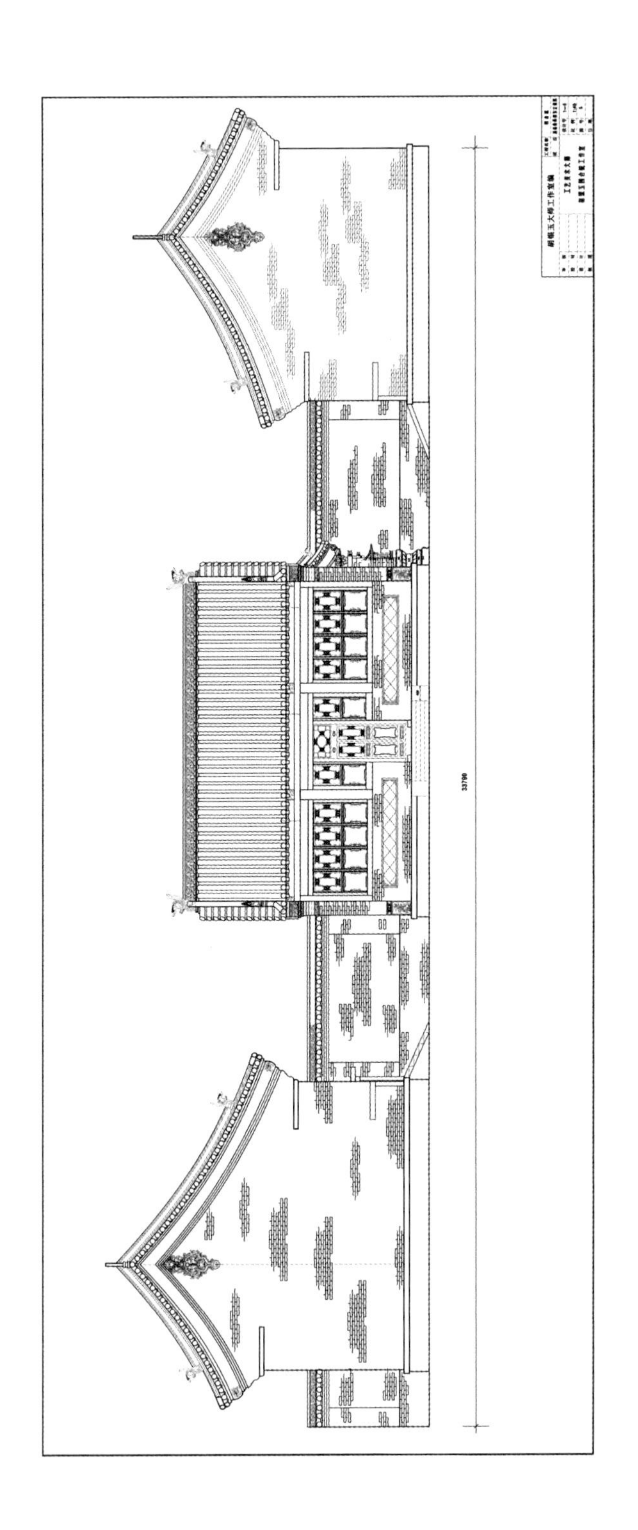

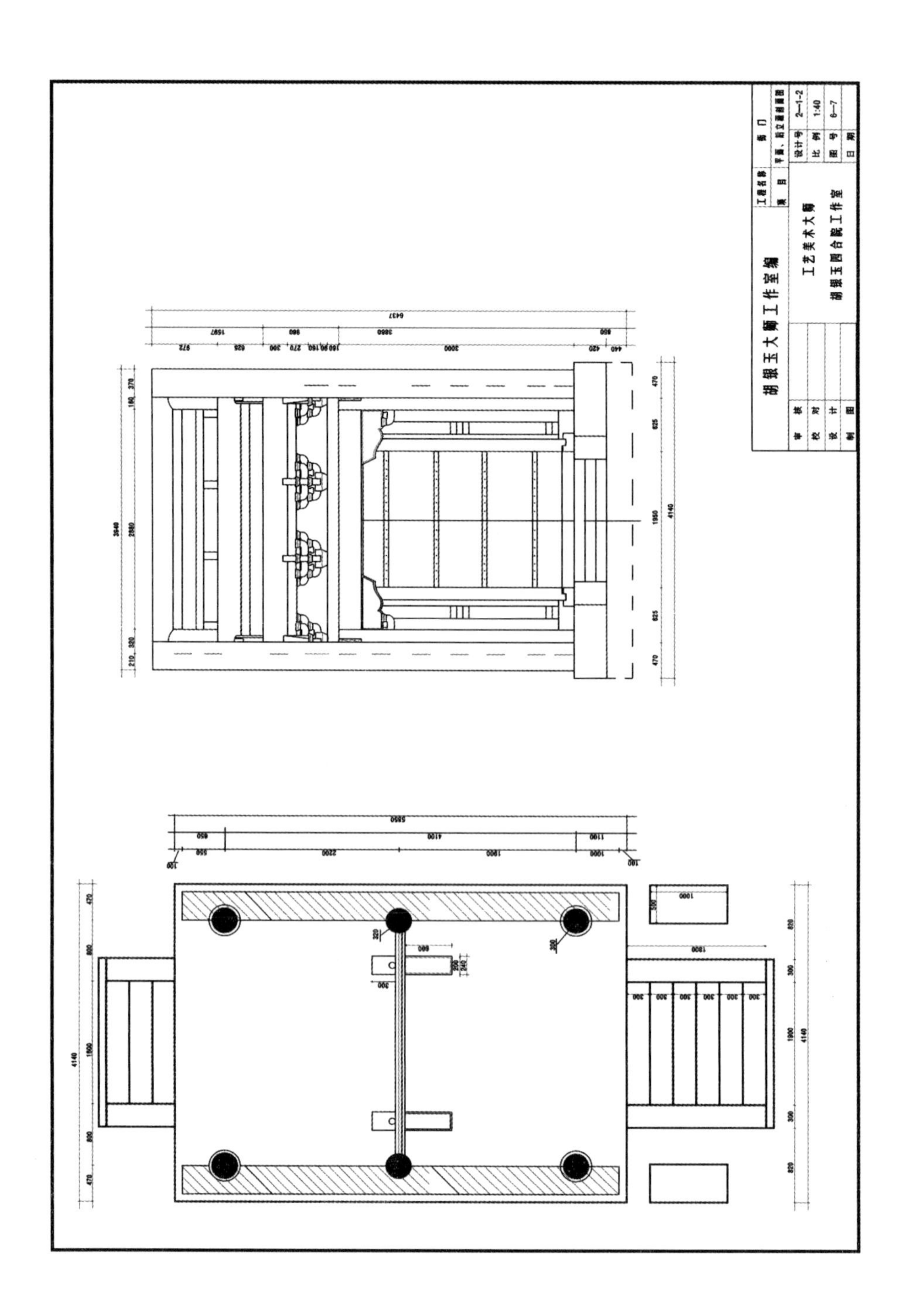

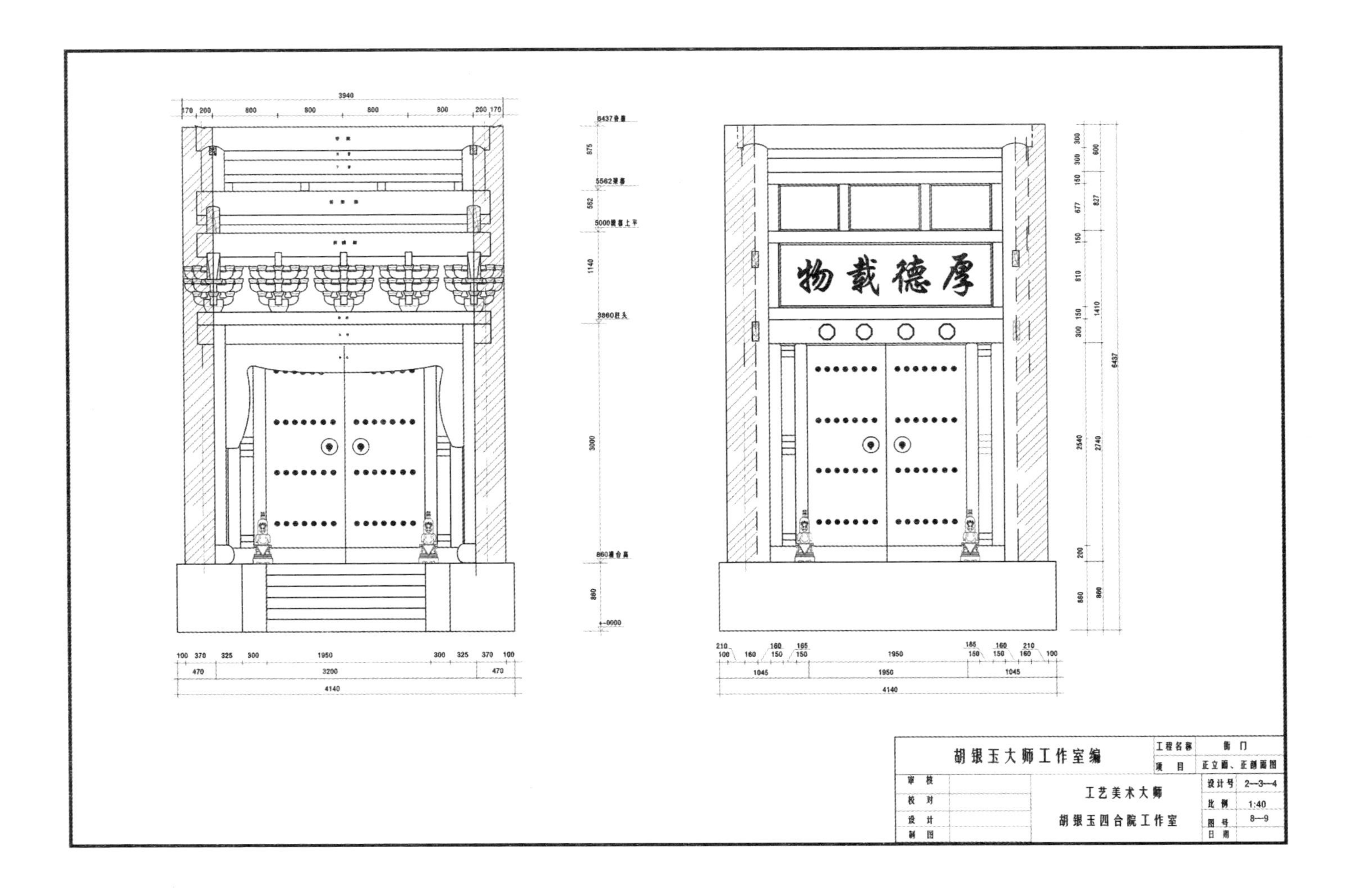
物载德厚
胡银玉大师工作室编
工程名称 衙门
项目 正立面、正剖面图
审核
校对
设计
制图
工艺美术大师
胡银玉四合院工作室
设计号 2—3—4
比例 1:40
图号 8—9
日期

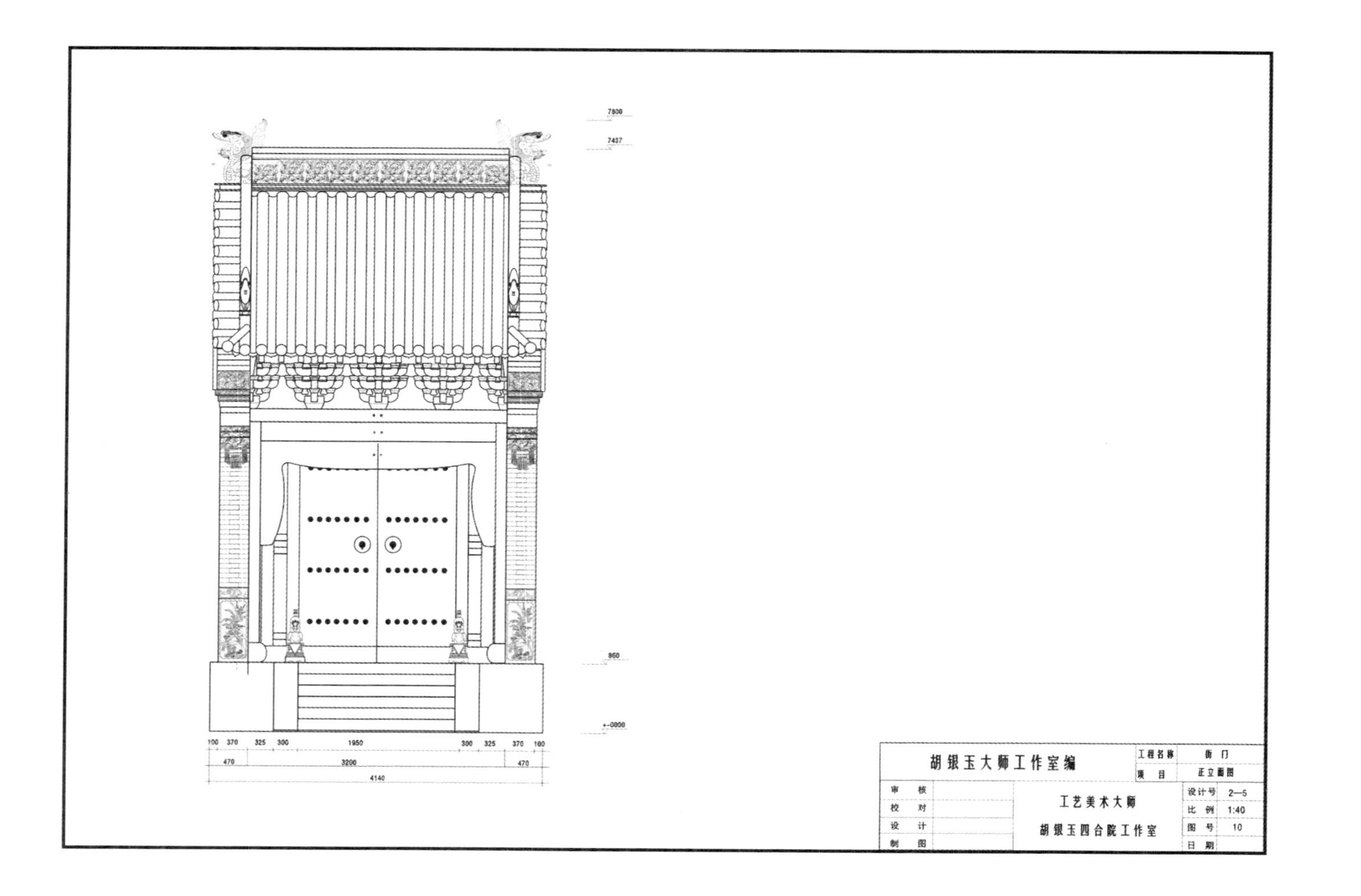
7800
7437
860
±0000
100
370
325
300
1950
300
325
370
100
470
3200
470
4140
胡银玉大师工作室编
工程名称
街门
项目
正立面图
审核
校对
设计
制图
工艺美术大师
胡银玉四合院工作室
设计号
2—5
比例
1:40
图号
10
日期

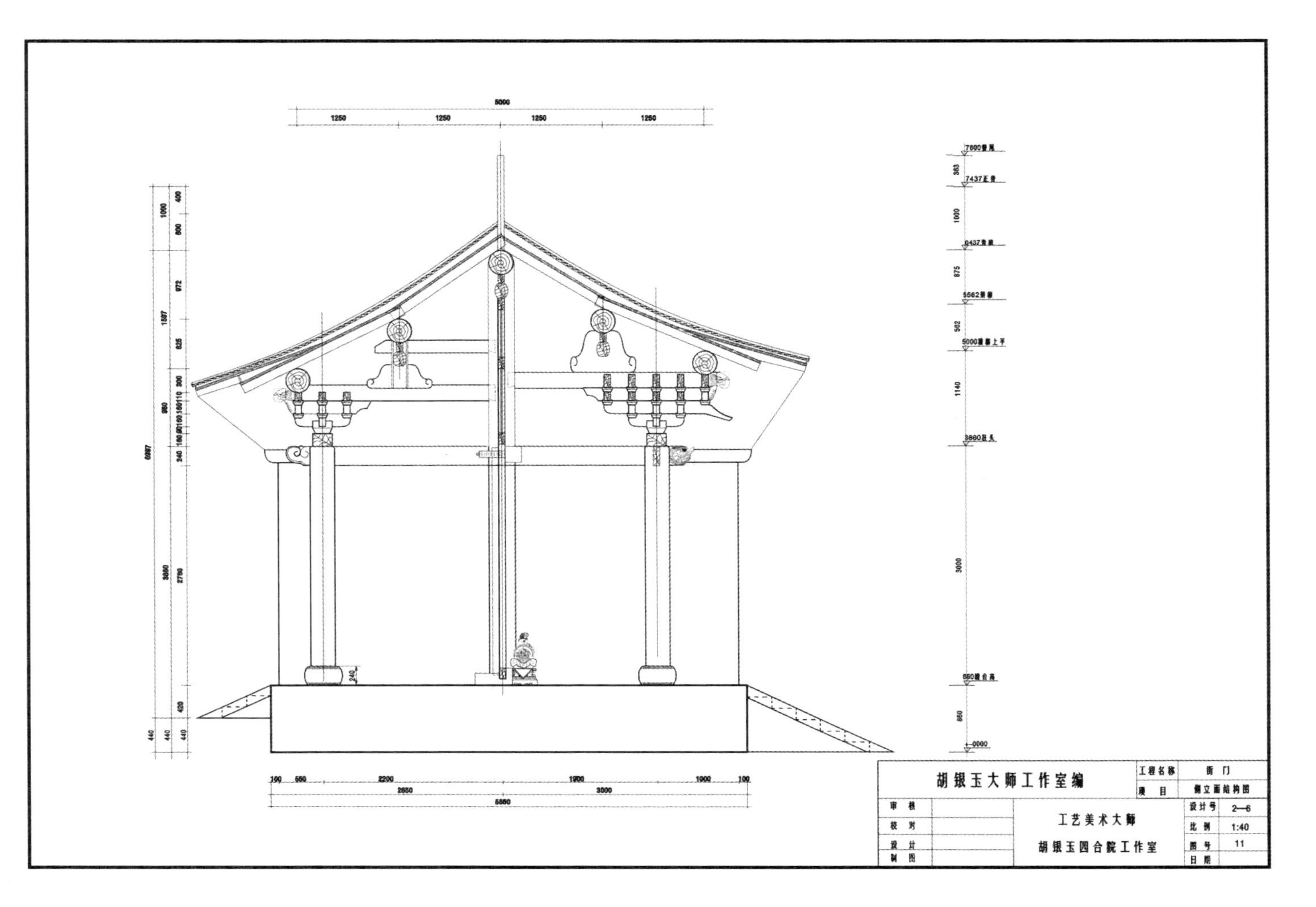
胡银玉大师工作室编
工程名称
街门
项目
侧立面结构图
设计号
2—6
比例
1:40
图号
11
日期
工艺美术大师
胡银玉四合院工作室
审核
校对
设计
制图

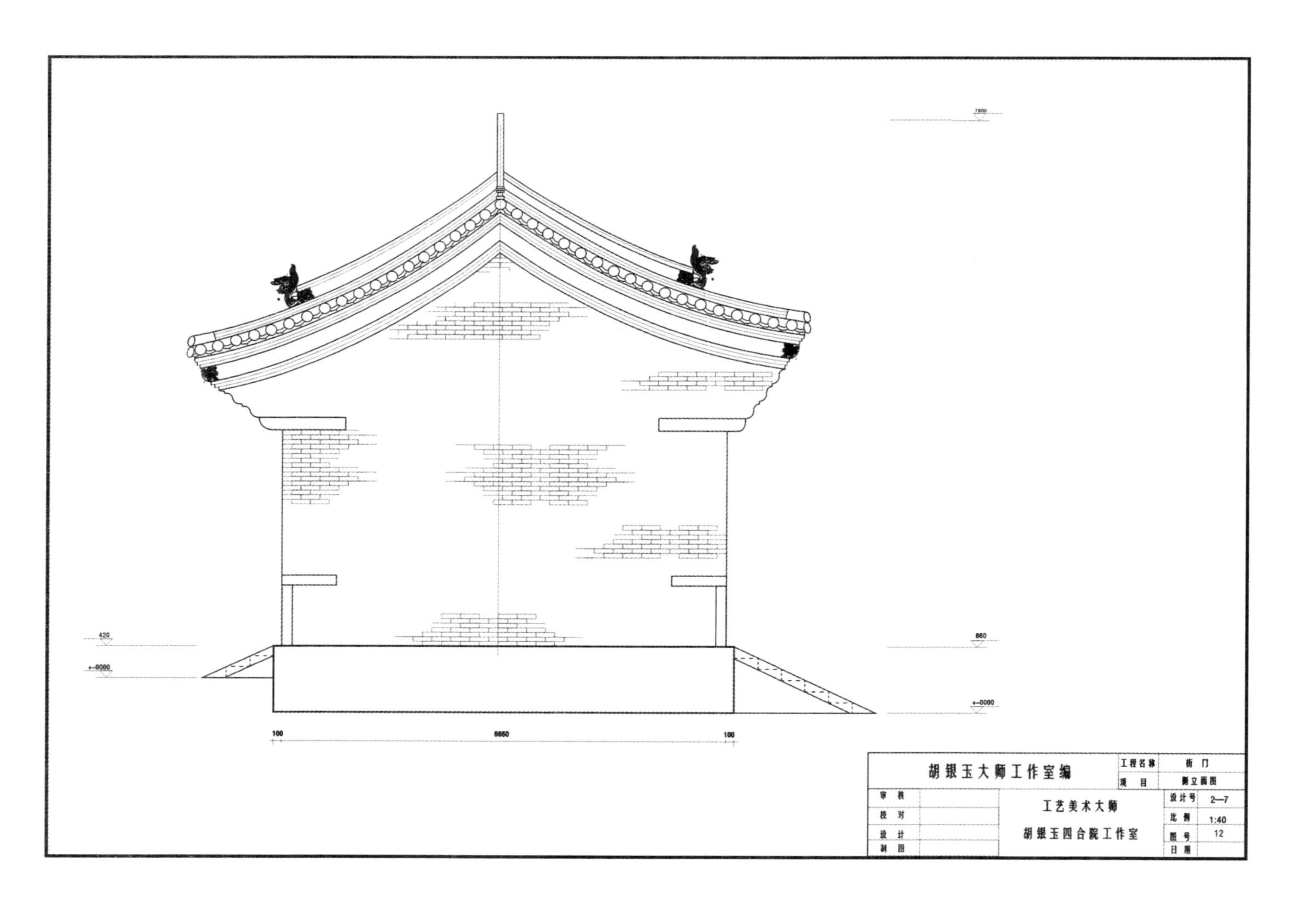

7800
420
±0000
860
±0000
100
5650
100
胡银玉大师工作室编
工程名称
项目
侧立面图
审核
校对
设计
制图
工艺美术大师
胡银玉四合院工作室
设计号
2—7
比例
1:40
图号
12
日期

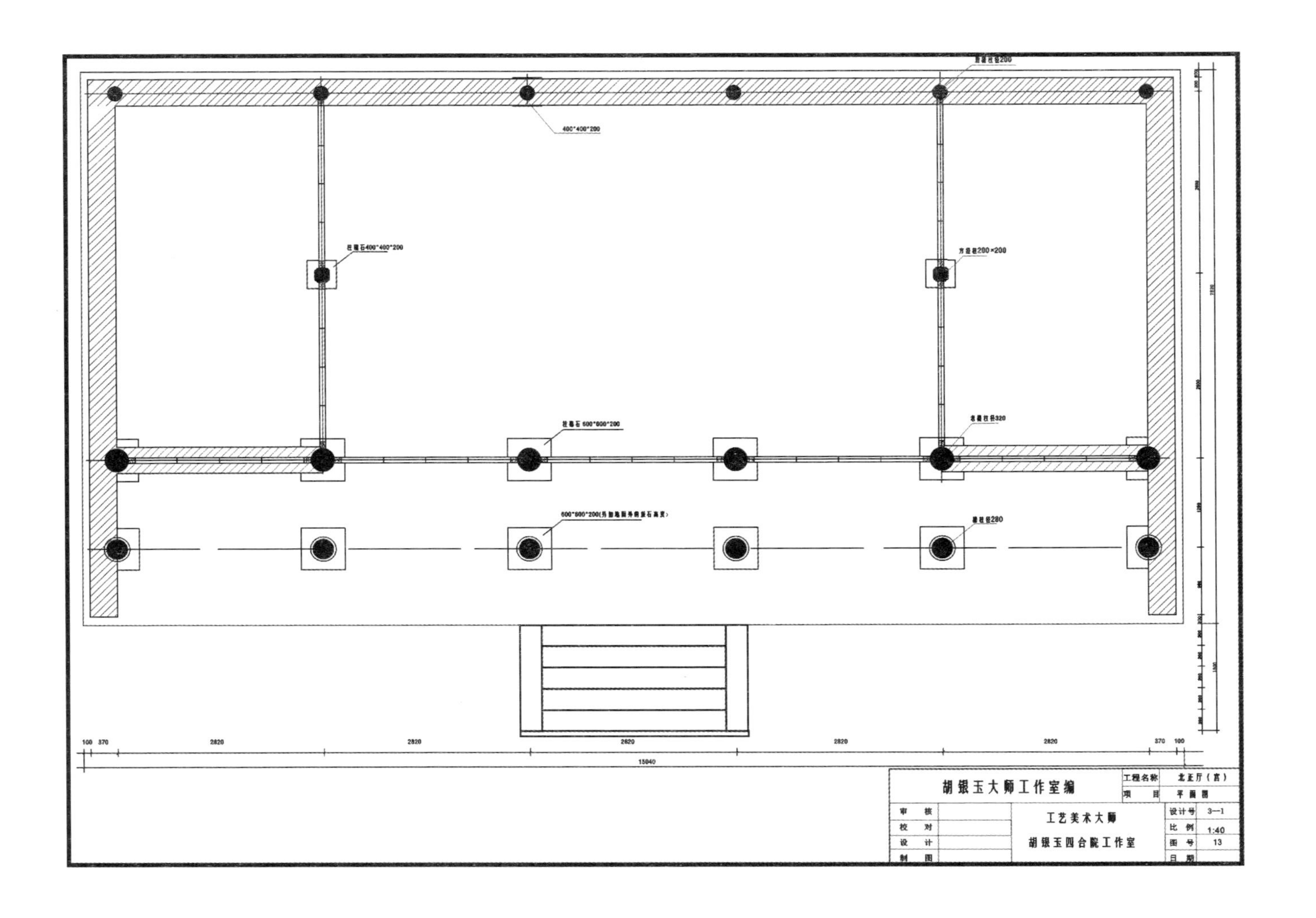
400*400*200
柱顶石400*400*200
方柱径200×200
柱顶石 600*600*200
檐柱径280
100
370
2820
2820
2820
2820
2820
370
100
15840
胡银玉大师工作室编
工程名称
项目
平面图
审核
校对
设计
制图
工艺美术大师
胡银玉四合院工作室
设计号
3—1
比例
1:40
图号
13
日期

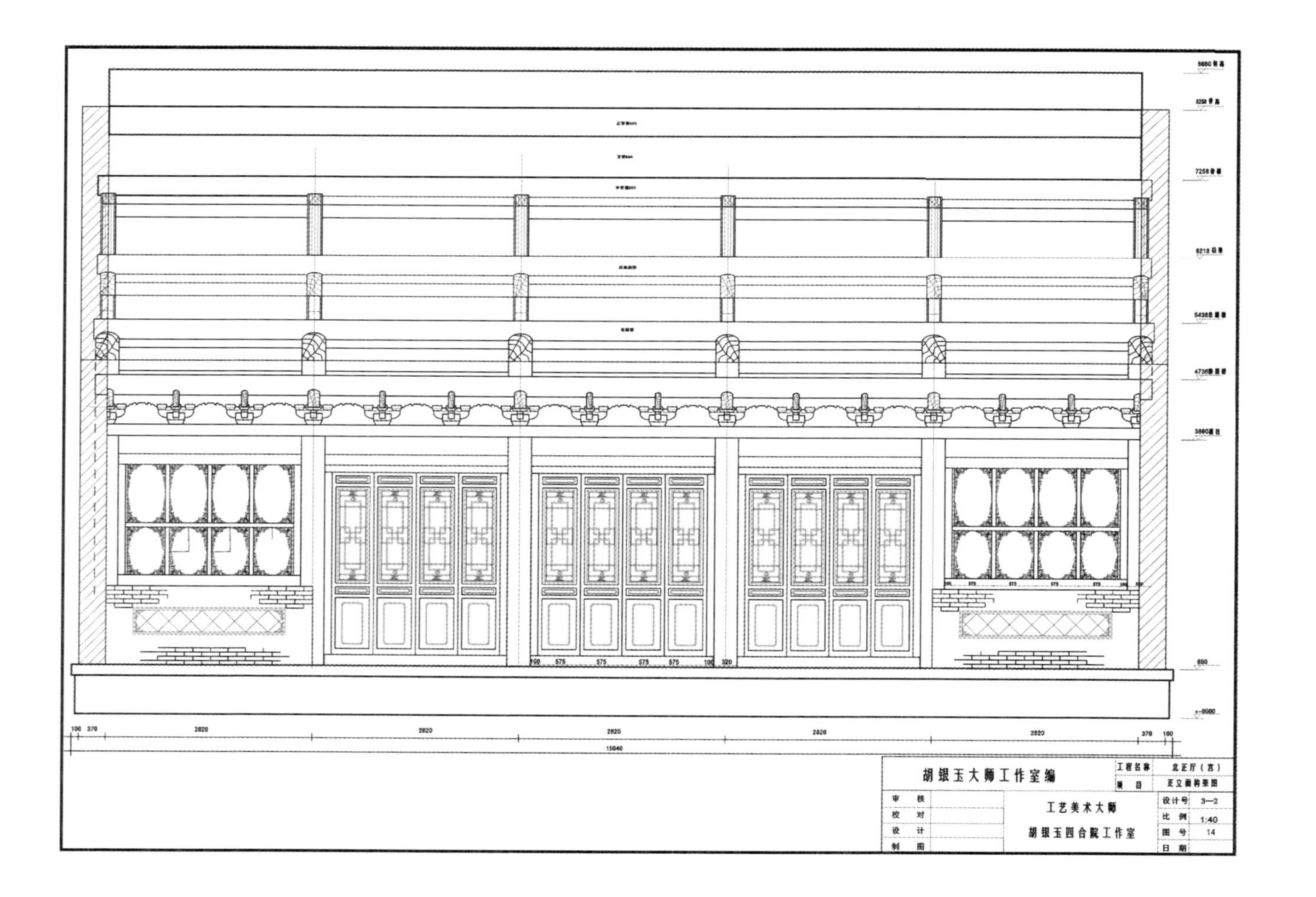
2820
2820
2820
2820
2820
15840
胡银玉大师工作室编
工程名称
北正厅（宫）
项目
正立面构架图
审核
校对
设计
制图
工艺美术大师
胡银玉四合院工作室
设计号
3—2
比例
1:40
图号
14
日期

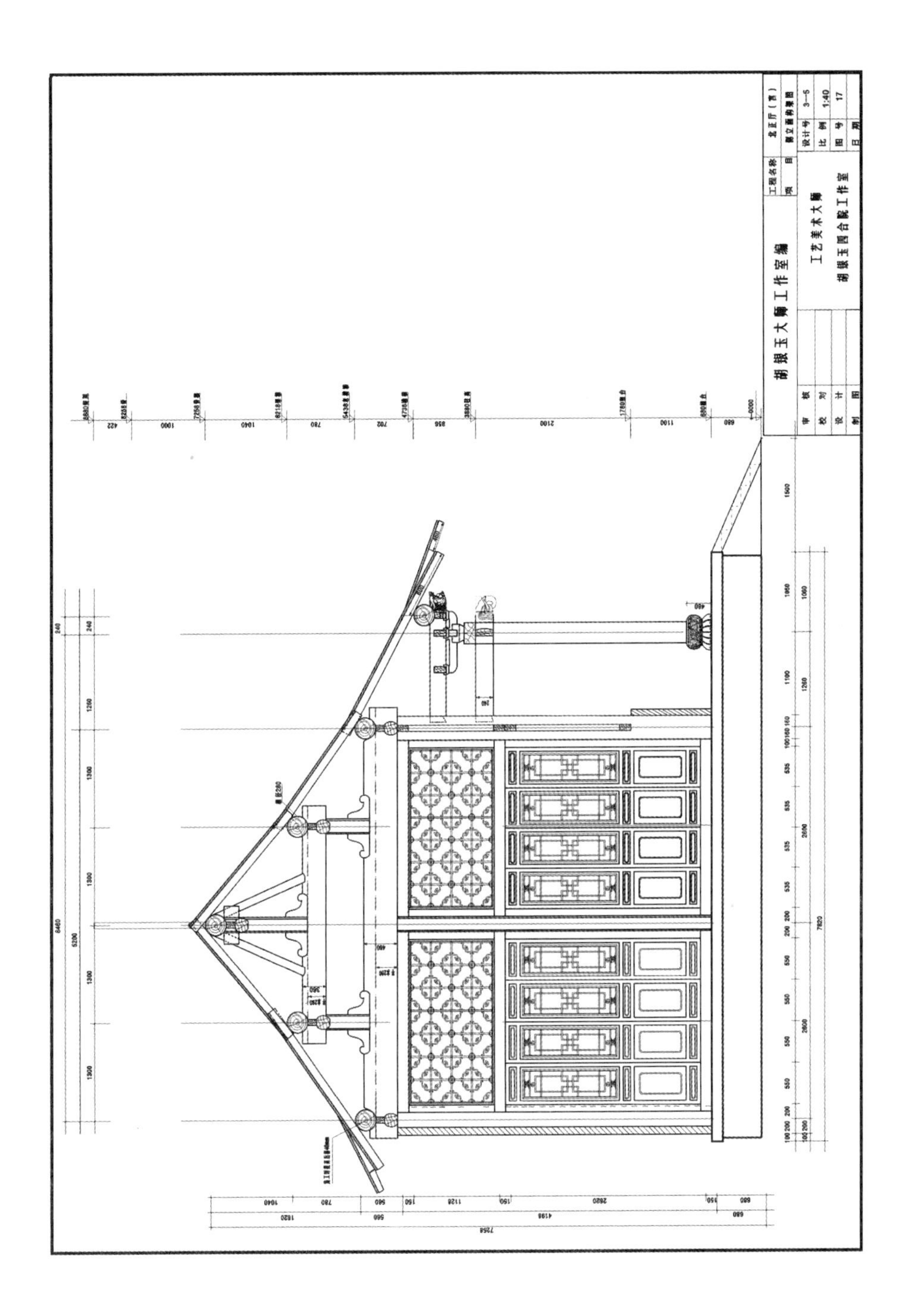
胡银玉大厢工作室编
工艺美术大厢
胡银玉四合院工作室
工程名称
设计号
3-5
比例
1:40
图号
17
日期
审核
校对
设计
制图

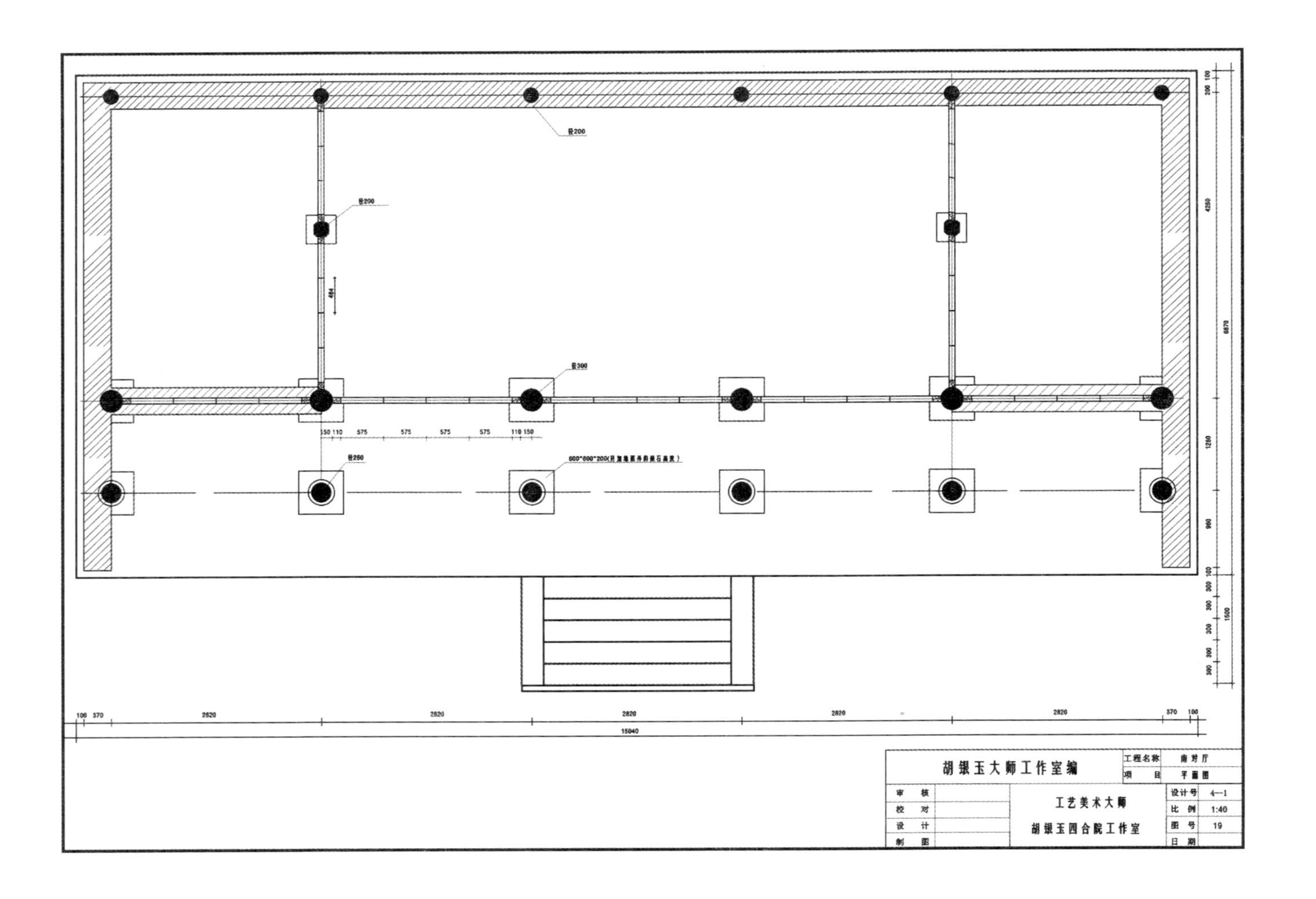

胡银玉大师工作室编
工程名称 南对厅
项目 平面图
审核
校对
设计
制图
工艺美术大师
胡银玉四合院工作室
设计号 4—1
比例 1:40
图号 19
日期

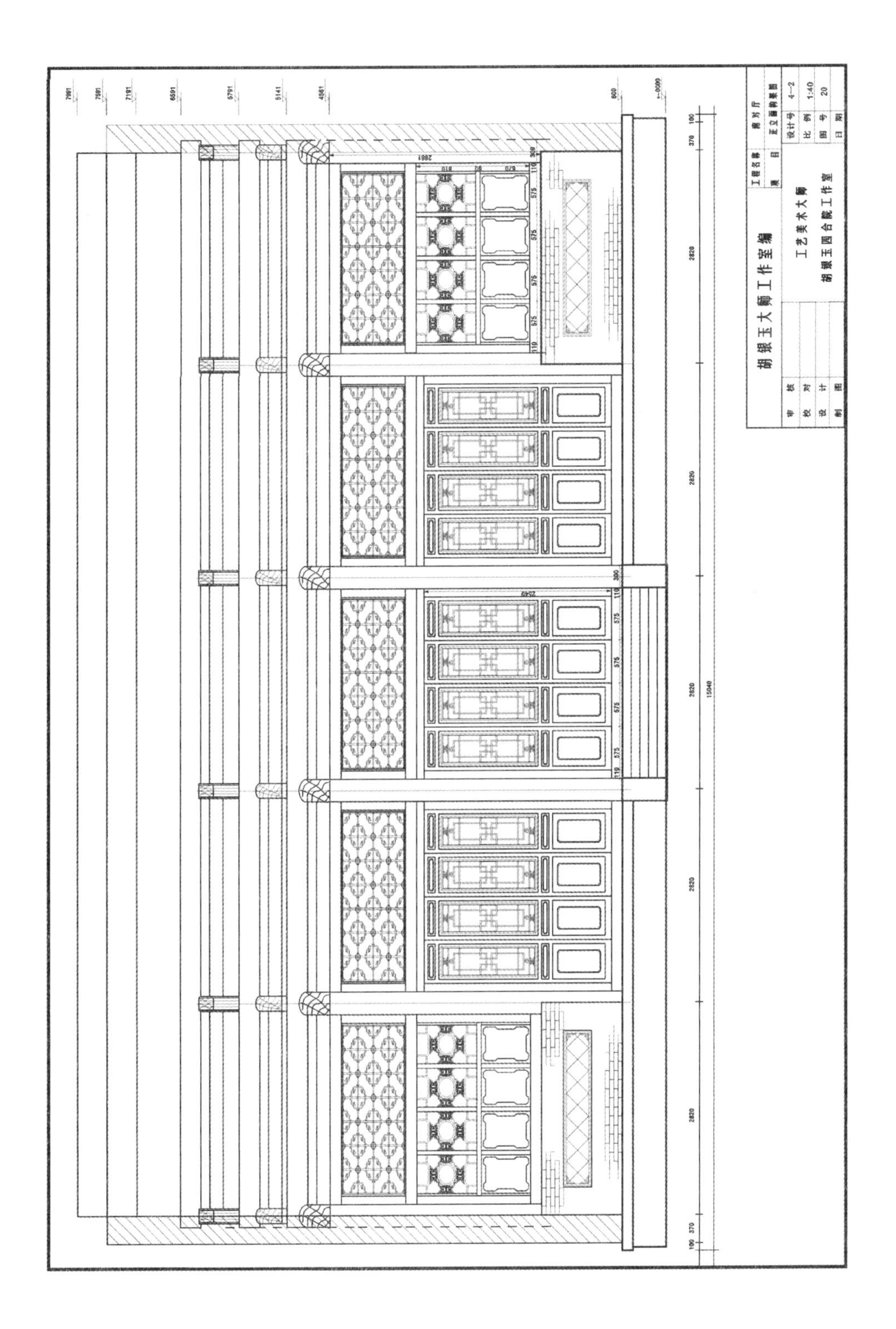

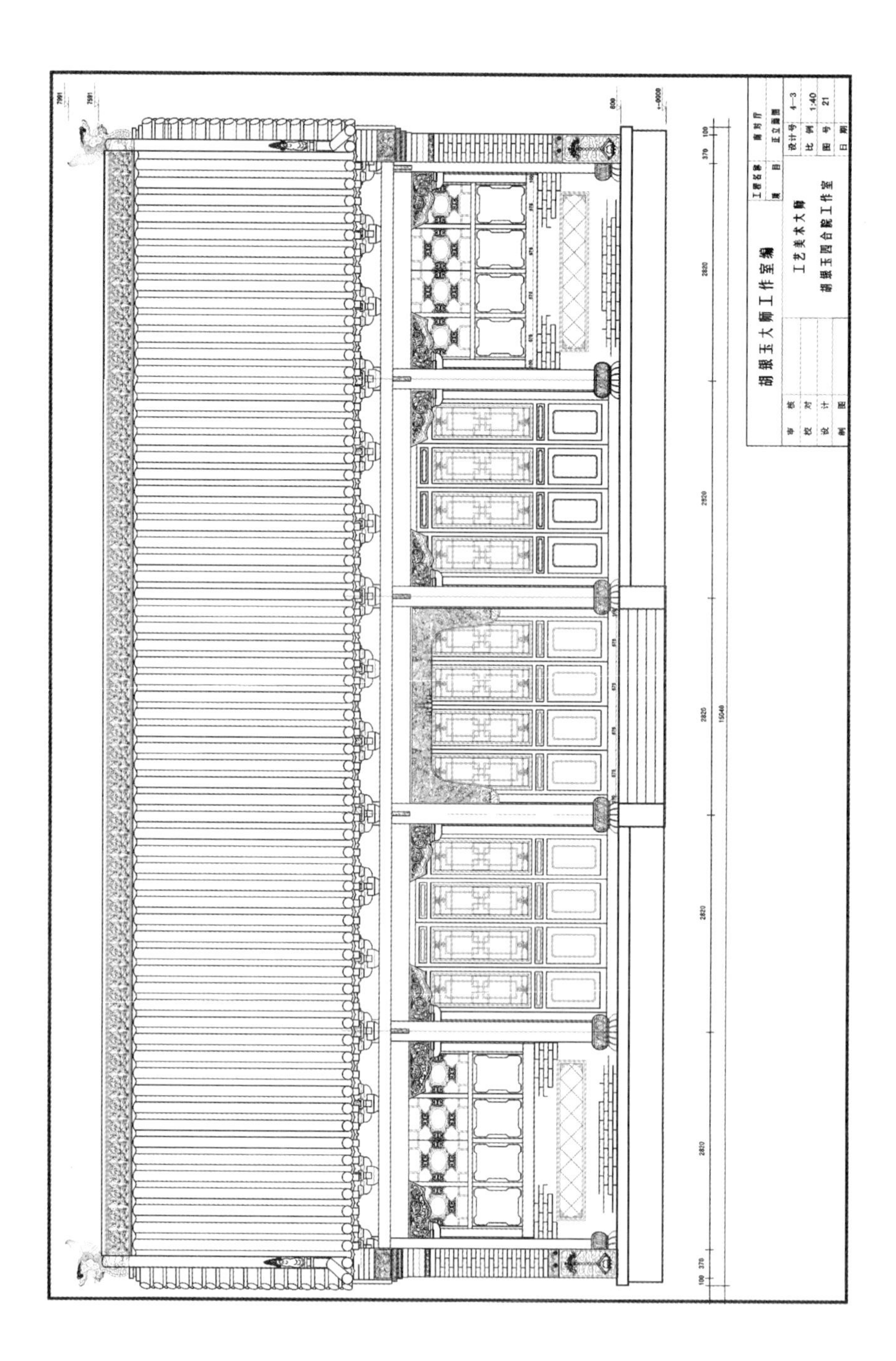
胡银玉大师工作室编
工艺美术大师
胡银玉四合院工作室

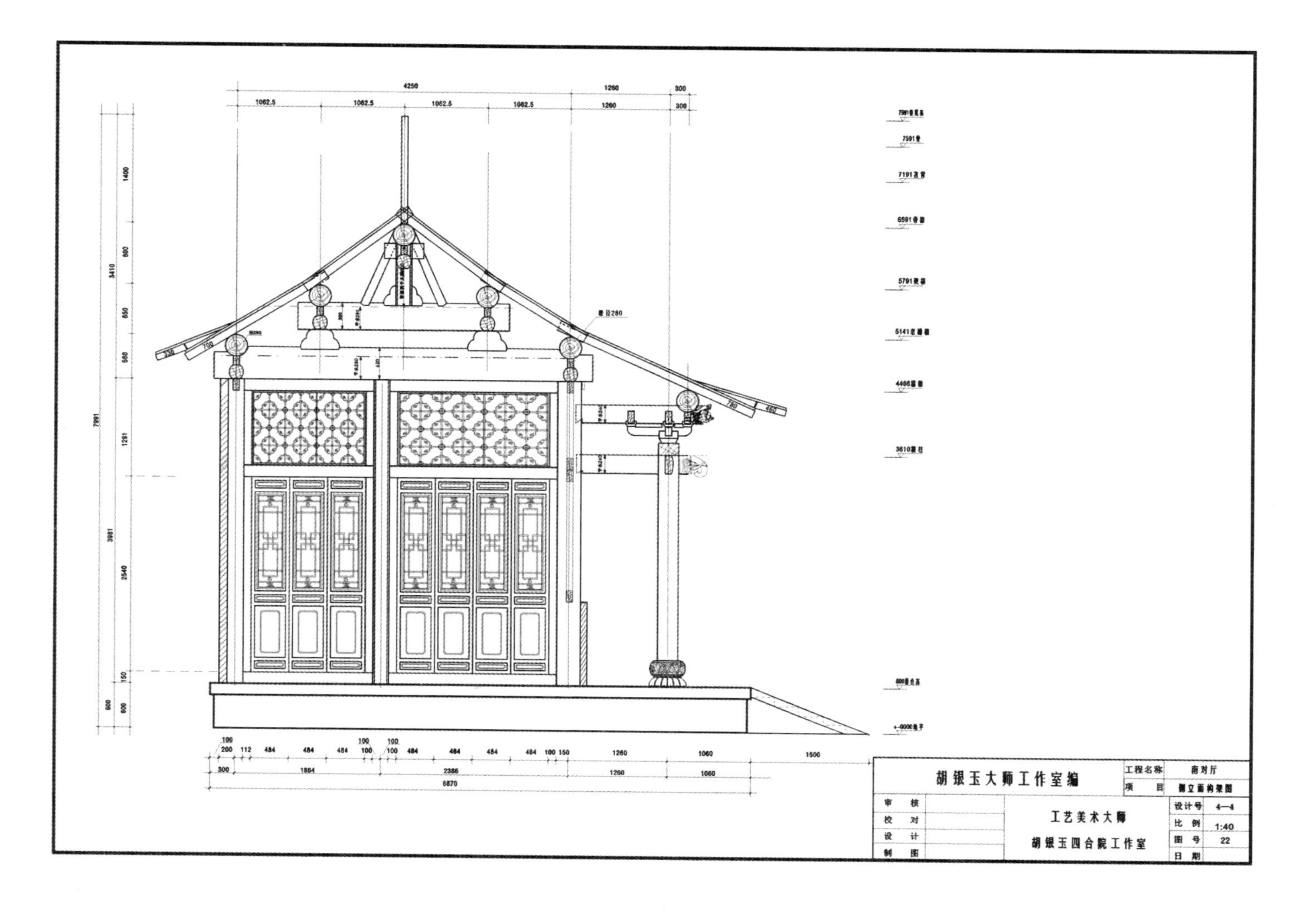
胡银玉大师工作室编
工程名称 南对厅
项目 侧立面构架图
审核
校对
设计
制图
工艺美术大师
胡银玉四合院工作室
设计号 4—4
比例 1:40
图号 22
日期

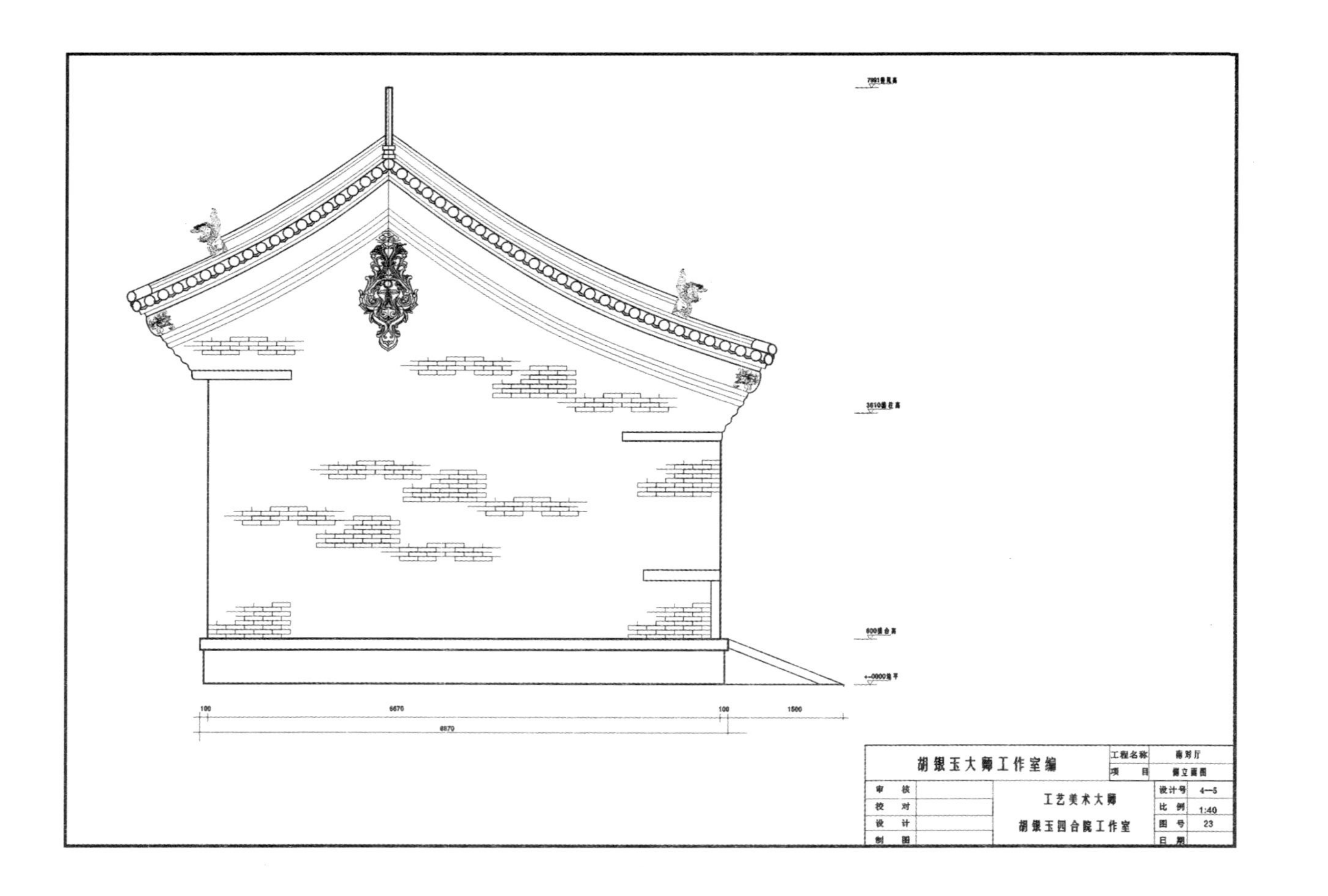
100
6670
100
1500
6870
胡银玉大狮工作室编
工程名称
项 目
侧立面图
审 核
校 对
设 计
制 图
工艺美术大狮
胡银玉四合院工作室
设计号 4—5
比 例 1:40
图 号 23
日 期

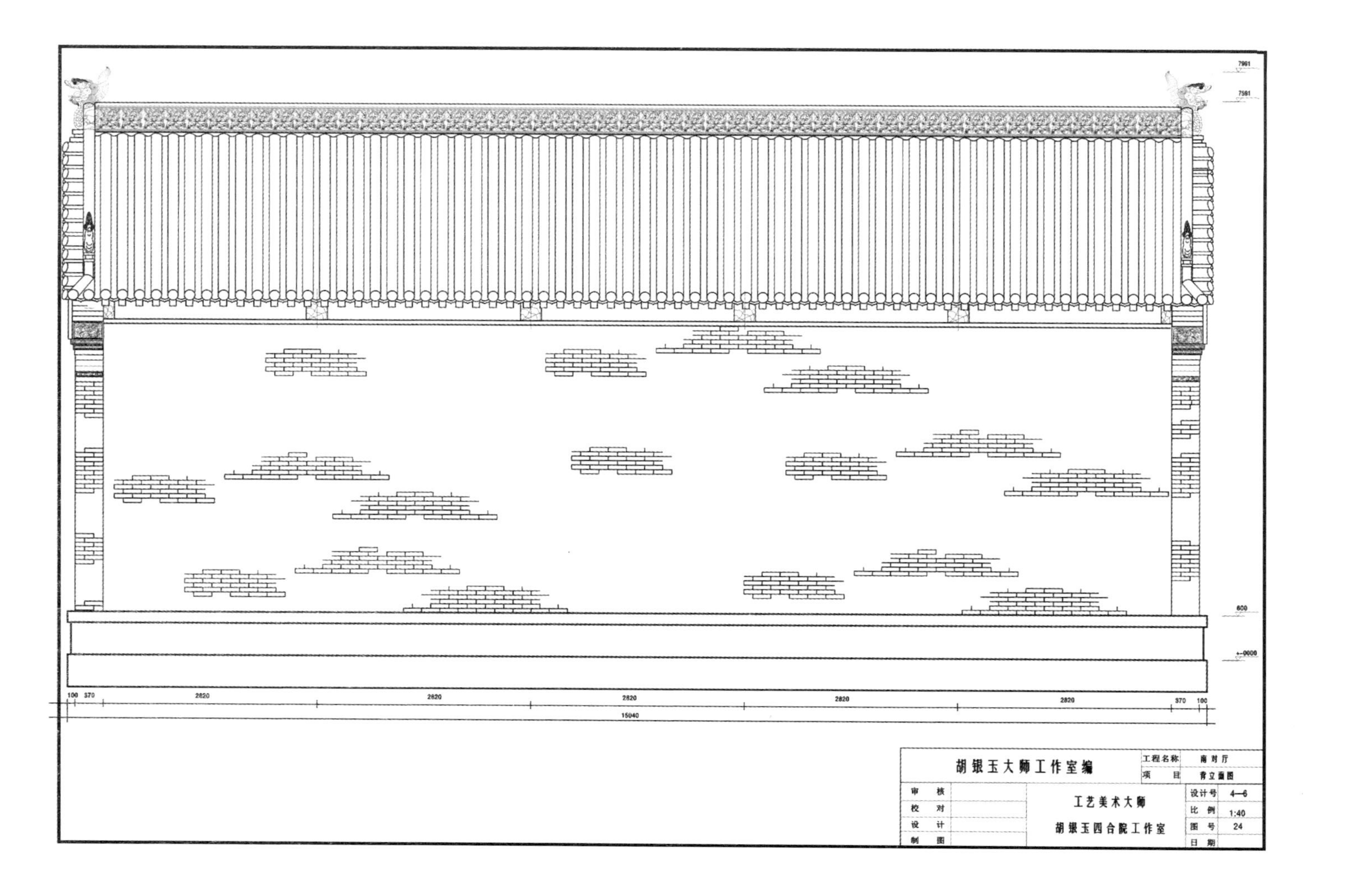

7961
7581
600
±0000
100
370
2820
2820
2820
2820
2820
370
100
15040
胡银玉大师工作室编
工程名称
南对厅
项目
背立面图
审核
校对
设计
制图
工艺美术大师
胡银玉四合院工作室
设计号
4—6
比例
1:40
图号
24
日期

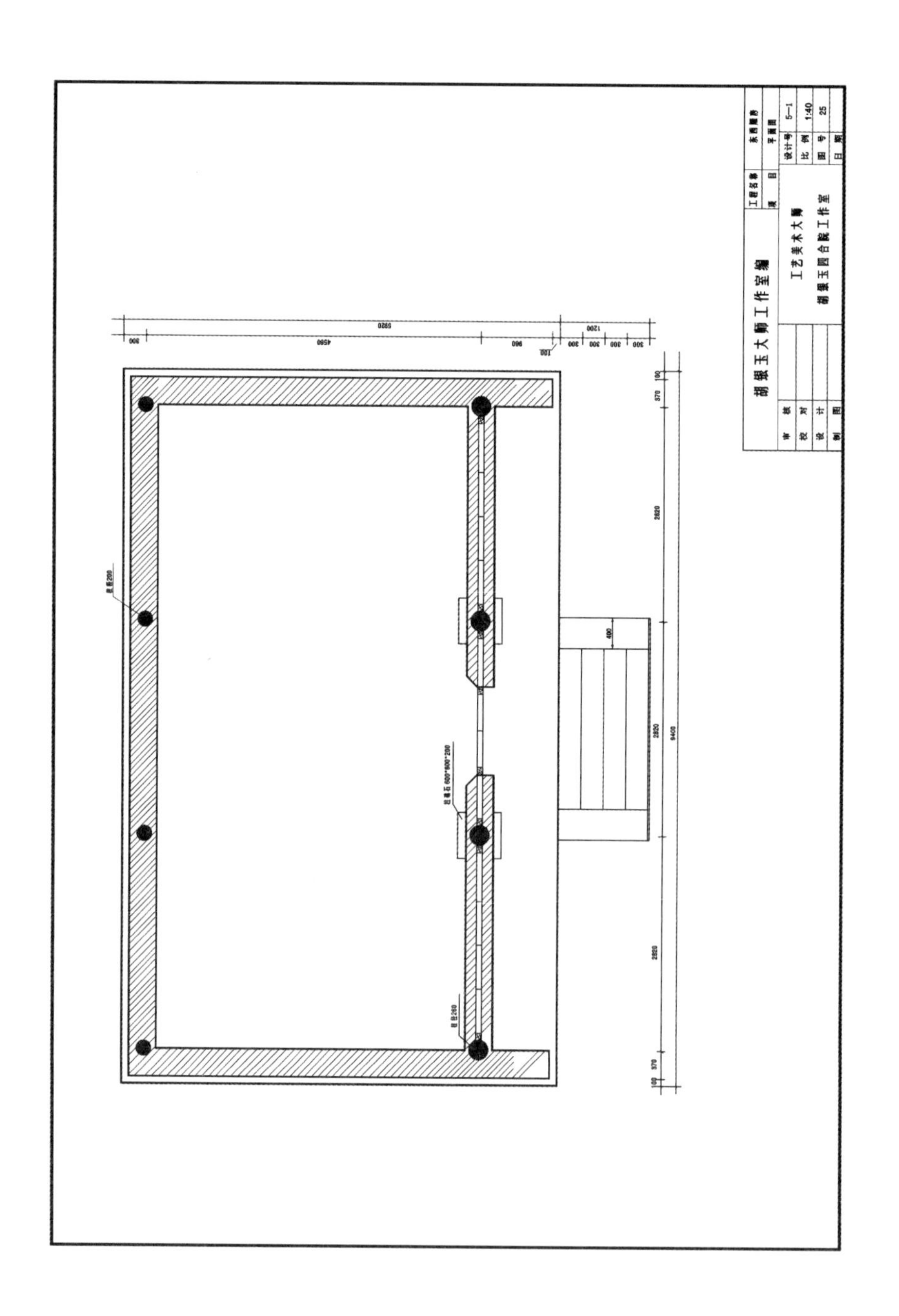

胡银玉大师工作室编
工程名称
东西厢房
项目
平面图
工艺美术大师
胡银玉四合院工作室
审核
校对
设计
制图
设计号
5—1
比例
1:40
图号
25
日期

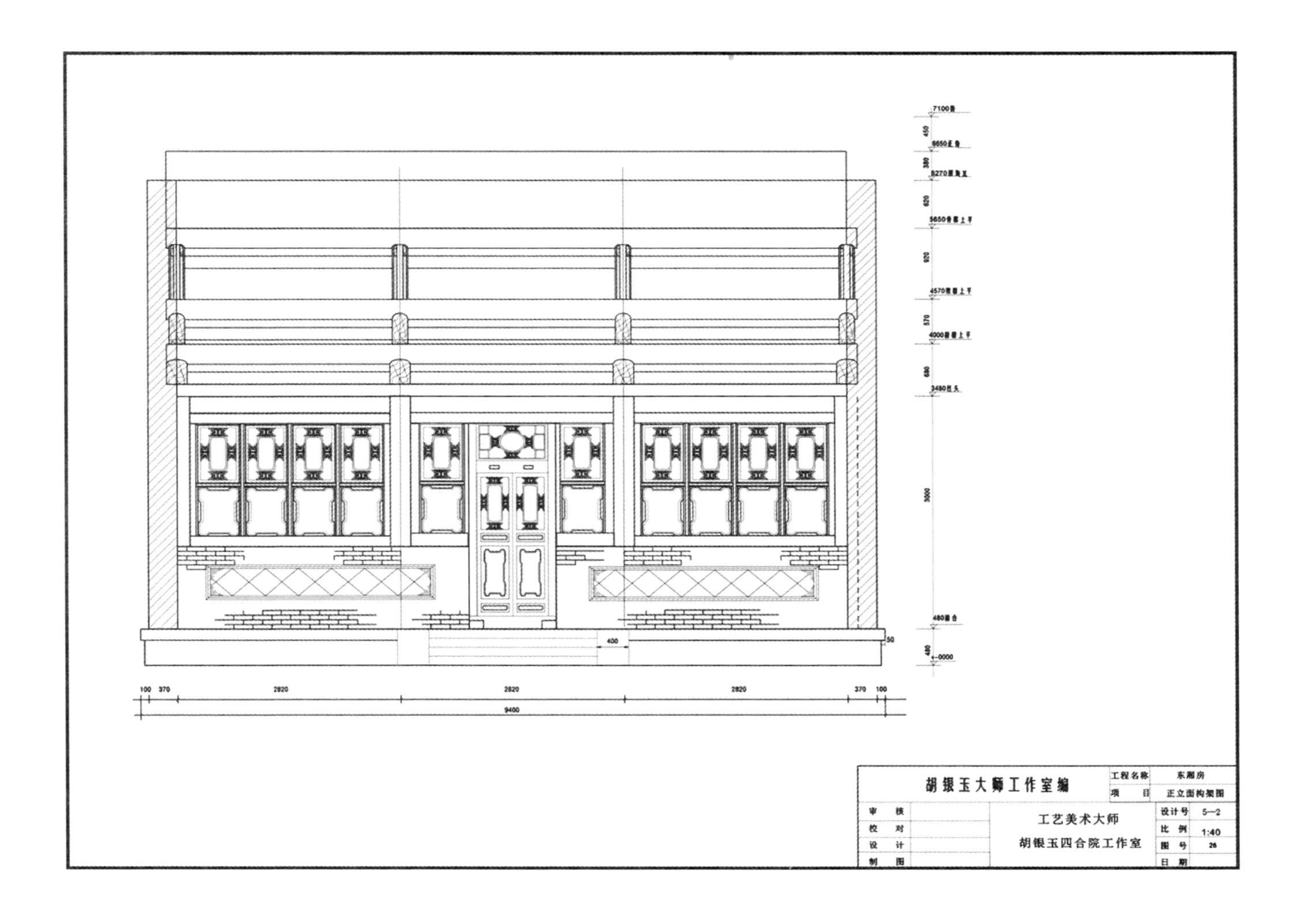
胡银玉大师工作室编
工程名称
东厢房
项目
正立面构架图
审核
校对
设计
制图
工艺美术大师
胡银玉四合院工作室
设计号
5—2
比例
1:40
图号
28
日期
7100
6650
6270
5650
4570
4000
3480
480
±0000
450
380
620
920
570
680
3000
480
400
50
100
370
2820
2820
2820
370
100
9400

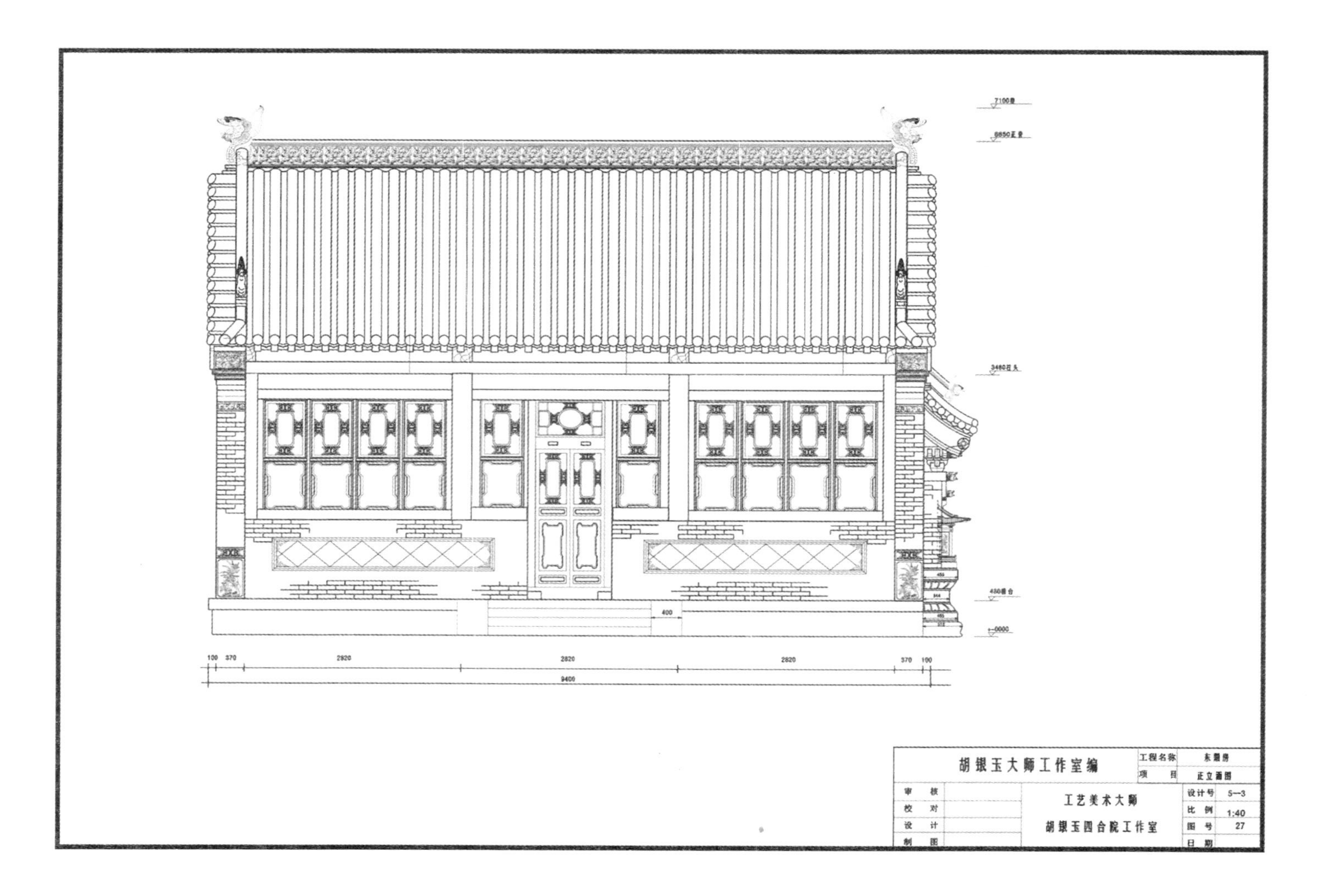
胡银玉大师工作室编
工程名称
东厢房
项目
正立面图
审核
校对
设计
制图
工艺美术大师
胡银玉四合院工作室
设计号
S—3
比例
1:40
图号
27
日期
±0000
400
9400

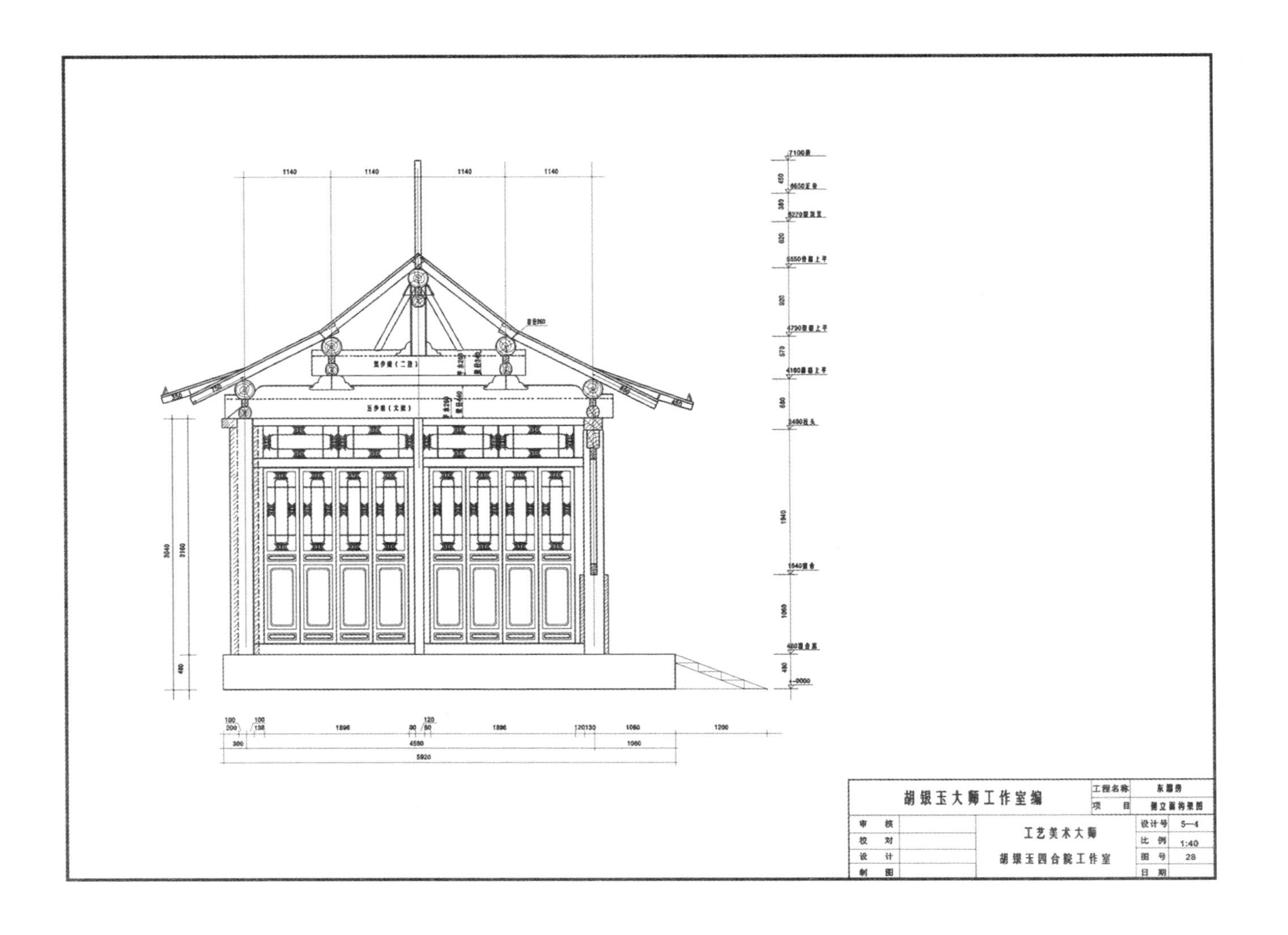
胡银玉大师工作室编
工程名称
东厢房
项目
审核
校对
设计
制图
工艺美术大师
胡银玉四合院工作室
设计号
5—4
比例
1:40
图号
28
日期
1140
3040
3160
480
1896
4580
1060
1200
5920
±0000

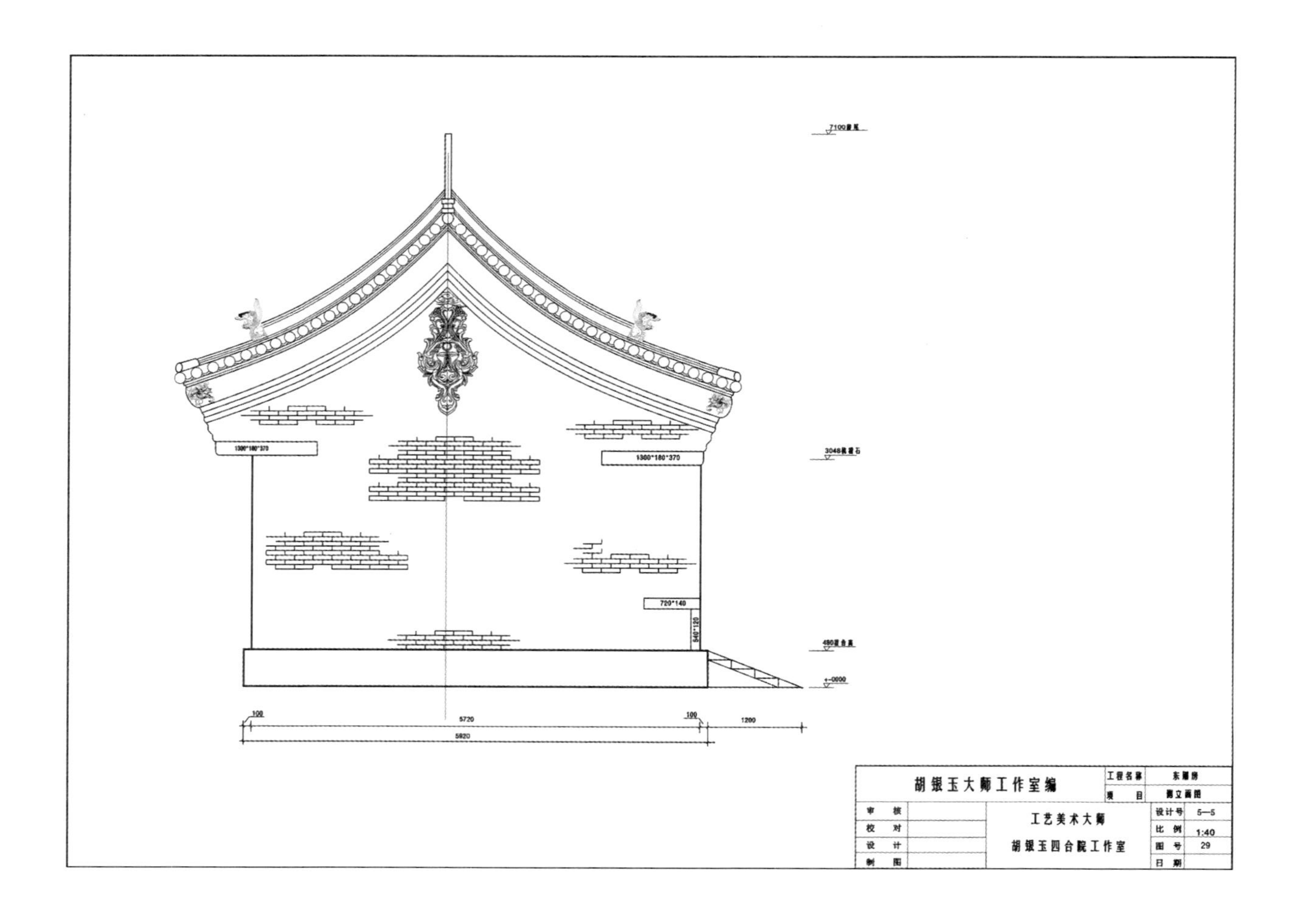

1300*180*370
1300*180*370
720*140
540*120
±0000
100
5720
100
1200
5820
胡银玉大师工作室编
工程名称
东厢房
项目
侧立面图
审核
校对
设计
制图
工艺美术大师
胡银玉四合院工作室
设计号 5—5
比例 1:40
图号 29
日期

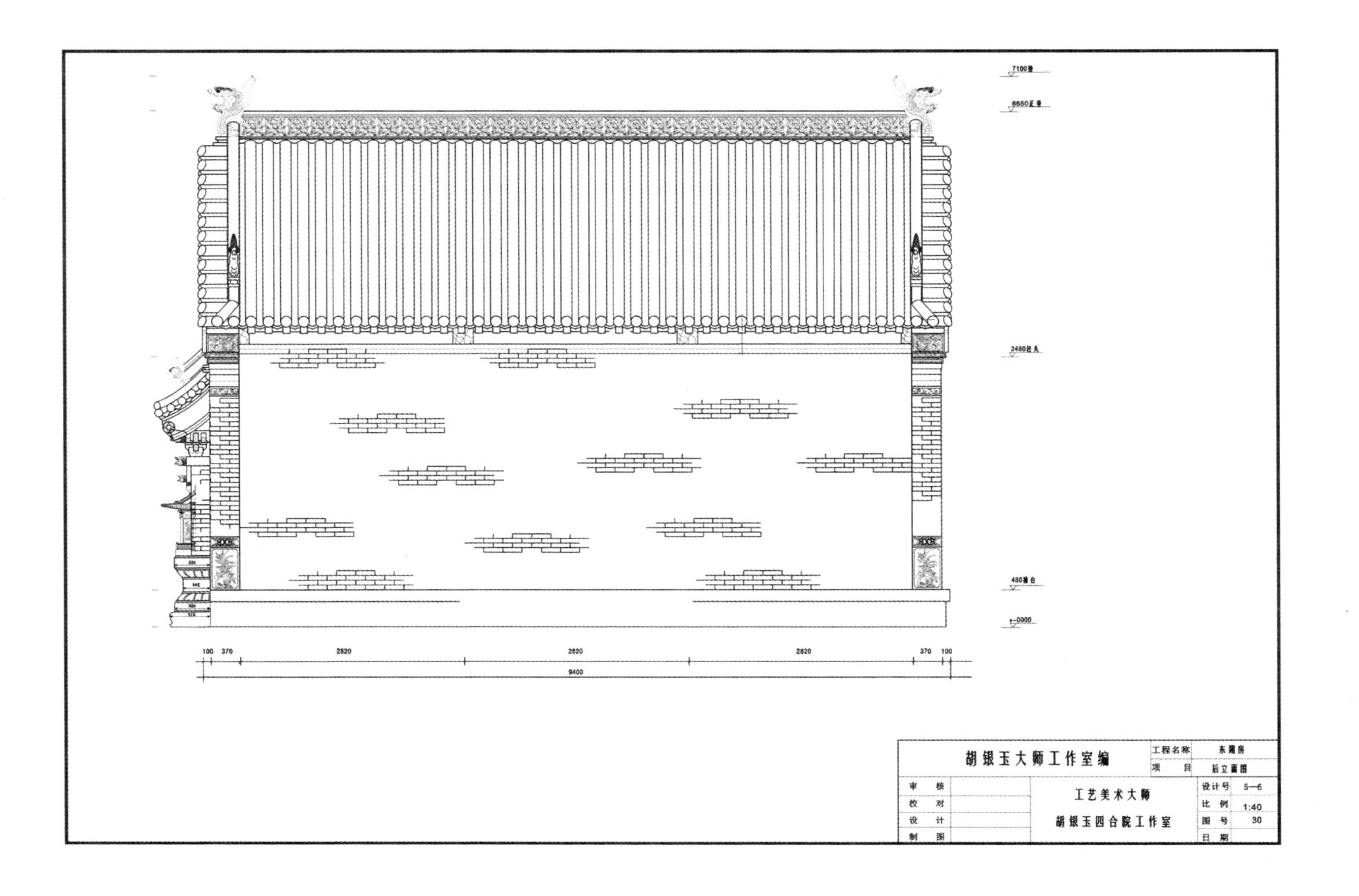
7100脊
6650正脊
3480柱头
480台明
±0000
100
370
2820
2820
2820
370
100
9400
胡银玉大师工作室编
工程名称 东厢房
项目 后立面图
审核
校对
设计
制图
工艺美术大师
胡银玉四合院工作室
设计号 5—6
比例 1:40
图号 30
日期

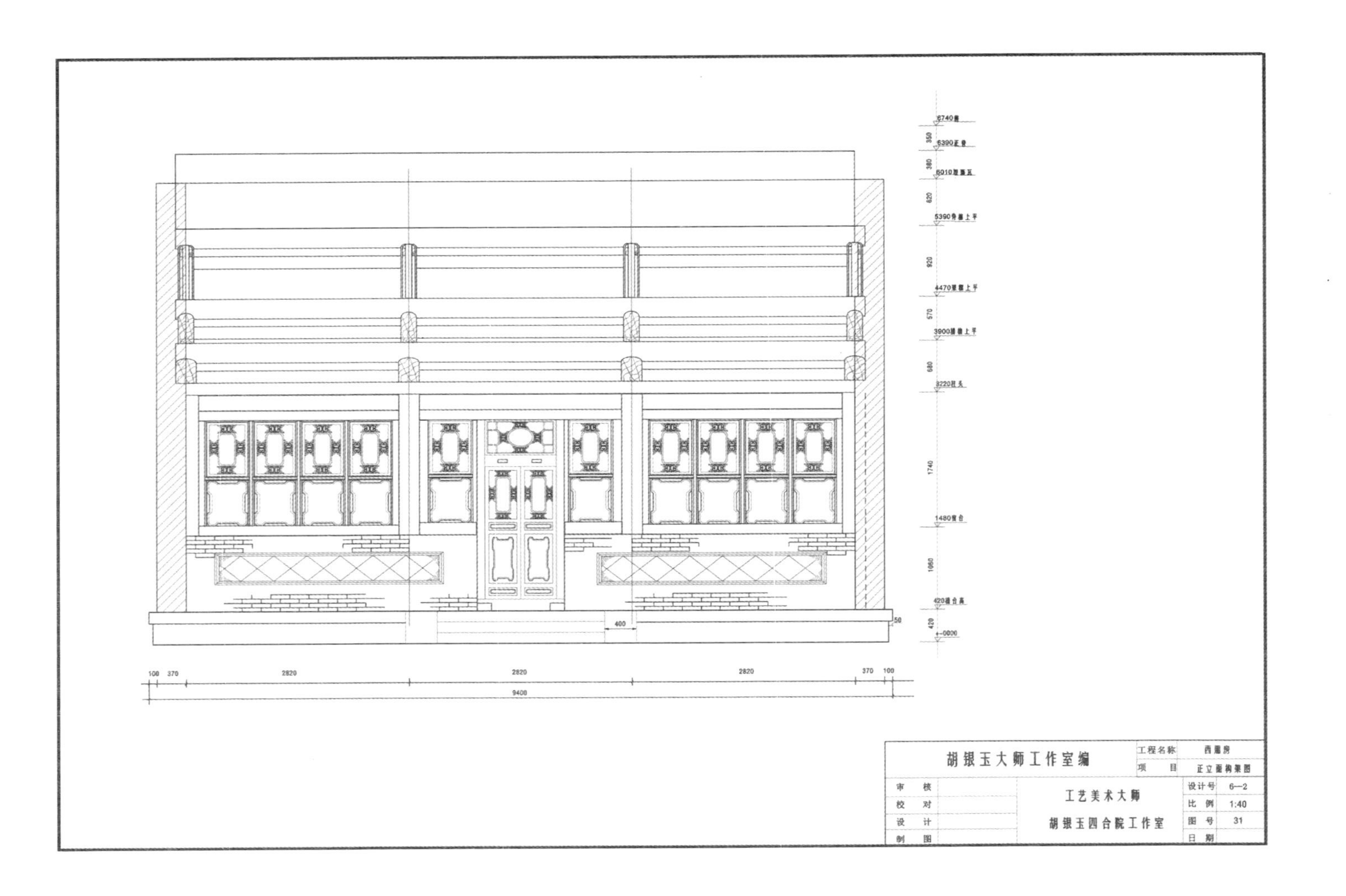
100
370
2820
2820
2820
370
100
9400
400
50
胡银玉大师工作室编
工程名称
西厢房
项目
设计号
6—2
比例
1:40
图号
31
日期
工艺美术大师
胡银玉四合院工作室
审核
校对
设计
制图

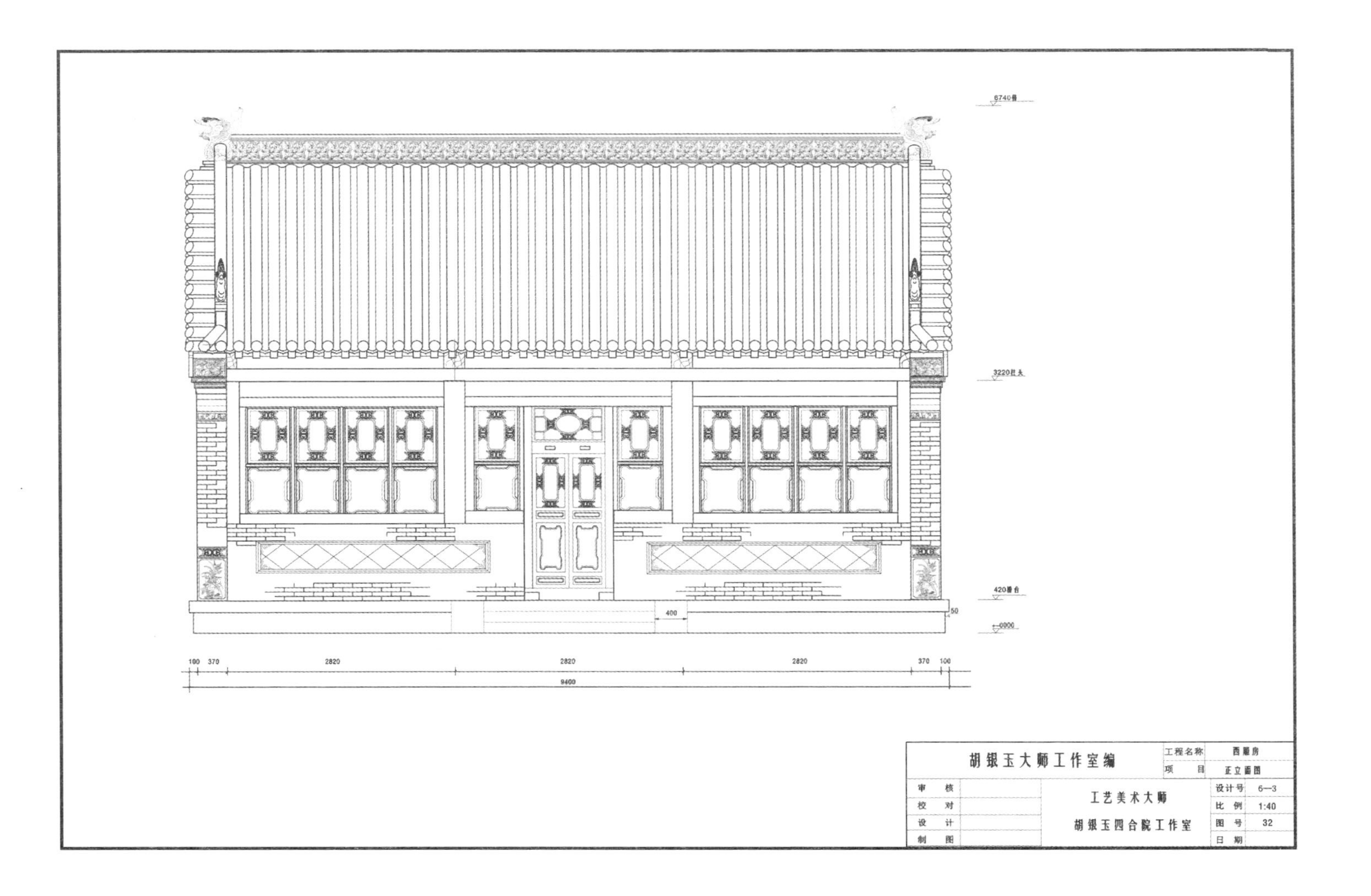
6740脊
3220柱头
420踏台
±0000
50
400
100
370
2820
2820
2820
370
100
9400
胡银玉大师工作室编
工程名称
西厢房
项目
正立面图
审核
校对
设计
制图
工艺美术大师
胡银玉四合院工作室
设计号
6—3
比例
1:40
图号
32
日期

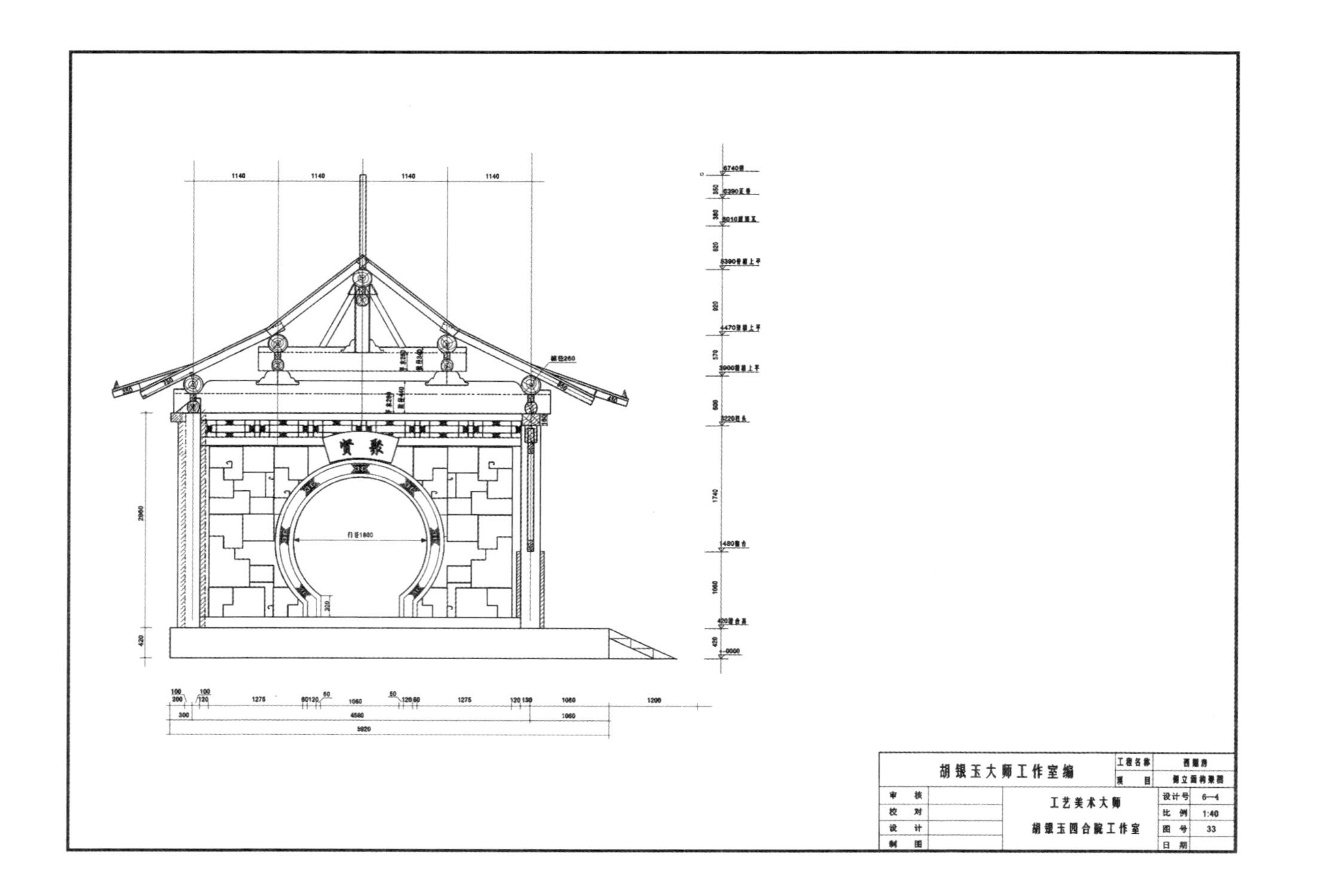
胡银玉大师工作室编
工程名称 西厢房
项目 侧立面构架图
审核
校对
设计
制图
工艺美术大师
胡银玉四合院工作室
设计号 6—4
比例 1:40
图号 33
日期

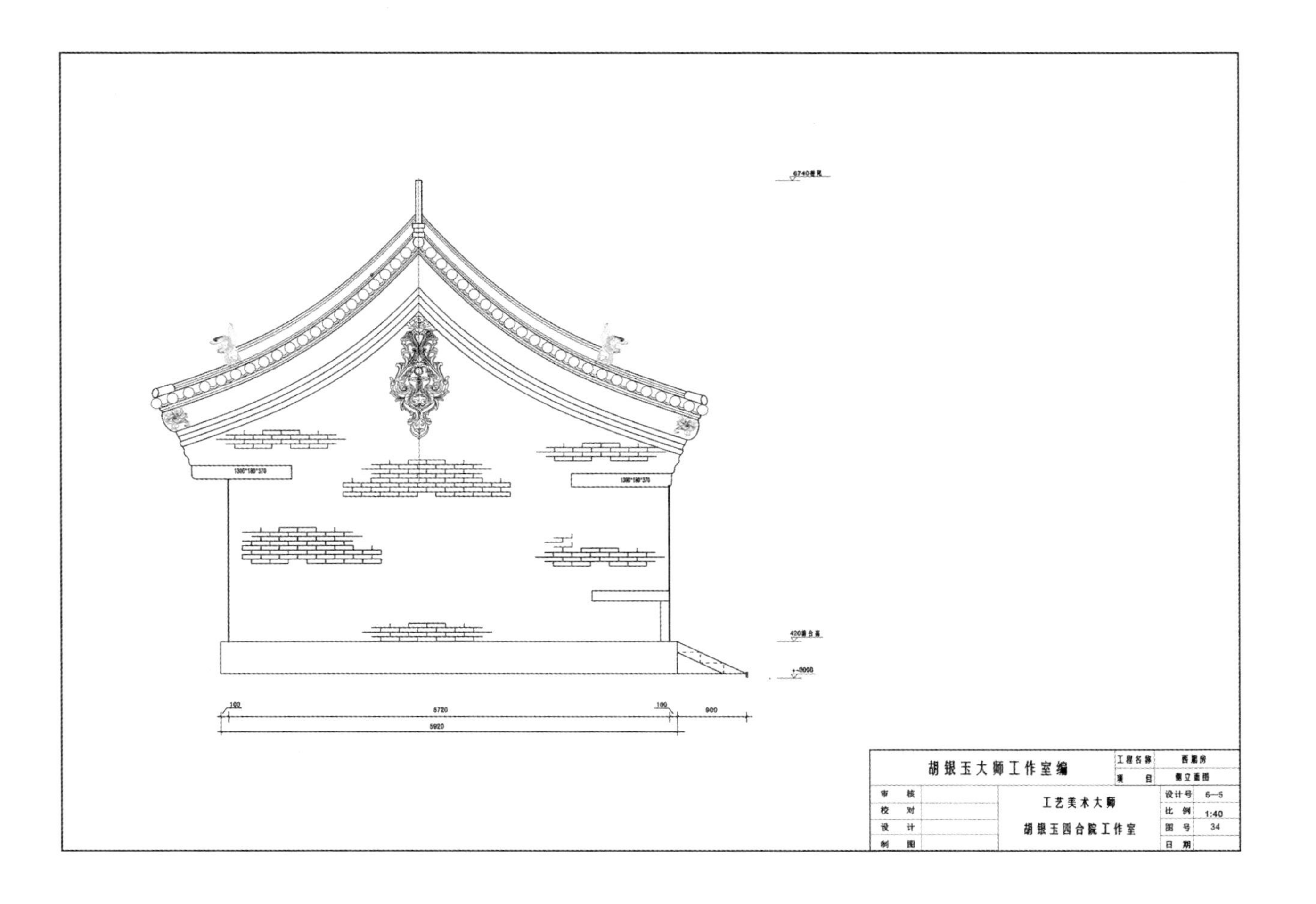
1300*180*370
1300*180*370
100
5720
100
900
5920
胡银玉大师工作室编
工程名称
西厢房
项目
侧立面图
审核
校对
设计
制图
工艺美术大师
胡银玉四合院工作室
设计号
6—5
比例
1:40
图号
34
日期

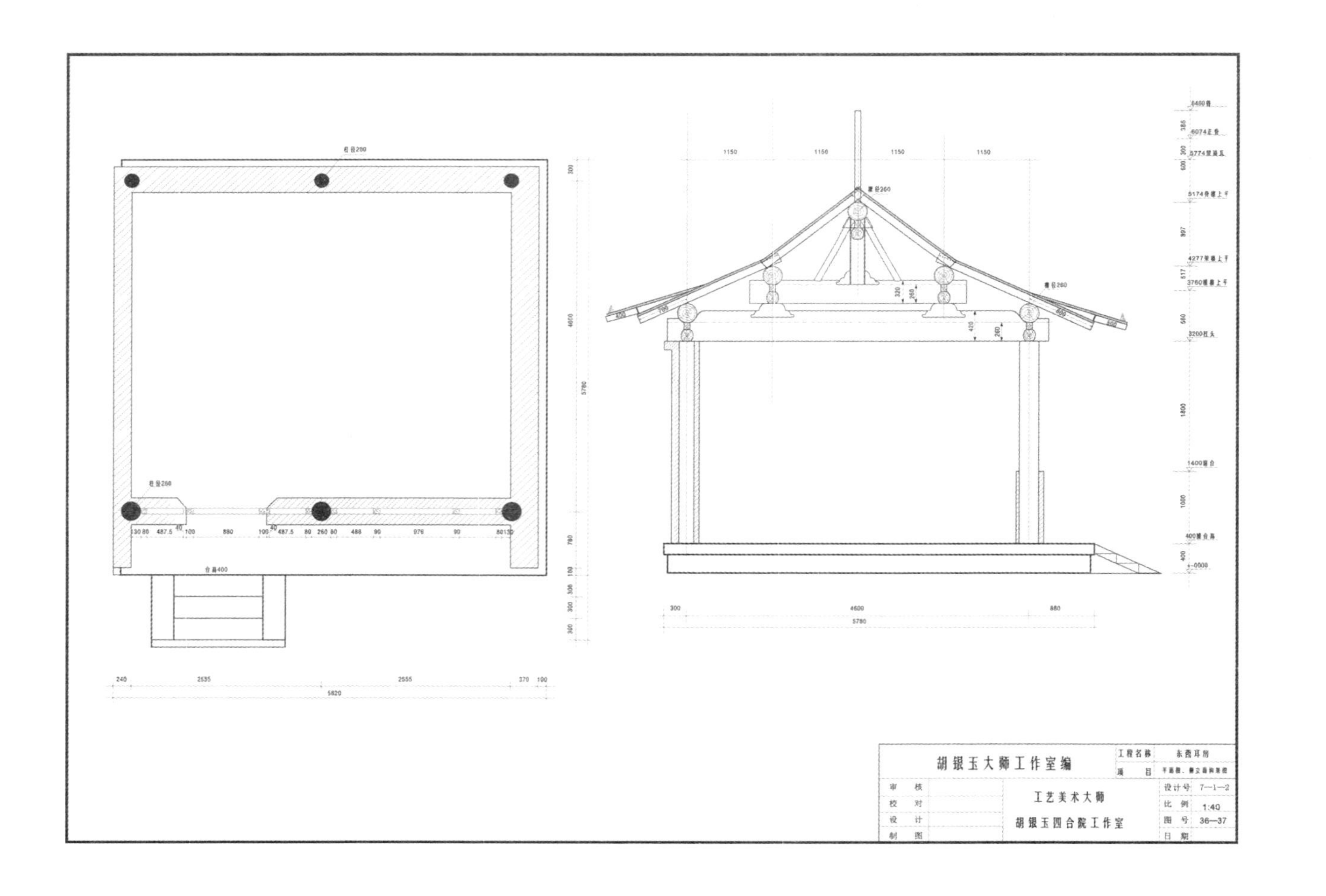
胡银玉大师工作室编
工艺美术大师
胡银玉四合院工作室
工程名称
东西耳房
审核
校对
设计
制图
设计号 7—1—2
比例 1:40
图号 36—37
日期

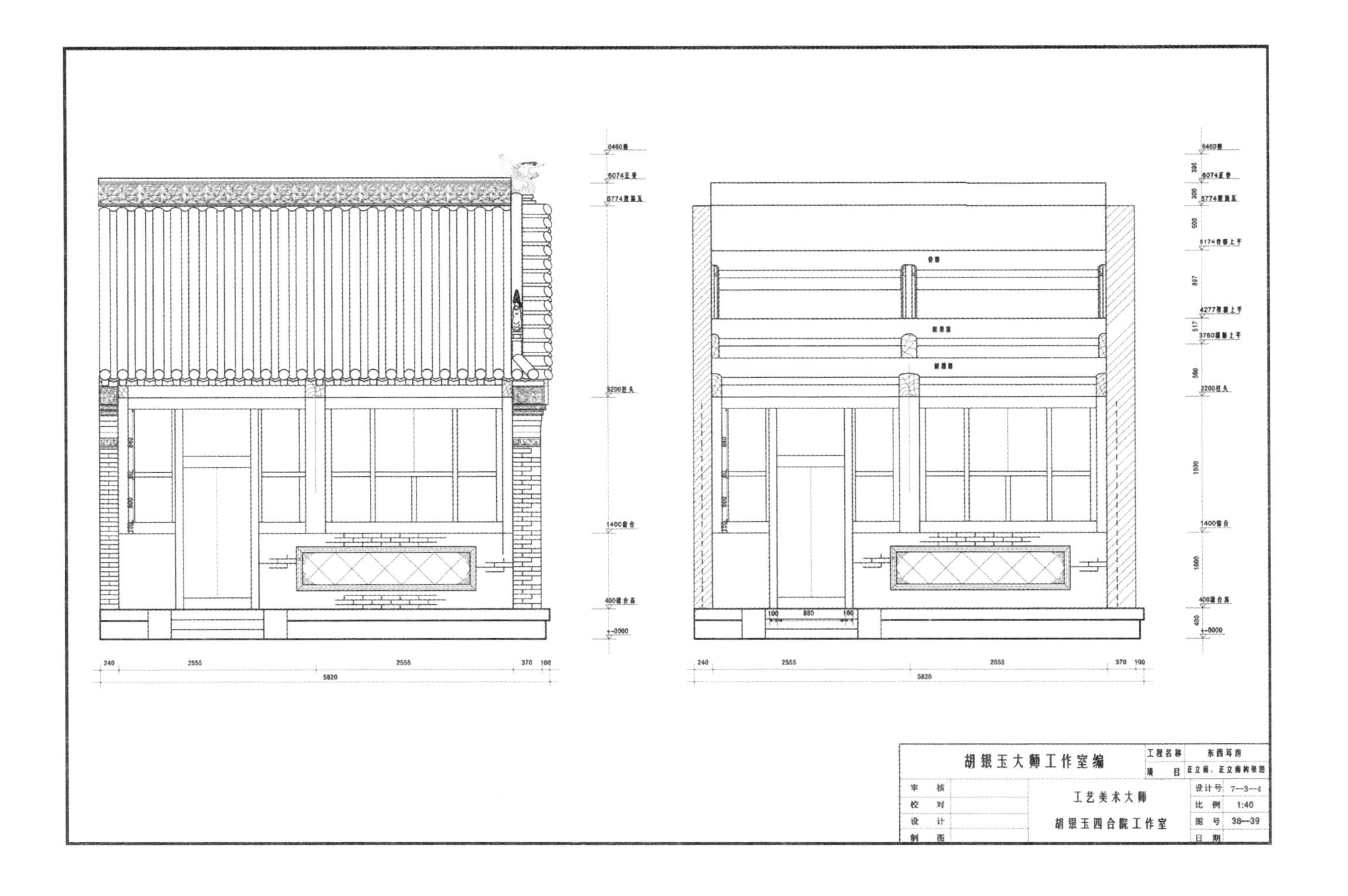
240
2555
2555
370
100
5820
胡银玉大师工作室编
工程名称
东西耳房
项 目
正立面、正立面构架图
审 核
校 对
设 计
制 图
工艺美术大师
胡银玉四合院工作室
设计号 7—3—4
比 例 1:40
图 号 38—39
日 期

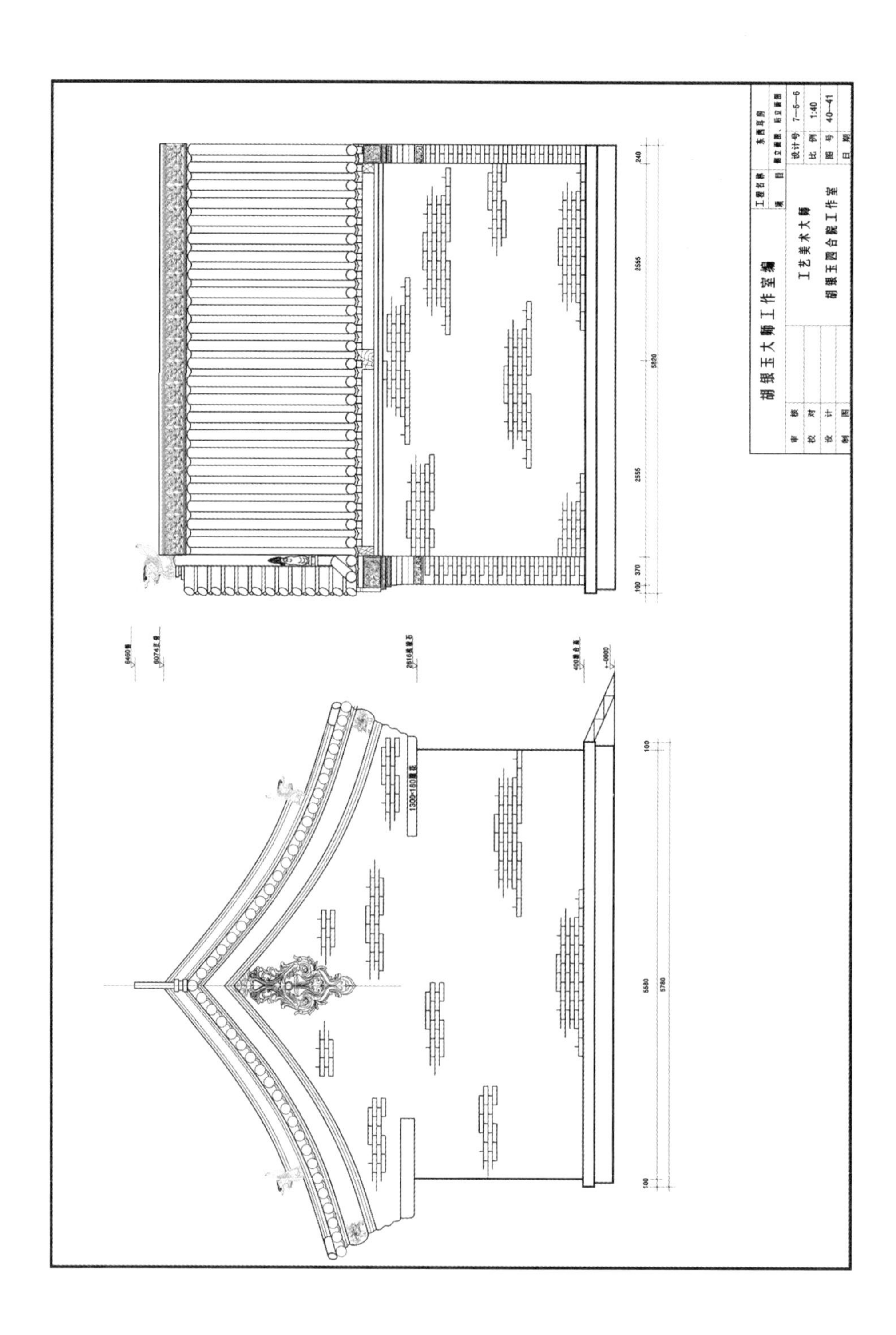
胡银玉大师工作室编
工艺美术大师
胡银玉四合院工作室
1300*180腰石
5820
2555
5580
5780

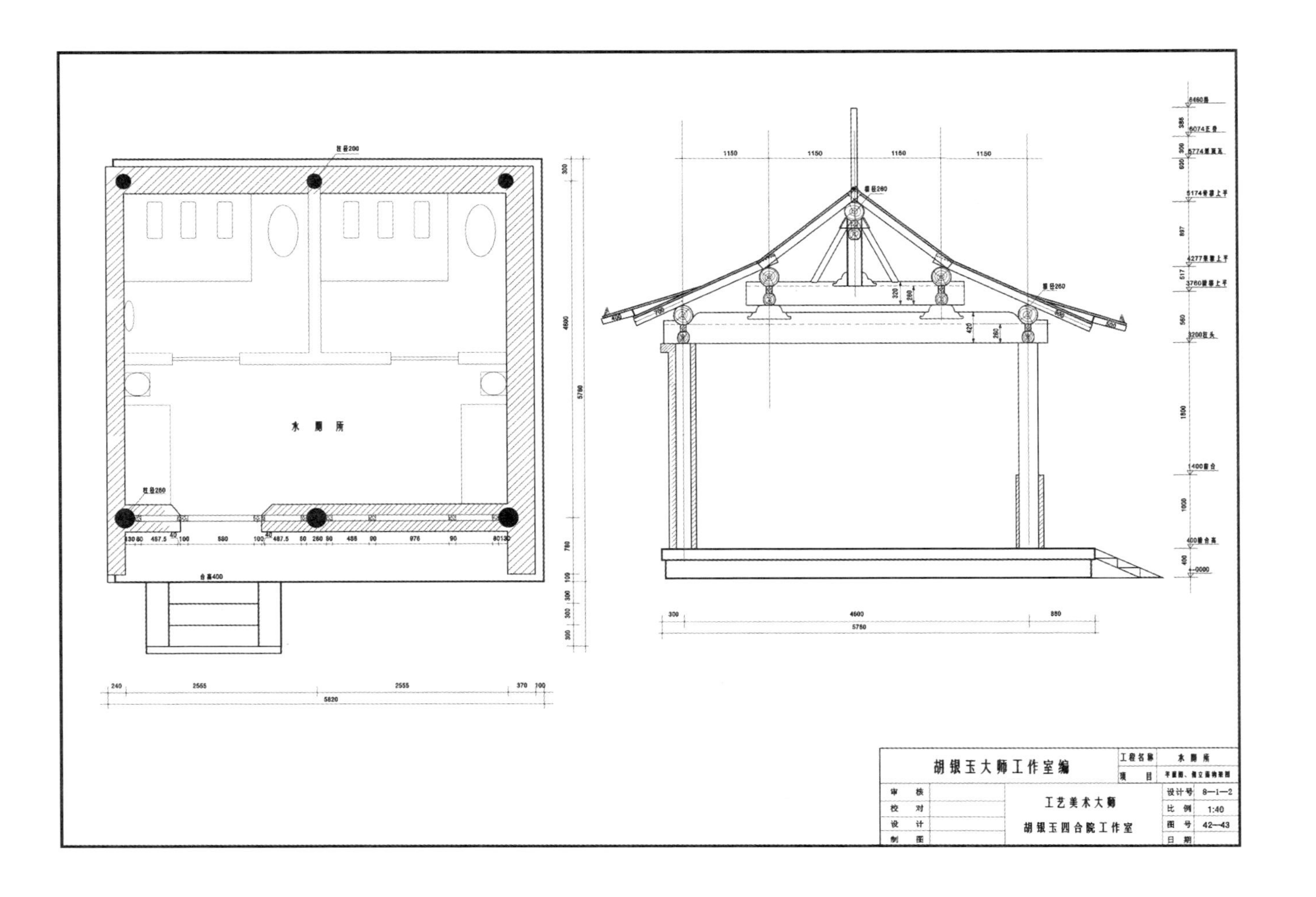
胡银玉大师工作室编
工程名称
项目
审核
校对
设计
制图
工艺美术大师
胡银玉四合院工作室
设计号 8—1—2
比例 1:40
图号 42—43
日期

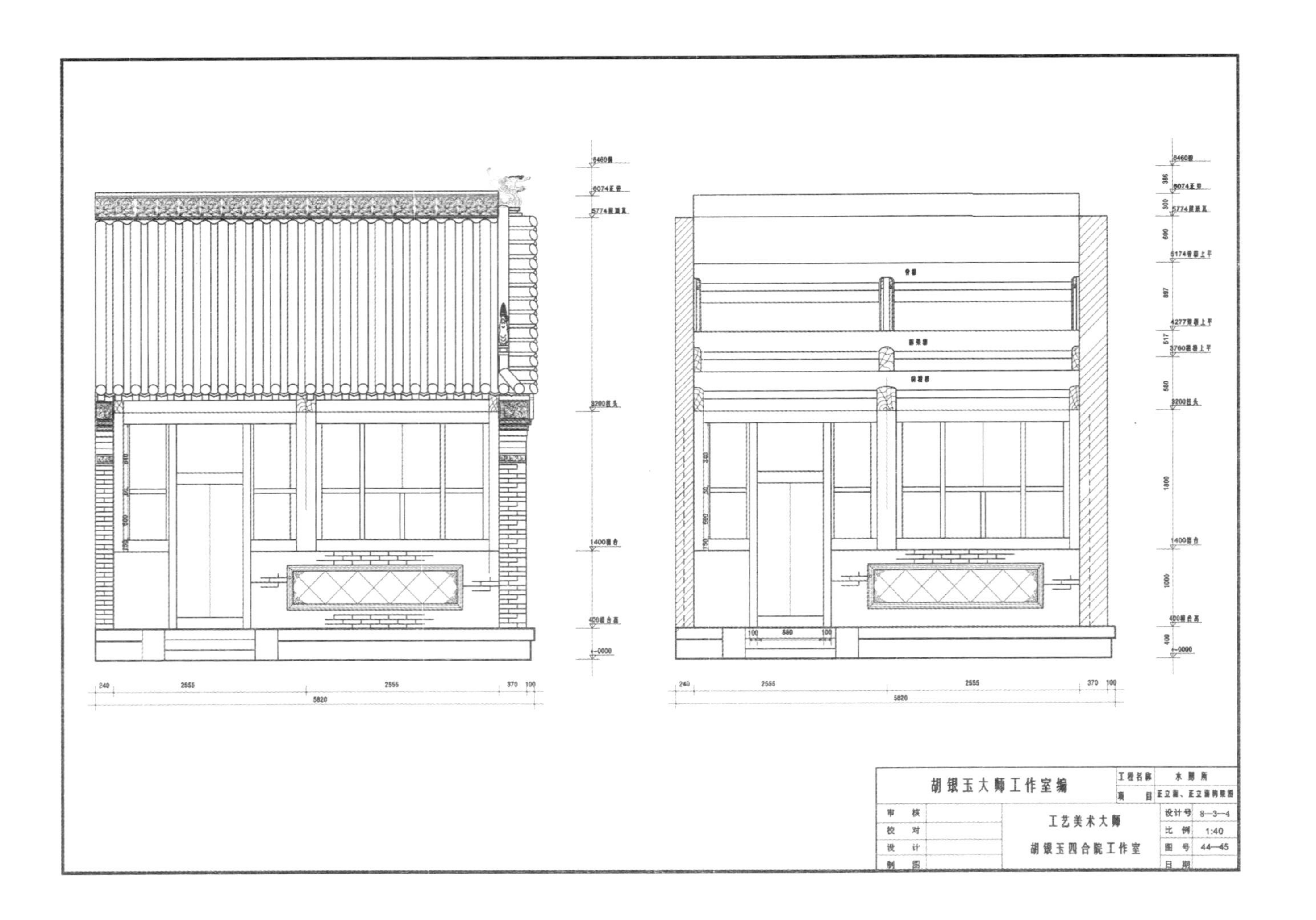
胡银玉大师工作室编
工程名称
项 目
审 核
校 对
设 计
制 图
工艺美术大师
胡银玉四合院工作室
设计号 8—3—4
比 例 1:40
图 号 44—45
日 期
240
2555
2555
370
100
5820

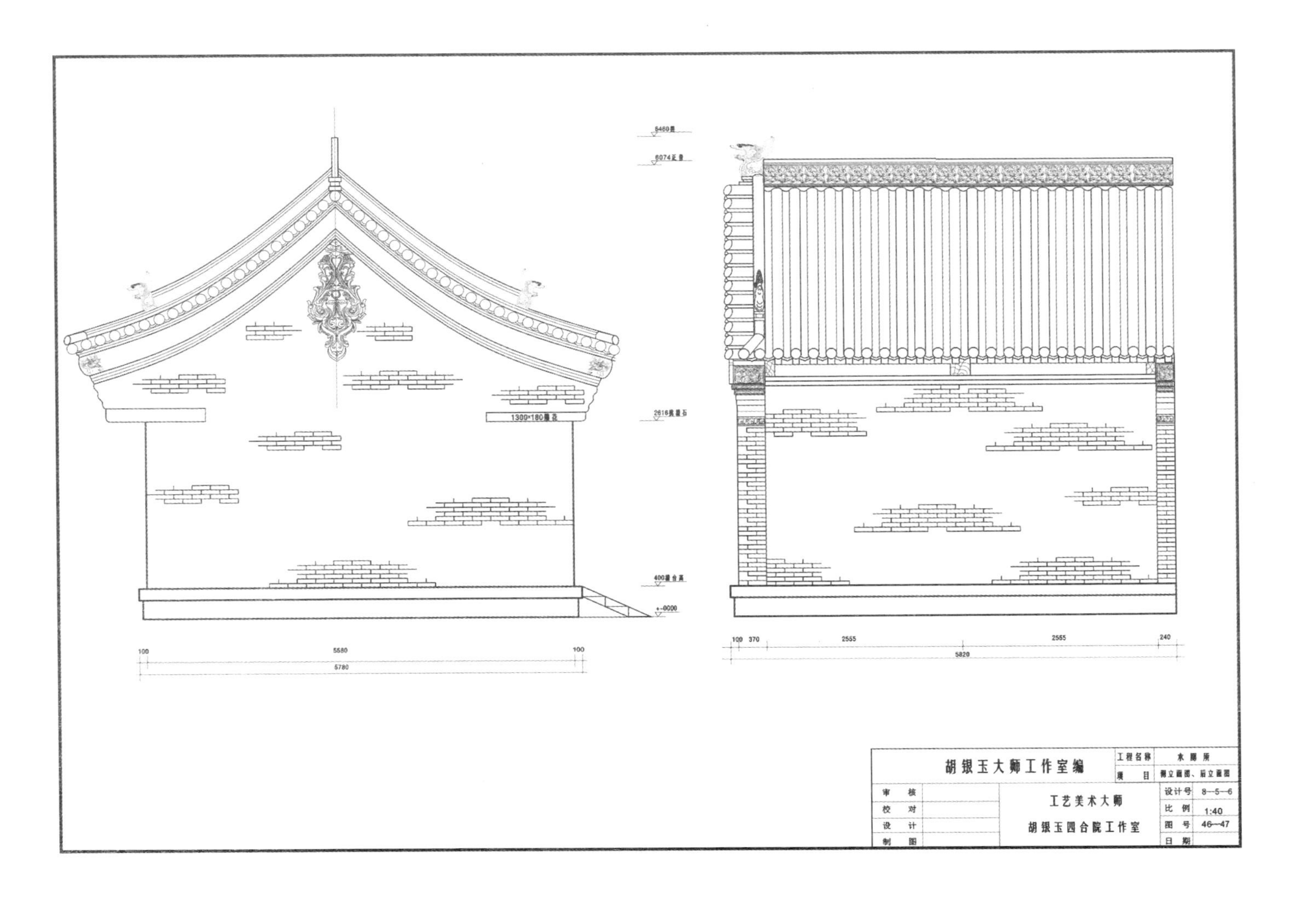
1300×180腿子
100
5580
100
5780
100 370
2555
2555
240
5820
胡银玉大师工作室编
工程名称
项目
审核
校对
设计
制图
工艺美术大师
胡银玉四合院工作室
设计号 8—5—6
比例 1:40
图号 46—47
日期

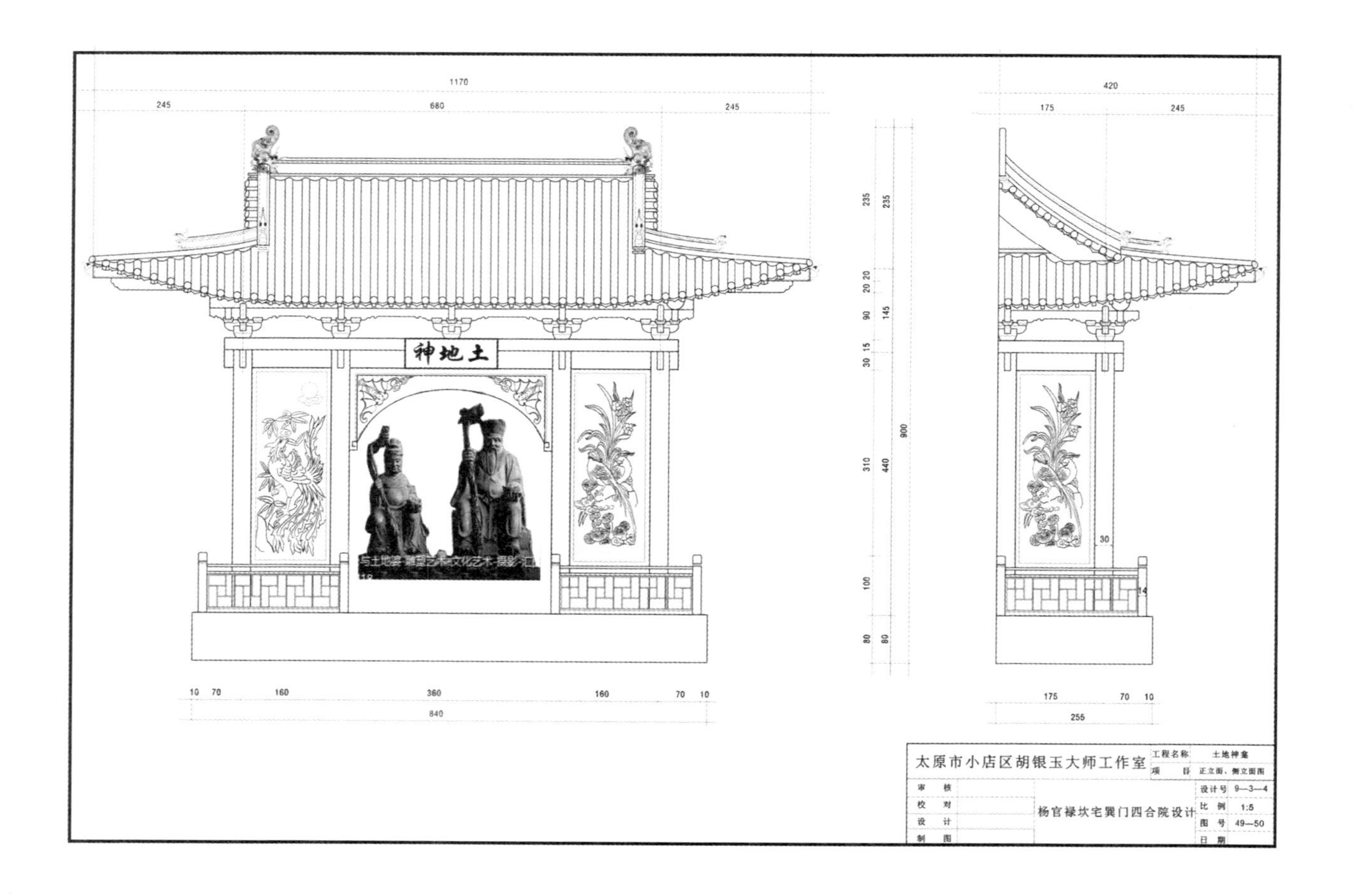

1170
245
680
245
土地神
10 70 160 360 160 70 10
840
420
175 245
235 235
20 20
90 145
30 15
310 440 900
100
80 80
30
14
175 70 10
255
太原市小店区胡银玉大师工作室
工程名称 土地神龛
项 目 正立面、侧立面图
审 核
校 对
设 计
制 图
杨官禄坎宅翼门四合院设计
设计号 9—3—4
比 例 1:5
图 号 49—50
日 期

街门内平身斗栱五福云头

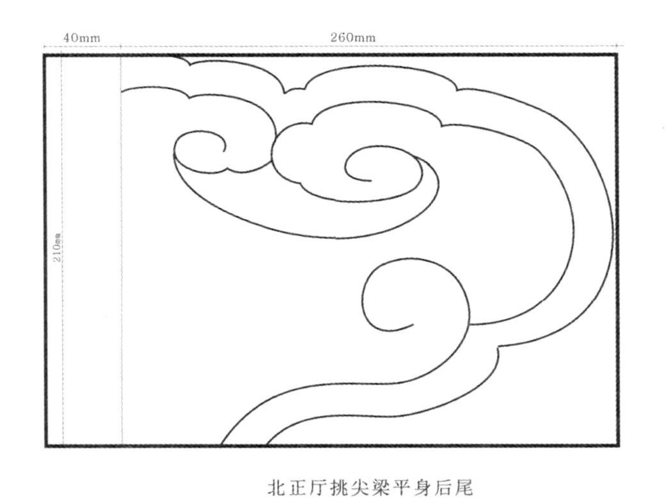

北正厅挑尖梁平身后尾

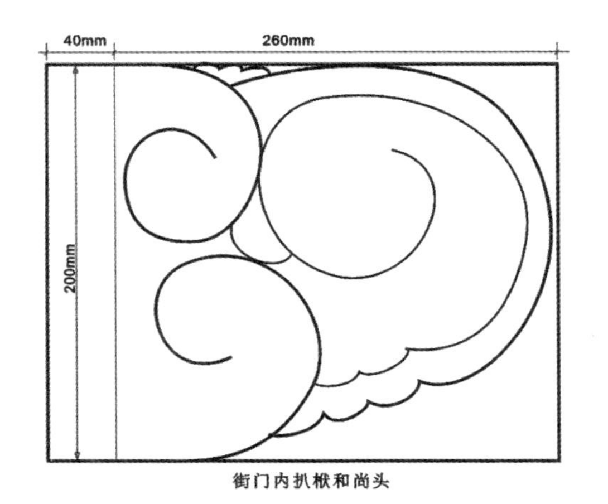

街门内扒楸和尚头

北正厅挑尖梁平身五福云头

40mm 320mm 200mm

街门外挑尖梁平身斗栱草儿头　7号

设计、制图：张国瑞　胡晓霞

北正厅、南对厅挑尖梁柱头夔棱头

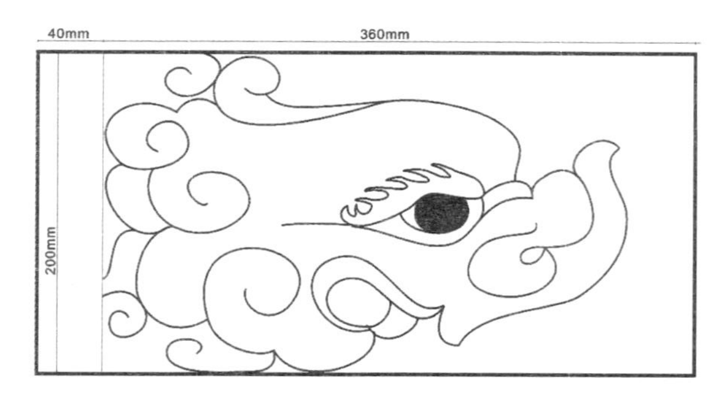

街门外挑尖梁平身草儿头　7号

设计、制图：张国瑞　胡晓霞

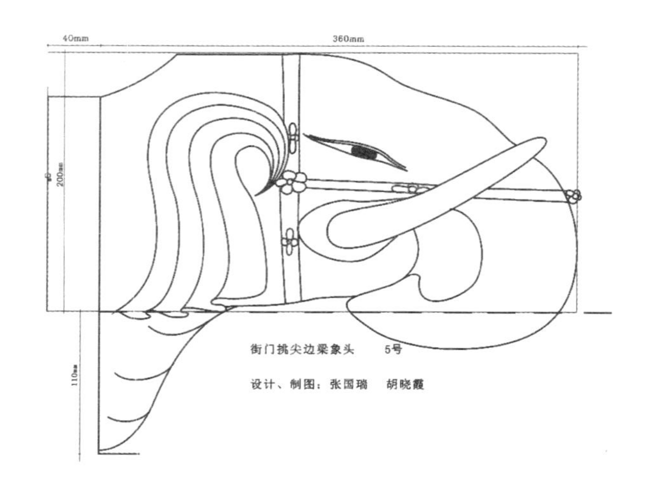

街门挑尖边梁象头　5号

设计、制图：张国瑞　胡晓霞

定襄宏道镇四合院工程

西北角

西耳房

四合院全景

四合院临街面

四合院南向立面

设计创建定襄县宏道北街宅院院门

东房硬山博缝排山瓦卷边

二儿子胡晨霞检查施工

砖雕照壁（土地龛）

砖雕照壁

未完工东房

土地翁、土地婆

挑尖梁头

墀头砖雕

门墩鼓石

迎风石雕

门道斗栱

附录二　传统古建筑行业中的特殊标识

古建筑行业有三大特殊标识，相传是鲁班所创。(1)建筑营造中的度量衡“尺寸”称“木金尺”。(2)画线施工对与错的标号。(3)有关建筑尺寸的数字书写。

(1)木金尺：匠人的专用尺，1 丈 =10 尺，1 尺 =10 寸，1 寸 =10 分。变换成米尺的市尺以后，米尺的 9 尺 5 寸等于木金尺的 1 丈，9 寸 5 分等于木金尺 1 尺，以此类推。

(2)对与错的标号：建筑行业中的“×”字，是匠人所标的“对号”，与教书先生的“√”相同。放线的时候，在标示正确的线道上画“×”号，就是表示正确，是所要用的线道。

(3)建筑行业中书写尺寸的数字，既不用阿拉伯数字，也不用大写的中国数字，而是用古建筑工程的专用数字。

古建筑工程专用数字：0、〡、〢、〣、〤、δ、∠、〧、〨、〩、十

零、一、二、三、四、五、六、七、八、九、十

以上的三大标识，唯有在古建筑的石、木、泥三匠中使用，是师傅教徒弟的特殊传授。

附录三　风箱制作

风箱是北方民宅室内的主要配件，由木匠师傅制成。风箱是吹风鼓气的工具，与灶火组成一个整体。风箱、锅台、土炕三方构成一个整体，缺一不可。风箱在北方的无煤地区，起着至关重要的作用。

风箱的历史悠久，二十世纪八十年代，农村还普遍使用。当时中国最著名的风箱厂家有两处，山西省原平市的“平地泉风箱厂”和定襄县“王进村风箱厂”。这两处风箱厂的种类，囊括了全国的金、银、铜、铁行业大小冶炼厂和家用的风箱。到二十一世纪初，才逐渐被机械吹风所取代。

风箱是一项特殊工艺，从备料开始，到各项制作的每一个环节，都要求十分严格。风箱没有漂亮的外表，也没有华丽的雕作，但要做成一只合格的风箱，除有过硬的木匠功夫和优质的材料外，还要具备专业的知识技巧。风箱的风道有强风、直风和回风等多种。这些多风种的技艺，都是制作者们深入研究探讨，细心运作总结出的独门技艺

（一）制作原料

制作风箱要具备两个条件：①优质木材；②精湛技艺。不但要求木材的质量，还要对优质材进行特殊加工，才能符合制作的要求。制作风箱的优质木材有两种，第一，梧桐树木；第二，柳木。这两种木材有耐潮湿、伸缩性小、含蜡性强、少变形的特点。

（1）梧桐树：北方的一种乔木树种，常言说“家有梧桐树，招来凤凰落”，就是指此树。梧桐树灰褐色条纹树皮，枫叶形带杈树叶，开蓝白紫色喇叭小花。梧桐树材质呈灰黄色彩，当地人称“楸木”，是一种稀有的优质风景树，多生长在祠堂、寺庙等地。木材多用于水桶、水盆、浴缸、砖坯的

“砖模”和“风箱”等防水物件的制作。楸树有十楸九空(心)的说法,是一种较稀缺耐生长的树种,木材有比较强的抗潮湿防腐烂的性能。

(2)柳树:日常家用木材,可作为风箱原料,而且料源充足。柳木有“神木”的美誉,具有不变形、耐寒热、含蜡性强等诸多优点,备受匠艺人的喜爱。

这两种木材,无论选哪一种做原料,都要经过专门加工,才能达到制作风箱的要求。制作风箱用料,要求自然风干后的木材,很少选择人工火烤和训窖加工的木材。人工火烤的办法,很容易把木材的纤维和蜡性破坏掉,影响到木料的质量。最好的加工办法就是自然风干。天然加工木材,同样也要经过人为的水浸、雨淋、风吹太阳晒、室内阴干四道工序才能完成。

(二)木材加工

风箱选材只要树秆,不选树枝。挑选直径 45 厘米—55 厘米粗的柳树身,锯解成下线 2.5 厘米厚的板材,沉到池塘里浸泡加工。做法:把刨倒的活树锯解成板材,保持树身的原状,叠垛在一块。板与板之间夹入方形的细木棍支成拉缝,用铁丝把木板两头捆紧,放入到清水塘中浸泡,注意板材不要与污泥接触。水中浸泡一年,木材的性子基本消失。把木板捞出水面以后,松开铁丝,集成通风木垛,放在阳光充足的空旷地带让烈热暴晒。再经过风吹雨淋一年以后,把木板垛成三角形状,放在通风好、阴凉的室内阴干,一年后即可使用。从刨树、解锯木板、水浸到使用,需要三年时间,才能达到自然风干的合格板材。

(三)风箱结构

风箱分工业和民用两种。工业用的风箱,又分金、银、铜、铁、锡等各行业多个种类。各个行业的要求不尽相同,因此风箱的制作工艺也有所不同。工业用风箱,主要用“海底风”类风箱,因与民用风箱之间毫无关系,暂不去探讨。民用风箱,是民宅建筑装修中的主要配件,是居住之前的必备之物。民用风箱与灶火锅台配成一套,被列入了装修部分。风箱的外表平常,但是构造很复杂,是由多个部件组装构成,除箱桶、前堵头、后堵头、陵道、毛头、鞴杆、风嘴、前腿架和后腿架等9个较大的部件外，还有最不引人注目的“小舌子”和“摆舌子”。小舌子在堵头的内部，前后各一，摆舌子装在棱道的出风口处。这三个体形只有方寸的构件，管控着风箱所有风道。此外，还有众多的内部分支零件，构件多达32件。加上附件的竹钉等，约140余件。风箱从表面观察，看似平常和简单，它的内部结构不但复杂，而且技术性很强，很有讲究。其中的每一个部件无论大小，都不可或缺，因此每个构件都不允许出现微小的失误，否则会影响到风力。

箱桶是四块平板组合而成的长方形直桶，由里帮、外帮、箱底和盖板四件组成。四块板外表相似，但是内部的结构不同。①里帮，长78厘米×宽40厘米，出风口设在里帮的中部。②外帮与里帮是对称配成一套，站立着与底盖相交。③箱底，风箱的下部底板，长78厘米，宽24厘米，是安装里帮、外帮和棱道的板面。④盖板，风箱上面的板，长78厘米，宽28厘米，比底板宽4厘米，是遮挡滴水沿子。⑤毛头，产生风源的主件，与堵头平行，内部构件，与鞴杆相连，小棱的四面成凹形，是装鸡毛的槽道。⑥棱道，箱桶内另设的小通道，起存风、进风和送风的作用。⑦鞴杆，管制毛头的双杆，起活塞的作用。鞴杆与毛头、手柄三位组成一体，多为圆形，径2.6厘米，合7.8分，两根配成一对。⑧前、后堵头，装在风箱的正前方和正后方，高1尺2寸，宽8寸。堵头支撑着箱桶，起进风和管制鞴杆的作用。风箱的板厚，除毛头是2.2厘米较厚外，板厚统一为1.8厘米。⑨风箱架子，支撑风箱的架子，由4根立腿和四根横樢组成，腿高1尺7寸4分，横樢1尺1寸，由榫卯构成。

（四）制作工艺

风箱由刨面料、益线、刨里子、找厚薄、对缝、粘胶、零件分类制作、组合、加固、烤蜡、勒毛头、试风等十余道工序完成。

制作风箱的工艺要求风量均匀有劲，推拉运动轻松自如，风道强劲有力，风箱桶的六面合缝要求密不透风。制作的每一个环节，都要求十分严格，工艺配合密切，不许有半点偏差。

风箱是板材合成。风箱刨料，先用大推刨拣好的一面做里面刨成。风箱以里面而做面子，相反外面的看面是板材的里子。刨料分清面子和里子后，先推刨出一个大面和一个小面来，再根据板材的既定厚薄益出长线。刨料首要注意板面的跐角问题，刨成的板面既不跐角，又不瓦垅，达到绝对平行。刨小棱讲究与大面要达到90度直角，而且小面的直棱要合格。检验方法是把两个板面相对合成，两板相合后四面没有缝隙为合格。在刨成的面子上做出记号。通过益线决定厚度，再进行刨推。刨推风箱板面要求一次性完成。只有风嘴和风箱的架子，是另选其他木材制作，其余全部构件，不允许用杂木顶替和调换。风箱板子的宽度益线时，要统一加宽3毫米，作为组合刨推对缝子的预备尺寸，到安装时再做精确核准。风箱板刨料，分两次完成，第一次解决板厚薄的统一问题，是顺纹刨料，第二次是解决板子平整和瓦形问题，要横着刨，木行称“横擦”。面子刨完益线以后，留线刨成，把握准留线要一致。测量箱板厚度，用千分卡尺验收，没有千分卡尺的情况下，用木板锯成缺口，来代替千分卡，检验板子的厚度。风箱板的里子和面子都要求平整，因此风箱板刨料分两次完成。第二次刨推，只限在四块主桶板的面，重点注意“棱道”粘胶的对缝部位。第二次刨法与第一次相同，主要是修整内部，用长推刨横着板面横擦，横擦要掌握好板面的平行。先顺着木板从一头排行推到另一头，横擦也是一刨挨着一刨排着擦，擦完以后再把木板顺过来排着行顺推，把横擦下的逆花痕顺着刨平。最后用对缝推刨排行细推2—3次。风桶的两旁帮板宽度暂不确定，要等着把前后堵头做成以后，共同完成。

1.箱桶构造

风箱桶画线先从底板开始。风箱的底板长78厘米，从39厘米处一分为二，设成中线画横线，再靠紧小棱的面子，把中线画到底板上，用实线画通。板宽27.2厘米。底板和盖板是上下对称的一对，但是二者画线不尽相同。盖板不设任何附属零件，只画出箱板的长度线即可。画好长度线后，把底板和盖板合起来，配成一对，先保存起来。第二步是箱桶的左右两块立帮子画线，首先分清楚里立帮和外立帮。外立帮没有任何附件结构，只要画出长度方形线即可，不需要再画其他线道。里帮上留有出风口，还要画安装“棱道子”的中线。因此底板与里立帮合并后，准确地把底板的中线反画到里立帮上。这样四块风箱桶的板面线就画成，开始制作棱道子和前后堵头。

2.棱道

棱道子是由一宽一窄木板粘成的三角形90度拐角形状，平扣在风箱桶内的底板和里立帮上。棱道的总长70厘米，宽13厘米，高4.5厘米。较风桶短8厘米，短缺部分是留作储风库的进风口。棱道的内部设堵风和排风的机关，即鸡脯子和摆舌子的构件。鸡脯子紧贴在棱道和底板之间，是个两头低中间高的挡风构件。中间的高出部位，对在底板的中线上。这个最高点的中部，安装着一个来回活动的风叶，叫"摆舌子"。鸡脯子的中线与"棱道"的中线相对。俯视看，酷似侧身躺着的鸡的胸脯，因此而得名鸡脯子。以中线为标准，中间起高，两端落低，高起部分要占到棱道宽度的三分之一。中间的高点与分水岭相似，高起的中线上安装着摆舌子风叶片。风叶片的长度超出帮子的出风口，在中间设铁轴贯穿，摆舌子由摆动来管着进风和出风，左右摆动时，还起着聚风和送风的作用。鞴杆往回推，毛头运作，摆舌子在进风的压迫下往前面倒，前面的风口就会堵上，同时给后方的出风让出了通道；往外拉鞴杆时，毛头的风就把"摆舌子"又推到了后面，堵在后通道上，把前风口让开，让进风顺畅地通过前棱道送出。这样周而复始地利用"摆舌子"的前后摆动，将风吹到外部。摆舌子的宽度，与棱道的高度相等，长度超过风口。安装摆舌子要求既达到灵活，还要求达到无缝隙的标准，杜绝出现漏风现象，影响到风量。鸡脯子高34毫米，宽45毫米，是长方形木块刨成。先把木块放入棱道内抹准高低线，以中线为标准，把方木两端和中线之间画出斜线，就形成两头低中间高的鸡胸模样，锯成后放入棱道内粘胶固定。

棱道工序有对缝、抹线，支柱、顶实，粘胶、木楔加固，摆舌子的风叶安装。先完成箱桶安装和风箱腿配套，再完成棱道。安装棱道，首先把棱道的高、宽用抹线的办法画成。抹完线以后，再反过来扣在箱桶内，根据抹好的线道找准对正，用支条固定。支条要从两个不同的方向加固，把棱道卡紧在风桶内。支条木棍既不可太紧也不宜太松，水胶粘棱道主要是借助支条的力量完成。粘之前检查中线与出风口的中线是否对正，正面和侧面的粘缝是否合格。水胶粘棱道要稳、准、快，刷水胶准确，安装要迅速，手疾眼快地把支条的原物顶在棱道和箱板之间。粘好缝要超过12小时，才能进行下一个工序。水胶干固以后，从箱桶外部，用竹楔钻眼加固，这样可确保风箱年久耐用。加竹楔从风箱的外部着手，先钻眼后加榫。

3.堵头

堵头是堵在风箱前后的木板,堵在前面的叫“前堵头”,堵在后面的叫“后堵头”。制作堵头由两个配成一对同时制作。堵头的外观没有任何复杂之处,但是制作堵头还是比较复杂。堵头是由进风口、小舌子、兔鼓子、鞴杆榫、耐磨子等多种构件共同组合而成,尺寸规格精确到毫发计算。制作堵头,刨料按木行的规矩完成。高、宽、厚的尺寸根据既定的尺寸,分三次刨成。第一次刨面子,第二次刨里子,第三次对缝安装。按计划完成以后,要保证达到密不透风的精密程度。第二个难点是“耐磨子”制作。耐磨子是加在堵头前面,专门管制鞴杆的薄木板。毛头、耐磨子、扶手三位一体,一条直线,加鞴杆连接,共同组成一个整体的机械活塞。扶手是堵头外面点,毛头是堵头的里面点,中间堵头的耐磨子管控着里外两个构件,因此鞴杆榫是堵头上的关键构件。从扶手、耐磨子到毛头的制作,精度是零距离的要求。鞴杆无休止地拉出和推进,只要里、外、中三点其中有一点不合要求,风箱就不会顺畅地拉出和推进,因此前后堵头上的耐磨子,难度就出在三大构件的配合。另一个难点是堵头与底、盖、帮四边的合缝工艺,要求达到密不透风的精密度。因此堵头的刨料画线和对缝工艺要求的精度最高。

堵头先画垂直中线,再从堵头的下棱往上排着画。第一道线是入风口摆舌子的方口下线。画出 4 厘米的方口下线,往上画 8 厘米的进风口的方口线,再往上量 4 厘米,是下鞴杆的十字中线。鞴杆之间的距离 12 厘米,堵头的十字中线要与“毛头”和扶手的十字中线统一。后堵头的线道和做法与前堵头相同,虽然现在是右手拉鞴杆,一旦需要要改变方向时,只要拔出鞴杆,从后堵头上插入,就可以调到相反的位置。小舌子安装在前后堵头的里面,起进风、储风的作用。制作小舌子,选一块长 12 厘米、宽 11 厘米、厚 0.8 厘米的薄板做原料。小舌子的形状酷似板式小门扇,横挡在进风口的里面,管理着进风和聚风。小舌子两端有转轴似的小门转子,用两个“兔鼓子”固定在堵头的入风口处。风箱起动以后,往内推毛头时,小舌子撩起,把风吸入风箱筒,存在棱道子内;往前拉时小舌子放下,堵在风口上,把风口封闭起来。通过小舌子撩起、放下改变着风向,一推一拉,前后轮换,起到存风和通风的作用。制作和安装小舌子的时候,注意让小舌子顺畅地撩起和放下。前后堵头是进风口,通过小舌子放下和撩起的活动，把风收入风箱桶内，从棱道把风送到风箱桶外。就这样周而复始地吸入送出，源源不断地把风吹到灶火的火点儿上。

“耐磨子”是堵头的附加件，管理鞴杆和毛头的构件。制作耐磨子，选两块长23厘米、宽8厘米、厚0.8厘米的平木板，刨好以后，把前堵头的鞴杆十字中线，反画到耐磨子之上，做成圆弧榫，制成以后，加在堵头的板面上。经过与鞴杆配套验收合格为止。

4.毛头

毛头是堵在风箱桶内的缺角平板，周边小棱设槽道，鸡毛镶嵌在槽内，通过前后拉动，形成气流涌动，有气垫功能，是生风的主件。毛头是由木板、鸡毛、麻绳、木橨共同组成。选一块平木板，做成长35.4厘米、宽22.6厘米、厚22毫米的木板，与箱桶内径相同的尺寸。制作毛头，把木板推平刨方，再把木板合在堵头上，分中线画出有关线道，根据中线确定边线。毛头的四个周边留出2分宽的毛道，根据风箱桶的内部造型画成，包括棱道拐角的形状，拐角处画线更要精确。鞴杆线就是毛头的标准线道，精准定位以后画成。毛头经过箱桶检验合格，凿成槽道，最后勒毛头。

勒毛头由选鸡毛和勒毛头两个程序来完成。制作毛头，鸡毛的质量很重要，鸡毛的长度要求7—8厘米，选冬季2岁大公鸡最优质，忌用母鸡或小鸡的毛和开水浇退下来的鸡毛。材料有鸡毛、麻绳和木橨子。麻绳也是其中的关键材料，选上好的麻皮，搓捻成2米长、3—4毫米粗的细绳，要求顺溜光滑。再准备木楔橨子若干，毛头四周设多个钻眼，每个钻眼均用一根。木楔橨子长2.5厘米—3厘米，粗5毫米左右，数量在50—60个之间。准备穿麻绳用的钩针一个，从钻眼中勾拽麻绳。毛头钻眼的距离，就是鸡毛把子的用量。鸡毛把子的大小，根据钻眼的宽度决定。一撮鸡毛大约50—60根之间，整理成小把子，放入槽道的中间麻绳下面，用麻绳把鸡毛勒在槽内的钻眼之间，铁钩从侧旁的钻眼内伸出勾住麻绳，从侧面斜拽而出，麻绳成了双股套环。木橨就放入双套环内，勒紧后转动木橨子，运转3到5圈，扭成麻花式死结。鸡毛在槽内经麻绳一勒，两边的鸡毛斜着站起来，织成了堵风的毛墙，高起的鸡毛与箱板接触后，摩擦生风。安装毛头时要把风箱站立起来，将风箱腿子退到最松，毛头塞入箱桶后，推到尽头，再安装堵头，但要仔细，不可猛击猛打地捣进去，这样会把箱桶冲坏。堵头的四个角，推入箱桶以后，不要用斧头直接簸堵头，找一根长形方木做垫衬,用斧头捶打方木完成,达到风箱桶、堵头和腿子形成一个平面,最后刮腻子刷油漆装饰保护。

5.鞴杆

鞴(bài)杆也是风箱的主要构件之一。鞴杆分两个类型,方形鞴杆和圆弧形鞴杆。年早的风箱鞴杆多用方形，清末到二十世纪初期多用圆形鞴杆。鞴杆的两端是榫子,一头插入毛头的卯眼中,做成活动榫卯,可以随时拆卸和安装,活动榫子较长。另一头是扶手的榫子,固定榫子与扶手平行。

鞴杆与扶手、毛头、堵头串连在一起,共同组成一个主体。鞴杆分前、中、后三段,最前装扶手,后节装毛头,中节与堵头的耐磨子串连,通过推进和拉出,完成活塞的任务。毛头的榫子长度,要超出毛头以后另长出3厘米—4厘米,露在毛头后面,叫“出头榫子”,用木楔横穿管理着毛头。制作鞴杆的材料,要求不能有丝毫变形,用经过池塘水浸泡和自然风干的陈干木材制成。鞴杆总长度与风箱板的长度相等。3.5厘米的荒料,做成2.8厘米正方形鞴杆。制作鞴杆同样先刨两个面,益线以后刨成方形。用千分卡测量画线锯解榫子的时候,榫子锯成后只划肩子线,而不跌肩子。把鞴杆做成圆形以后,再削权皮跌肩子。安装毛头的榫子,长5.5厘米,扶手的榫子长3.5厘米,前后两项榫子共计长9厘米,与内部棱道的长度相等。这样把鞴杆推到尽头,也保证超不出棱道的外棱,是保护毛头的尺寸。

鞴杆料与风箱料是同等材料,从同一块木料上锯成二根。鞴杆刨料要求方、正、平、直。假如材料出现了微小的弯形,画线时可以把弓形弯度,统一翻到朝天的一面配成。制作鞴杆,四面见线,最后达到“方”“正”的规矩。先画线再锯榫。制作鞴杆的圆弧,是用瓣子滚圆的做法完成。从刨八角形开始,第二次成16角,再推成32角,以此类推,最后用圆推刨详细推刨而成。检验鞴杆的圆弧,用耐磨子的圆榫来验证。有不规矩的地方,用细砂纸打磨的方法修整,直到完全合格为止。鞴杆与扶手是固定的组合件,先把耐磨子套到鞴杆上,再把鞴杆的榫子栽入扶手卯眼内,粘胶加楔后,把毛头安装到鞴杆的尾部,最终集成三位一体的组合件。

6.腿子

腿子是架起风箱的构件,由四根立腿四根横档组成,支撑着风箱的主体。腿子又称风箱架子。腿子的上下爪子全出头,腿的上部朝天支撑石板,石板起防水稳固的作用。腿子好似枷床,还起着箍紧的作用。它既是风箱的支撑木，又是主要保护构件。风箱腿子的高度与锅台相等，总高 1 尺 7 寸 2 分，上留 8 分的石板厚度，用最优木质的榆木做成全榫卯结构。注意在组装前，用推刨把架子的里棱四边刨低 2 个毫米，是腿子安装时的收缩缝。腿子的四个榫卯，用木楔加紧，最后用破头楔子加固。

7. 箱桶烤蜡

烤蜡是风箱制作的最后工序。蜂蜡是蜜蜂酿成的润滑剂，起着保护箱桶和光滑作用，有经久耐磨的效果。蜂蜡受热以后就熔化成液体，俗称蜡水。蜡水滴在木板上，可入木三分，冷却以后变成固体，经过磨光，似寒冬的坚冰，越磨越光滑。风箱烤蜡用明火，多用麻秸秆。麻秸秆是一种空心秸秆，有易燃火快熄灭、死灰不复燃的特点。风箱桶烤蜡，由 5 个工序完成：（1）干擦蜡，（2）火烤，（3）布擦蜡，（4）二次火烤，（5）细棉布揩蜡。一边火烤，一边用布子擦抹箱桶，让蜂蜡全部钻入木纹的内部，用细棉纱布把集成堆未消化的余蜡擦抹干净。箱桶冷却以后，把剩余的残蜡，用细棉纱擦磨清理到光滑锃亮。箱桶完全冷却后，再试装。把风箱的毛头等构件安装起来，装入箱桶试风。标准是拉轻，风大，有回风，把风箱安装到灶火上，拉动风箱，可以把火点吹动，风箱停拉后，还可以听到有风吹火的声音，证明有回风的效果，是风箱的最高境界。

附录四　工具修整

(一)匠人的三宝

建筑行业的工程由木匠、石匠、泥瓦匠合作完成,他们共同的工具是三宝,即弯尺、墨斗、画齿。

相传建筑行业祖师爷鲁班,名公输般,传艺三名弟子,大徒弟石匠,二徒弟木匠,三徒弟泥瓦匠,他们都有弯尺(方尺)、墨斗、画齿三样工具。

1.弯尺

弯尺别称"拐尺",是建筑匠人的三宝之一,既是测量和画线的标尺,又是寻方正的量角器。弯尺是最早的量角器,由尺身和尺梢合成。尺身是一根方形硬木,前面刻着分、寸的测量刻度,尺梢是一节薄木条,插在尺身的右端,二者合成90度直角。尺身做卯眼,尺梢是榫子,插入后加水胶粘成。尺梢的里弯、外弯都要求达到90度的直角。里弯和外弯的分工不同,外弯的90度用来测量内角的门口、窗口等角度的合格率,里弯测量刨料成形后材料的方正。一把弯尺拿在匠人的手中,就是一件全能的工具。用弯尺和墨斗,就可以完成任何宫殿和高楼等一切建筑,实测大型建筑的结构布局。艺人们站在地下,通过吊线和借线工艺,可以测出梁架的尺寸和结构。因此弯尺、墨斗是建筑界艺人的权威工具。怎么修整三宝,是匠艺人必须掌握的技术。尺身和尺梢选料制成以后,榫卯要做得松紧自如,通过"寻方"的办法,来校正弯尺的角度。校正弯尺在木板上进行。找一块二尺长、二尺宽的薄木板推平刨光,刨一个直线小棱,用来做弯尺的直线靠面。木板放平以后,把入卯后的弯尺身和尺梢放倒,靠在木板上,让尺身靠紧木板的小棱,尺梢在木板上面,把尺梢和尺身摆成直角形,用画齿靠紧尺梢的小棱，画一道线。木板不动，把尺身反转到相反的方向，把尺梢靠到小棱上瞅准刚画的线点，再画一道直线。拿去弯尺以后，观察两次所画线道的距离相差多少。相差的数从中均分画中线，把尺梢与中线对正，就是弯尺90度直角的标准线。最后经过校验确认无误以后，把尺梢和尺身用水胶粘牢。上胶以后，再到木板的线上复查确认，8小时胶干后再修整使用。

2.墨斗

墨斗是建筑匠师的三宝之一，是建筑施工上线的工具。弯尺、墨斗、画齿和锯，是中国建筑行业祖先们最早发明的工具，相传是鲁班所创。墨斗是在建筑材料上画线的工具，凡是古建筑营造中的墨线，全都是由墨斗完成，锛、砍、锯、刨施工，均以线道为准。墨斗的墨线，既是横平的代表，又是竖直的标准，还是撑尺师傅技术权威的标志。制作墨斗，首先材料要合格。墨斗常年浸泡在黑墨水中，一干一湿最易引起木材裂纹和变质，选材是制作墨斗的重点。制作墨斗常用三种木料：梧桐树木（楸木）、柳树的主根、榆树的主根。主根是指埋在地下最粗的根。墨斗的主体是斗床，由线嘴、墨池、轮槽、线轮、把柄和母子共同组成。墨斗的样式有多种，常用图案有龙形、鱼形、鞋形和船形等，因地因人而异，风格不尽相同。墨斗规格：斗床长15厘米—20厘米，宽7厘米，高8厘米。斗床分前、后两个部位，最前面的中间是进出墨线的“线嘴”部位，往里的前上方设“墨池”。在斗床的上前方挖一个圆形深洞，直径5厘米，深7厘米左右，是墨池。墨池往后是装线轮的轮槽，深6厘米，宽4.5厘米，长5厘米。槽内装轮，称线轮。做两个薄圆片，中间用四根细竹棍相连，竹棍相距2.5厘米组装合成。线轮正中用铁质拐形把柄串联贯通。轮中间是存线的空间，线长6米左右，线缠绕在轮上，进出时通过墨池，从正前方的线嘴进出。墨池中填满蚕棉和黑墨，线通过墨池拉进拽出后，蘸满了黑墨，形成了均匀的黑线。线的尽头拴一个勾形的“母子”，可以勾到木料上固定。墨斗放线多由两人操作，确定两端的点位后，把线对准定点，按到各自的点上，撑墨斗的师傅左手执墨斗，右手像拉弓弦射箭，拽起墨线，提高30厘米—50厘米，垂直后突然松手，墨线拍打在材料上，线上的黑墨就明显地反印到材料上，自然地形成了笔直的线道。这样弹成的线道非常规矩和准确。这种弹线取直的技艺，可以在弓弯不一，高低不平，形状各异的任何构件上弹成规矩直线。匠人根据弹在木料的墨线为准，作为锛、砍取正的依据线道。古代的亭台楼阁和民间宅院等一切古建筑，全部是通过放墨线营造建成，至今还没有任何一个方法，可以替代墨斗的放线功能。因而墨斗被誉为建筑界三宝的权威工具之一。

3、画齿

画齿古人又称画齿，用牛角制成，是古建筑匠人画线最应手的画笔，相传有数千年的历史。找3—4岁黄毛公牛的牛角，根据角上的丝纹画线锯成。锯解牛角是要顺着弯形锯，要求把握好90度的方形。弯牛角既弯又圆，要锯成90度直角，没有经验的人，想锯好不太容易。开锯之前，先画线，首先从牛角尖到牛角根，画两条对称的中线。画时掌握牛角的丝纹线路，形成十字对称的中线。不要偏离丝纹，从牛角尖画至牛角的根部，通长保持两面对称不偏不斜，特别是角尖部位的正方形。牛角的丝纹只有总长的四分之一左右，再往下就是软骨的空心部位。先顺着从牛角的中间锯一片，叫栋子，一个栋子只能分成两根画齿。第二个工序是训直，用微火烤软后拉直，放入水中冷却。火训之前，把香油抹在画齿的荒胚上，用慢火烤，烤到发热变软时，双手拉紧画齿的两头，迅速地放入水中冷却。凝固后把油腻洗刷干净，用油石或磨石摩擦，分出丝头和主杆。带丝部分磨成刀形，别骨部分磨成圆形。画齿的厚度通体为5—10毫米，丝头的宽度随材料决定，厚度在3毫米—6毫米之间。主杆部位可以放宽到10毫米或偏大点也可。摩擦丝头，要求90度正方形，忌刀棱形。画齿顶端画头造型与雕刻斜刀相似。开丝是最后工序，用锋利的雕刀顺纹割成细丝纹。放“方”刻刀一毫米开成3—4齿为合格。牛角画齿常年浸泡在墨池中不发软，不腐蚀，画的线道清晰，有画一整天墨线的粗细统一的优点，而且还有定位准确等诸多优点。

（二）推刨修整

斧、锛、锯、刨、凿是木匠的五大工具。推刨，在木行中称刨子，有长刨、中刨、小刨之分。建筑装修内容广泛，五大工具缺一不可，推刨更为重要。推刨是推平刨光的工具，由刨床、刨把、木刃、铁刃共同组成。木行业的工具修整，是很上讲究的工作。建筑工程中每个项目开工之前，或者完工之后，都要定期地对工具进行修整。推刨讲究三平、二快。三平，是刨床的底部平，放刃的刃底平，刨刃磨得平。二快，是刨刃快，出渣快。木行中刀刃锋利叫“快”。推刨材料时，渣口不卡渣称出渣快。这些问题，在制作推刨时都已经解决，唯一需要修整的部分，是推刨的刨床底部，每一个工序中都会受损，是重点修整的部分。

办法是，用两个推刨互相推刨找平。先用对缝子长推刨，刨平另一个推刨刨床，再用整过的推刨，推刨对缝子推刨刨床，整平以后再做“磨合”工序。把天然磨刀石，砸一块碎成粉末，把刨床底朝天放平，撒上碎石粉，用另一推刨的床底相对去磨。经过磨合，推拉时出现沉甸甸的感觉，有了吸力，就是合格。再检查出渣口是否受损，如有损坏，修补到合格为止。

（三）锯子修整

锯子是木匠行业应用最广泛，修整难度最大的工具。装修用锯，多是中小型锯子，修整的要求更仔细。修整锯子的程序，是平整锯料、拨料、锉（伐）锯齿。

①平整锯料：是旧料的整平工序。找一个厚木墩，立楂朝天，把锯条放到木墩上，用斧顶均匀地锤打，把锯上的旧料整平。

②拨料：料是锯齿的特殊造型，主要是让锯齿厚于锯条，锯木时把锯口拓宽，会起到不夹锯的功效。锯的用项不同，有三种拨料法，这三种拨料法可解决三种情况遇到的问题。第一，单料，是左拨一齿，留中齿，右拨一齿，再留中齿。这种拨料法拨成的锯齿，适用于锯解顺纹材料和解锯榫子。第二，双料，左拨一齿，右拨一齿，留一中齿，一左一右，留中齿。这种锯型是趺肩子和横断木材的锯子。第三，乱料，这种料的锯口较宽，左拨一齿，右拨一齿，不留中齿，一直拨成（是大锯子拨料）。主要用于锯断湿木材，或没有干透半湿的材料。

③整锯条，长期使用锯子，锯条会出现中间窄两头宽的现象，或者出现锯齿七高八低。平整时，要把高低不平的齿锉平。整锯条平锯齿，是解决锯齿不平和拨料不均的问题。平锯齿方法，在方木上横锯一道锯槽，把背

面放入槽内，锯齿朝上，用大平板锉，顺着锯齿平着锉。中间凹的部分，只锉个别高出的锯齿，主要是把两头高起的锯齿，锉平到直线为止。锯齿整平以后，就是“开齿”。开齿是指把锉平的锯齿，再重新开启出来，开锯齿注意锯齿的大小要相等。拨新料，根据锯子的用项来决定。全部完成后，用三角形的有棱角锉刀锉磨锯齿，木行中叫“伐锯”。什么型号的锯子就选择什么型号的锉刀来锉。锉锯齿也讲究横平竖直的角度和方正。伐锯子很简单，找一块厚实的方木，或者把木橛栽入土中，木橛上锯一道锯槽，锯齿朝上放入槽中。锯条放在槽内要求不晃动，根据锯齿大小选好锉刀伐锯，锯齿要保持大小相等。锉磨锯齿要求达到横平竖直，使用锉刀的姿势要求端平放正。手势和锉刀不正，伐成的锯子会跑偏。检验伐成的锯是否合格，用锯木来考验，观察是否走线。锉锯时的后手高，锯时会辇梁（往里），后手低会辇梢（往外），只有把锉刀放平，角度成方正，锉好的锯子才能达到不偏不斜合格的标准。

附录五　木夯制作

“夯”是夯土筑墙用的重器，制夯从选料到制作，有着一整套技术。

木夯选料：首选树龄在 20—30 年，直径 30—32 厘米的成年枣树或杏树做原料。刨倒的现树锯掉根梢，留 1.6 米长的树身去皮后，存放到地窖或地窑之内，用二年时间阴干。制作之前，用麻纸把上下两端的丁头裱糊起来，是防止出窑后出现细小裂纹。木夯制作要选在夏季 6—7 月，在不通风的场地制作。木夯的总高 1.3 米，上十字线，锛砍成上方下圆形的形状。土筑墙木夯，分上、中、下三节。上节成四方形状，设四根手柄，叫“夯耳”，中节是细腰形状，叫“夯腰”，下节是圆形的主夯，叫“夯身”。制作木夯，要把木料分成三个等分进行制作。上部的夯耳成四方形，长 40 厘米，中间镂空，每个拐角处做成圆柱形的手柄，四个手柄的上端留出 15 厘米高的实心连体。手柄的圆柱径粗 4 厘米。木夯的下部呈圆形，长 45 厘米，酷似一个大掸瓶样式，与中部的细腰相连。中腰的直径约 14—16 厘米粗细，上面从夯耳往下，下部从夯身往上，做成像葫芦模样的细腰型。木夯的总重量约 50 市斤。这种木夯，用起来方便，举起来带风，砸下去有劲，在北方地区打墙筑坝甚为流行。但是新做成的木夯，不可以直接使用，要放到无风的阴凉处保存半年，待木材干透后再用。

附录六　土坯模具

土坯模具是制作土坯的工具。土坯分两种类型，一种是烧砖的"泥胎土坯"，另一种是土筑墙平房封山用的"干土坯"。两种模具的用法和制作工艺完全不同。第一种是用泥做砖土坯，把湿泥巴放到模中拓出，干后入火窑烧成砖。第二种是用湿土夯成土坯，晾干后垒墙。两种模具的用处不同，制作工艺也不相同。

（一）砖用土坯模

砖用土坯模是薄板制成的箱式模具，要求重量轻，不怕水，水中不涨，风吹不缩。这种模具五面围板，一面空挡，全榫卯结构，底帮用竹槓钻眼合成。

制青砖的模具按用途分，有方砖、条砖、大条砖、小条砖、蘸砖模具等，按规格分，有单砖模、连二模、连三模等。箱式模具，是把模箱内装满湿泥，用刮板刮平表面后，双手端模具，找准位置后把泥坯反扣在地上。制坯的场地面积有五六百余平方米，一天几百次穿梭行走在扣坯场内，是一项很费力气的工作，因此砖模要求用重量轻、不怕水、坚固、利模的木材。制作模具的工艺要求，也很严格，北方地区唯一能达到以上要求的树木是楸木，楸木是梧桐树木的俗称，制作砖模前还要经过人工的水浸和自然风干，加工合格以后才可使用。（参看风箱制作的材料加工）

（二）干土坯模

干土坯模，是土筑墙平房封山用的干土坯模具，硬杂木制成，是一种可以任意拆卸和安装的活动模具。这种模具制成的土坯，不需要入窑烧制，晾干后可以直接垒到墙上，是自制的廉价建材。

北方的土坯模，多用枣木和杏木两种木材制作。这两种木材有丝纹细腻、结构紧密、陈干以后潮湿不涨、风干不缩的特点。

干土坯模由模帮、下堵头、上插板、上箍头和下箍头绳五个部分合成。土坯模主体由两帮和下堵头榫卯构成，可以随意卸开和安装，工艺要求合卯对缝，拆卸安装松紧自如。干土坯是用石夯打击夯成的硬土块，石头夯打击模中土有超强的震动力，因此制木模的材料和榫卯结构，必须有超强的震动承受能力。首先木材的耐度和硬度要达标，因此需要选出最优质的木材做原料。干土坯模具，只有一种规格尺寸，这个尺寸来源于土筑墙的顶部墙眉。土筑墙的墙眉收顶，厚 50 厘米，土坯规格长 40 厘米 × 宽 20 厘米 × 厚 9 厘米，封山是一丁一碰垒成。一丁是把土坯横墙眉放一个占 9 厘米，一碰是把土坯顺着排成，即 40 厘米加 9 厘米的丁碰格式，两项合 49 厘米，相差的一厘米留作抹泥皮的厚度。

①模帮：左右两旁的边框是模具的主框架，称模帮。模帮规格：长 60 厘米 × 宽 6 厘米 × 厚 9 厘米，模帮两端各外露 10 厘米。

②下堵头：模具下部的挡土板，两头做榫子，镶嵌在模帮的卯口内，是活动榫子。内径宽 20 厘米，外加 2 厘米长的槽道阴间部分，合 22 厘米，另加 14 厘米的榫长，总长 36 厘米。板宽 9 厘米，板厚 2 厘米。堵头两端是锯成的榫子，插入两帮的卯眼内，肩子部位阴间的槽道每面深 1 厘米，两个帮合 2 厘米。

③上插板：是模具的上逼土板，内径 20 厘米，另加 2 厘米的阴间槽，总长 22 厘米，板宽 9 厘米，板厚 2 厘米，起堵土的作用，是模具上部的逼土板子。插板的两端插入模帮阴间槽内（2 厘米），是个可以随进随出的活动堵土板。插板的活动拉缝，不超过 1 毫米。

④上箍头：在模具的最上边，是管制模具的活动主件，卡在两个模帮的顶端，中间低两头高，两头留有爪子与枷床相似。安装时卡在模的上端，卸模时摘下箍头，模具就会自动开启，两帮就会脱离土坯。

⑤下箍头绳：是拴在木模最下边阴间槽内的绳索。摸帮下爪子部位锯宽 2 厘米 × 1 厘米深的阴间槽，拴入麻绳，借助麻绳的伸缩力管着模具下部，与模帮上部的箍头相呼应，共同管控着模具的安装与拆卸。

（三）制模工艺

制作干土坯模具，要求木材达标。土坯模与夯土墙的木夯有相似之处，其料须有抵抗打击的能力。北方地区的枣木和杏木，木质坚硬，密度高，不吸水，利模，不粘土，完全符合制作干土坯模具的条件，可以采用。

模帮是模帮具两边的主框，左右各设一根，模帮的下部与堵头相连，往上设插板，顶端是箍头。下部堵头与模帮相交，堵头的两端设直榫，插在模帮的阴肩槽内，阴肩槽深 1 厘米，全榫卯合成。堵头的通榫子，透过模帮，出头以后还外露 2 厘米的榫头。两帮的最下端设阴肩槽，箍头绳嵌入阴肩槽内。箍头绳是管制模帮具松紧的绳，与模帮上端的箍头相呼相应成一对，共同管控着木模帮的安装与拆卸。两模帮总长 60 厘米，土坯净长 40 厘米，模帮的两端共余 20 厘米，由上、下两端均分。模帮的上部箍头，是管控模帮具的总开关，扒掉箍头，两个模帮就失去管控，会自动与土坯分离，这是制模帮要求达到的关键技术。能自动分离的关键部位，是两个帮的卯眼与下堵头的榫子。活动榫卯主要是从卯眼的内部产生形成，木行凿卯眼的规矩是“留线”，但是干土坯模帮榫卯与之相反，打破了这个常规。活动榫卯的卯眼分成两次凿成。第一次凿卯眼用“倒留线”，即超出墨线后多凿一白线凿成，要让榫子顺利通过，而且要松紧自如。经过检验合格后，再完成第二个程序，即修整工序。先分清模帮的里帮和外帮，里帮是与土坯相交的面。修整卯眼，里帮的线不动，只改动外帮的卯眼线。把两个外帮合在一处，线道对正，卯眼的上线标出往上借（挪）线的尺寸线，按 5 毫米为标准“关线”画成。根据借（挪）的线为准来修理卯眼，卯眼的内部以深度的一半为标准线，用凿刀从上借（挪）线到榫内的中线，铲成斜坡形，两个模帮榫内的斜度要统一。修理完成后，还需要箍头绳的松紧配合，模帮具才能自动开启。箍头绳粗 5—7 毫米，6—8 股拴成。拴绳时木模帮平放到地面，把箍头卸掉，模帮具的上部会张开，麻绳绕着缠到两帮的槽道内，绳的中间，捆勒成凹形再结成死结，模帮子就会自动开启。用模帮之前麻绳上洒少量水，可以确保开启的质量。

（四）干土坯制作

干土坯，别名胡墼，是北方地区垒墙的自制建材。制作干土坯的技艺源远流长，使用干土坯的范围也很广泛。北方农村的男劳动力，大都会制作。制作干土坯是一项费力气的工作，但是其中的技术程度很高，把握不到位，就做不成。土坯制作前，要先做各个方面的准备工作，清场地，安放平石板，选土质，加工土。

根据场中计划垛土坯的位置，确定人站的方向，然后在平石板上安放模帮具。模具分朝上和朝下，箍头是上，箍绳是下，放模时箍头与人相对。清理模子内部的余土，撒上灰粉，然后再加土。土要经过加工，多翻几次，翻到粉碎，没有土块，干湿适中。加第一锹土，要铲成满锹，高高举起，然后用力猛摔到木模中心，第二锹和第三锹是补锹，不需要举高和满锹，把土补到高出模帮 8 厘米左右。用脚踩压，擦去模帮上的浮土，用方形石夯瞅准模中用力夯下。先夯中间，再补两边。夯实到与模帮平行后，用脚跟在模内的四个拐角处各踩一脚，同时用脚擦去浮土，露出模帮和土坯的接口，然后起模。

土坯起模，是一件比较难干的活，不熟练会使土坯破损，端不起来。土坯出模、卸模和上垛，是一气呵成的工作，每一个动作都要掌握到恰到好处。双手握紧箍头和两个模帮，左右扭动，把模子站立起来。下部站稳以后，一手扶模帮，另一手摘下箍头，用箍头在下堵头出头榫子上磕碰一下，模具就会张开，模帮与土坯自动分离。这时不要动上部的插板，让它随在土坯上。放下箍头，展平双掌，从土坯的两面插到下部。左手平掌往下，指梢超出模具，两掌心同时用力夹起土坯。这时左手的四指迅速勾牢土坯的下棱小面，右手托牢插板，小心地拿出土坯，横着举起端平，侧面朝上，平放到垛土坯的地方。

放土坯的地基要坚实平整，长度随需要而定。土坯之间的距离，控制在 1.5 厘米左右，是空气流通的拉缝标准。垛土坯要立稳放牢，一个挨一个地排好，一排一排地往上垒垛。垛二排以上时，要对准两块土坯之间的缝隙处放，并注意整个土坯垛要竖直，以免倒塌。

匠人行话(术语)注释

1.走东家——旧时匠艺人走家串户干活的俗称。20世纪前,广大农村约150户人家均一个木匠艺人,有家庭杂活就请师傅到家制作。大到盖房、装修,小到箱柜、桌椅、棺木,请师傅成了普遍习俗,尊称为"走东家",又称"吃千家饭"。

2.紫微星——正北方向的象征,是不动的固定星位,古时用来比喻皇帝之星。

3.天干星——在北方与北斗七星相对,由五颗星构成。

4.北斗星——俗称北斗七星,七颗星组成,与天干星相对,共同围着紫微星周转,有"天干北斗转紫微"的说法。

5.八门——八个方向都可以设门,由八卦字样组成。

6.门宫——院门和主房的合称,门与宫的位置是院中最高点。

7.凶星——院中建筑的低点,高度规定不可超越吉星。

8.吉星——院中建筑需要高起部位。

9.阴地——有关坟茔墓地的总称。

10.阳地——指民居宅院住人的居所。

11.心地——指人的道德修养。

12.九宫——是宅院建筑中的星宿排列,宫式是九宫,民宅是七星。宫式建筑和寺庙都在中轴线上设建筑,唯民宅不可超越七星范围。

13.七星——民宅七个方位的星宿,再加门位字成八方,因为中轴线上不设建筑,因而比宫式少了两个星位。

14.打橛——放线前地上栽木桩,是拴线的标杆。

15.针次缝——泥瓦匠垒砖的工艺,俗称干摆细磨砖,起源于明代,五台山显通寺大殿山墙,是最早的针次缝。

16.实垫——指檐柱上方增加的枋木，上层大额枋（俗称卧栏），下层是小额枋（俗称立栏），二者合称实垫枋。

17.露半柱——左右山墙的哨柱，一半露在墙外，另一半镶嵌在墙内，行内称露半柱，是形成墙倒房不塌的关键做法。

18.五脊——硬山博缝式屋顶的脊，分正脊和前后坡垂脊，共五道。

19.六兽——五脊的尽头都安装兽头，正脊设两个，四垂脊各一。

20.排山瓦——泥瓦匠做法，硬山博缝上部的收顶与瓦垅成丁字形，设勾头和滴水，行话称排山瓦。

21.卷边——指两山花最上层收尾，排山瓦也属卷边范畴。

22.调脊——垒砌屋顶正脊、垂脊的统一称谓。

23.准绳——屋顶瓫（wà）房，旁山劈楂，用来找弧形曲线的标准绳子。

24.合垄口——又称合龙口，是瓫（wà）房工程瓦垄汇合的总称。

25.勾抿——填补瓦缝。

26.刷青——美化屋顶，用带色的石灰水刷屋顶的瓦垅。

27. 瓫（wà）房——屋顶铺瓦工程的统称，是抹苫背泥、嵌瓯瓦、铺筒瓦共同的合称。

28. 操平——用水平仪测平基础的工艺，包括房基操平，院基操平，街道操平。

29.石根基——用石块垒成的房基和墙基础。

30.錾道——石匠做法，平面石的工艺处理，用铁錾子在石上凿成的直线纹，有一寸三錾道、一寸五錾道，最高档是一寸九錾道（如五台山清凉寺三大士殿迎风石）。

31.前檐柱——檐部的明柱。

32.金柱——檐柱往后的第二根柱。厅式建筑设的金柱，俗称老檐柱。

33.檩——与梁十字交叉放在梁上的圆形横木，上下做成平面，上三道墨线，称瓣子线。

34.替——设在檩的下部，既是檩的扶助木，又是与梁相交的拉拽木。

35.一揍檩——一间房，由下替、夹替和檩三件组成的配套合称。

36.一道檩——在梁的同一横中线上多道檩合成的总称。

37.前檐檩——房屋最前面与檐柱在同一垂直线上的檩。又称檐檩。

38.前架檩——檐檩往里第二道檩（别称金檩）。

39.后架檩——前架檩往后的第三道檩。

40.脊檩——两面坡梁架，中间最高位置的檩。

41.后檐檩——后檐山墙上方的檩，与后柱中线垂直。

42.后檐前架檩——后檐檩往室内的第二道檩。

43.后檐后架檩——后檐檩往室内的第三道檩。

44.号檩——给建筑和檩架编排位置，做记号，起名字。

45.套檩——两根檩榫卯试装过程的工艺。

46.垛子——堵在山墙两端最前面的砖墙，有垛座、垛身、墀头三部分。

47.劈楂——是修整山花，由放囮(náng)线、凿砍、清理等多个程序完成。

48.放囮(náng)——囮，是指房顶的弧形曲线，由木匠的构架和泥匠劈楂、瓮瓦共同完成。

49.审瓦——人工检验瓦的合格率，用击瓦听音来决定。

50.蓑草——山区的一种草本植物，靠续根繁殖，是编织蓑衣、草鞋的原料，古建筑配料的最佳副材。

51. 麻杓——用废麻绳和麻类品加工成的绒毛，加入泥中称苒泥，起拉拽作用。

52.槛框——门窗装修的大框架。窗框分上槛、下槛、立槛；门框分立门框和卧门槛等。

53."方"——指 90 度的直角。

54.放线——给木材上画墨线，以便分解材料。

55.下料——指板材锯料分解。

56.刨料——用木工推刨找方刨平。

57.线道——画在木材上的墨线，统称线道。

58.榫卯——二木连接做成的构件，分阴和阳两种，榫为阳，是凸出部分，卯为阴，是凹进部分，又称卯眼和卯口。

59.榫——参看榫卯。

60.卯——参看榫卯。

61.锯榫——用锯子解锯制作。

62.凿卯眼——用木工凿子制作，又称打眼和凿眼工序。

63.剔口——把卯口中不用的部分取掉。

64.额脑——门框中间部分，两头做榫插入立槛口中，是管制门扇的挡板。

65.勾扇——用门簪串联安装在额脑上，管理门扇转子的构件。

66.门簪——串联额脑和勾扇的构件，做长榫贯穿二木，起穿连、固定作用。

67.门槛——门口内的下槛与门墩连成一体，是门扇的下挡板。

68.门墩——一对方形木，安装在门槛上，是安装门扇下转轴构件，五分之一埋入土中，起固定作用。

69.画线——用画齿往木头上画尺寸的术语。

70.抹线——把木料放在窗口上，用画齿靠紧窗口画成的线，行话称抹线。

71.图案——把雕刻体裁画在纸上形成雕样的术语。

72.木楔——用木做成刀刃的薄片称木楔，沾胶后钉入通榫内，称加木楔。

73.串板门扇——厚木板拼成的门，由管扇、门板、木带、梯子、插关等共同组成，用木带、梯子把管扇、门板串成扇，叫串板门扇。

74.管扇——门扇的组成部分，在门扇边缘，上下成圆形，插入勾扇和门墩。

75.带——横穿门扇的刀棱形方木，起固定的作用。

76.梯子——又名销子，固定门板的小件，起管制作用。

77.枷床——木行粘缝的辅助构件，从两边箍紧粘缝的木板，起加固的作用。

78.水胶——是木板粘缝的粘胶剂，优质胶膘粘牢以后，有一百年和更长的寿命。

79.手擦缝——粘板不用辅助设备，直接抹胶完成。

80.枷床缝——用枷床加楔，箍紧粘成的缝子。

81.胶桶、胶刷——胶桶是熬胶用具，胶刷是木匠用麻皮自制的刷胶用具。

82.卸枷——把粘好的木板从枷床上卸下来。

83.土筑墙——用黄土筑成的墙。

84.平房——是一种最古老的农家宅院建筑，三面土墙，平屋顶，用白灰和炉渣灰筑成。

85.台基——民宅平房建筑，由台基、柱头、屋顶三部分组成，台基在房屋基础的前面，保护着柱础。

86.借线——特殊情况下应用的一种技巧，高、低、左、右难以直接拉线测量，都可以用借线工艺解决。

87.上线——把墨线弹到木材上。

88.打截——用锯子把横木锯齐。

89.装梁——制作大梁和安装梁上构件的总称。

90.去荒——整平料上枝节的工序。

91.梁中线——梁中间的垂直线。

92.梁平水线——掌握平行的线,分上平水线和下平水线。

93.夹梁头——锛平刨方大梁头部的工艺程序。

94.立架上梁——立架和上梁是一个概念,立是指立柱,上梁是把梁安装到柱上,是房屋构架组合时的统称。

95.判替——木行的二期制作,木行称“判”。也是制作榫卯全程工序的统称,包括画线、锯榫、跌肩等多个程序。

96.跌肩——锯榫由两种锯法完成,顺锯叫解榫,横锯称跌肩。

97.判柱——与判替相同。

98.大梁——梁古称梁栿,别称柁,是房屋的主要构件,不但承载全房重量,还是檩替结构的联络中心。

99.小梁——大梁往上的二层梁,俗名二旦梁,起转递重量作用。

100.椽子——安装在檩子上方的条木,承屋顶的苫背,与檩形成十字相交状态。

101.制椽——加工制作椽子。

102.挂椽——往屋顶安装椽子。

103.连檐——管控檐椽的横木条,起连接分空子和固定的作用。

104.檩——与梁成十字交叉形,承载屋顶重量的主要平横木。

105.柱——古建筑中站着的立木统称柱,下层是檐柱和后檐柱、金柱等,装在梁上的立木称儒柱、瓜柱等。

106.焖泥——提前12—24小时把土和苒(草秸)加水浸泡。

107.土坯——湿土装入模具夯实形成的硬块,多用于补筑山墙。也可以单独垒墙,是一种自制的建材。

108.封山——加高山墙,使之与屋顶衔接,不露缝罅(xià)(【解释】缝隙)。

109.泥匠装修——泥瓦匠人的室内加工,如抹墙、铺地等。

110.筑檐台——属土筑墙建筑的装修范围,外表看似檐台基座,实为加在檐柱前边的保护墙。

111.白灰屋顶——白灰和炉渣灰合成的平房屋顶。

112.土筑墙——纯土筑成的墙。

113.丝梯——筑墙的模具,上横楣拴线设吊坠管控墙的垂直度。

114.墙板——筑墙装土的逼板。

115.墙杆——筑墙时栽入地下的长杆,起固定墙体的作用。

116.墙楔——加在墙杆与墙板之间的木楔,大头小尾状,起加紧和放松的作用。

117.套杆索——设在墙杆梢部的绳索,起管控作用。

118.尖石夯——筑土墙的尖形石夯,用来夯实木夯夯不到的地方。

119.放墙线——土筑墙的线,属暗线,是用竹签钉入地下看不见的线,解决浮土掩埋线的施工难题。

120.挖稍峰——铲去土筑墙收分外的多出来部分,室内平整墙面的工序。

121.纸顶棚——传统民宅的室内装饰,用高粱秆、麻纸、糨糊等筑成。

122.风箱——北方灶台的配件,古老的鼓风工具,从21世纪初开始由机械吹风机替代。

123.风箱桶——风箱的主件,由四块板组成方形。

124.前堵头——堵在风箱前面的板。

125.后堵头——堵在风箱后面的堵板。

126.棱道——储风、送风的通道。

127.毛头——箱桶内的活动件,四方形,小棱四边镶嵌鸡毛,生风的主件。

128.鞴(bài)杆——插入箱桶内,连接毛头与扶手,再通过中间的耐磨子结成三位一体。鞴杆推入拉出起活塞的作用。

129.小舌子——装在前、后堵头里面,吸风和堵风构件。

130.摆舌子——安装在棱道子中间的出风口处,用前后摆动来管控聚风和送风。

131.木夯——土筑墙的主要工具之一,通过举高落下的惯性筑打地面。

132.样板——图案造型的样子,薄木板锯成。

133.小样——建筑图的名称,木匠盖房前,把房样画在木板上,行内称打小样。正、侧、平面图统称小样。

134.放大样——把建筑关键部位画成同等大的样子,先画整体,再裁成分体供制作时用。例:砍磨硬山的博缝砖等。

135. 烫样——把要建的大建筑按比例缩小做成小型建筑，行内称烫样，现在称模型。

136.掌尺师傅——建筑工程的总设计师兼施工的工长，工程中的权威师傅。相传，一个掌尺师傅配一个拉线人，前者为主，后者为辅共同筹划工程放线，一个工程只有一个掌尺匠人。

五台山殊像寺大文殊殿的“文殊骑狻猊”塑像（9.86 米）维修后

重修后的五百罗汉悬塑局部

重修后的五台山殊像寺五百罗汉悬塑（明弘治始建）

重修五台山殊像寺文殊一会五百罗汉残破照

一九九六年骑狻猊文殊重修开工照　总高为9.87米

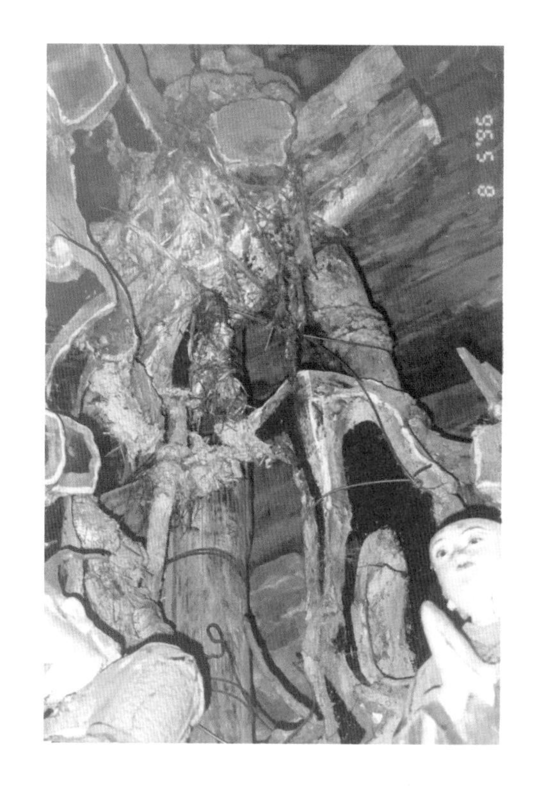

修复前的悬塑坍塌现场

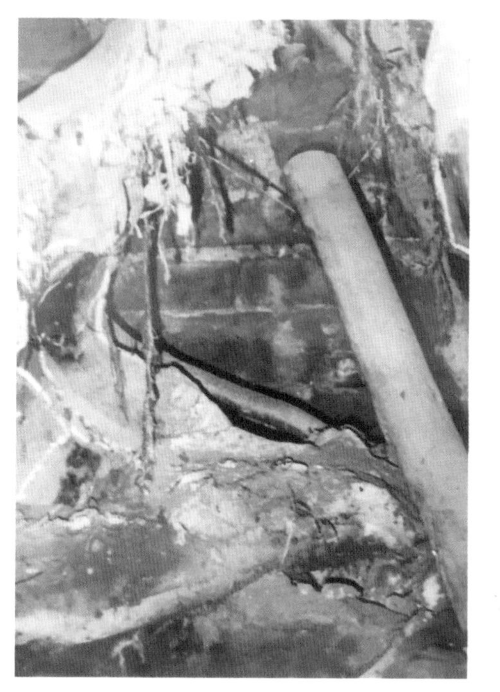

重修前的五台山殊像寺五百罗汉悬塑中部

大文殊背光下部腐烂

悬塑上部

悬塑底座

悬塑下部

悬塑东北转角局部

悬塑西北转角局部

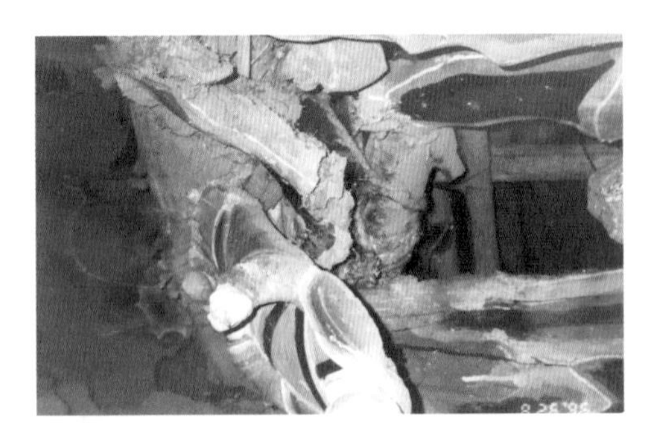

悬塑中间大部

1992年—1994年重修太原市崛围山景区多福寺四个大殿泥彩塑像复原工程施工

千佛殿塑像施工

山门哼、哈二将

千佛殿三佛四菩萨

设计筹划山西省兴县蔡家崖革命纪念馆，汉白玉石雕贺龙元帅骑马纪念碑。

重建后清凉寺远景

鸟瞰重建后清凉寺全景

重建前一片废墟的五台山清凉寺遗址

清凉寺天
王殿构架施工

大雄宝殿基础施工

清凉寺大雄宝殿立架场景前，黄惠卿女士（左一）、圣忠法师（左二）、禧 钜会长（右二）、雷建业先生（右一）合影留念（胡银玉摄影）

胡银玉指挥石雕牌楼施工，三儿子胡晓霞陪同

设计重建五台山清凉寺施工照，下层右二为胡银玉，右一为张国瑞

胡银玉设计建造的临济寺纪念碑

1998年竞标获准创建河北省正定县临济院旧址纪念馆及汉白玉石雕纪念碑工程，负责设计、雕刻、施工营建。用三年的时间与清凉寺建设“冬”，“夏”替换施工。纪念碑竣工后经验收合格，于2001年3月8日开光后，对游人开放

中国佛教协会静慧副会长亲临正定县临济院旧址纪念馆工程现场，为纪念碑开光仪式准备工作做指导。右二为静慧副会长，右三为胡银玉，右四为弟子张国瑞

河北正定县临济院旧址纪念馆施工照

胡银玉次子胡晨霞完成寺庙工程多处，二十多年如一日精于雕刻，从2厘米橄榄核雕到寺庙十米巨型彩塑，均留有身影

1978年“文革”以后，作者创作的云山楼木雕模型（处女作）（新加坡收藏）

仿山西省祁县乔家大院著名木雕犀牛望月镜，高2.2米。（雕于1989年，日本收藏）

1992年复制明代的木雕关公彩塑像（山西省民俗馆文物一级藏品）

三尊由犍陀罗雕刻技艺雕成的香樟木雕彩塑菩萨像在2016年获国家金奖（平均身高200厘米）

胡明珠肖像及五台山龙泉寺汉白玉石雕牌楼作品

胡明珠（1895—1968），是一个有着精湛技艺的能工大匠，胡银玉的受益师长和本家爷爷。他的作品遍及山西各地。五台山龙泉寺汉白玉石雕牌楼是他的代表作品

1930 年龙泉寺初竣工的
汉白玉石牌楼

2009 年 6 月龙泉寺被列入
世界景观文化遗产名录

汉白玉石雕局部雕刻

郝官福（1900—1988），定襄县宏道东街村人，既是胡银玉的师爷，又是过门师傅，曾参加定襄河边民俗馆（原阎锡山府邸）的建设，是该工程的主要掌尺师傅，解放后于1958年调入山西省文联工作，完成山西的古建筑维修任务多处，期间受到省政府的嘉奖，1962年返回原籍，“文革”时期用木雕刻模型秘密传授古建筑传统技艺，本书作者就是这个时期的受益者。

授徒教具木雕模型

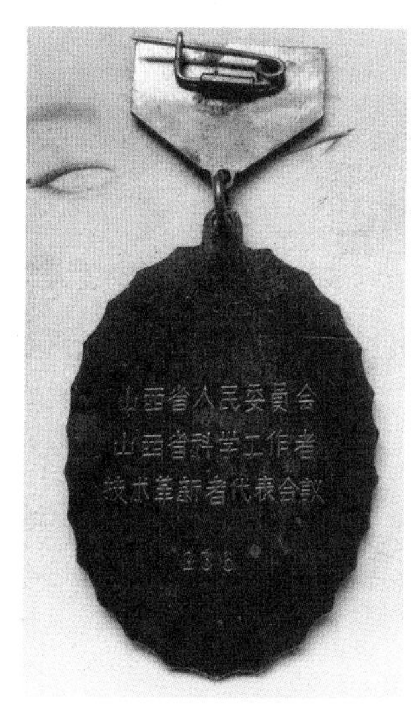

工作期间获得山西省政府的奖牌

郝官福作品

定襄县河边民俗博物馆（原阎锡山府邸）古建筑及木雕刻

木匠工具

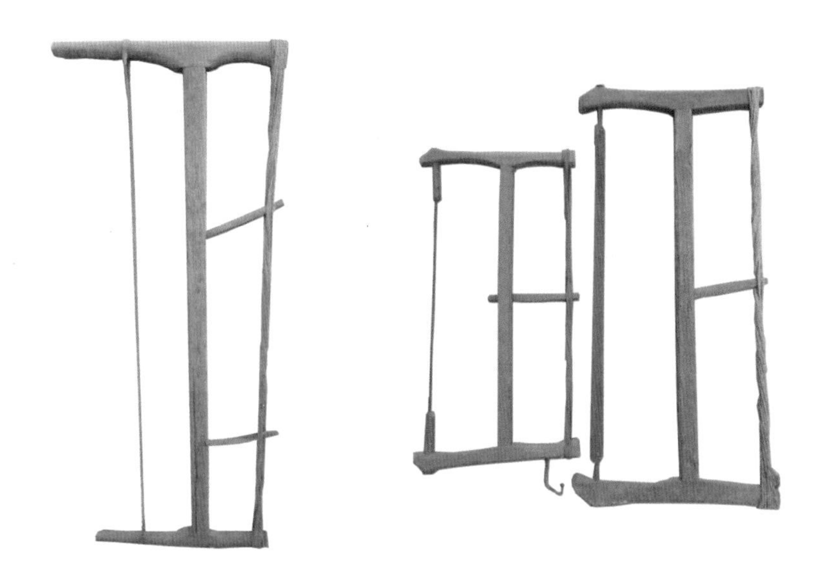

人工大锯、二锯

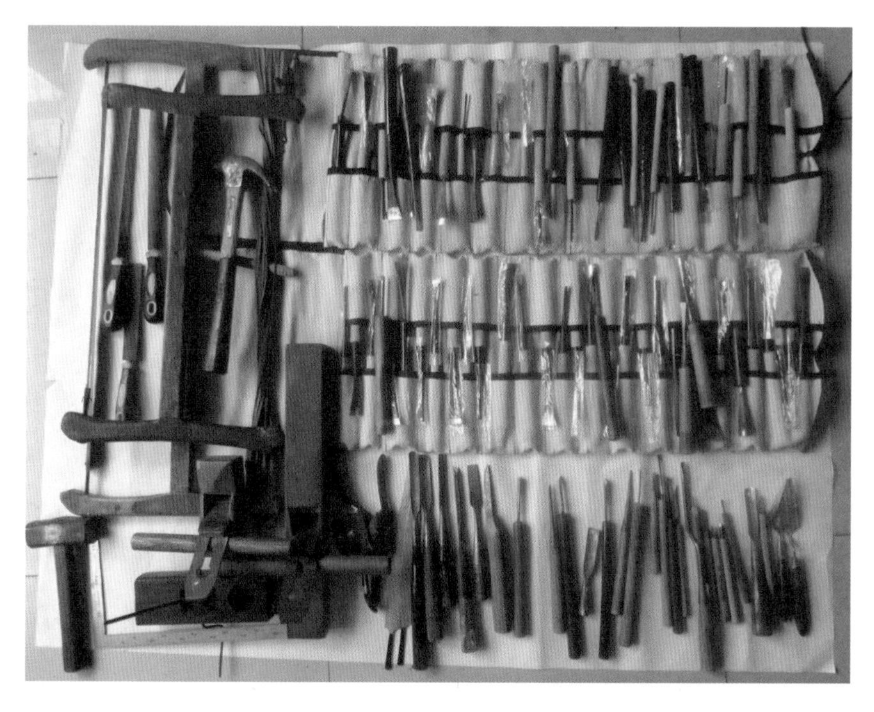

斧、锯、刨、凿和各类木雕刻刀

木匠工具

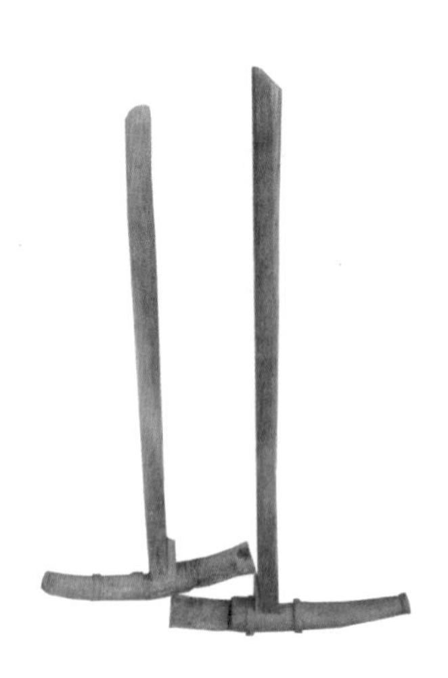

锛　子

刨　子

木匠人工大小锯

木工凿刀（7 分—2 分）